创意包装
Creative Packaging

设 计
Design

\+

结 构
Structure

\+

模 板
Template

善本出版有限公司 编著

人 民 邮 电 出 版 社
北 京

图书在版编目（CIP）数据

创意包装：设计+结构+模板 / 善本出版有限公司编著. -- 北京：人民邮电出版社，2017.4（2023.1重印）
ISBN 978-7-115-44136-2

Ⅰ. ①创… Ⅱ. ①善… Ⅲ. ①包装设计 Ⅳ. ①TB482

中国版本图书馆CIP数据核字(2017)第011241号

内 容 提 要

结构是包装设计的基础。本书除了通过文字和图片详细说明了包装结构的基础类型和相关知识之外，还集中展示了来自全球范围的创意包装设计作品，且附带结构模板。书中每一个作品都呈现出了独特的结构创意，体现着设计师的智慧。

本书适合从事包装设计的人士阅读，同时也可供院校中设计专业的师生学习使用。

本书附赠光盘，提供了所有包装结构模板的 Illustrator 文件。

◆ 编　　著　善本出版有限公司
责任编辑　赵　迟
责任印制　陈　犇
◆ 人民邮电出版社出版发行　北京市丰台区成寿寺路 11 号
邮编　100164　电子邮件　315@ptpress.com.cn
网址　http://www.ptpress.com.cn
北京富诚彩色印刷有限公司印刷
◆ 开本：787×1092　1/16
印张：16　2017 年 4 月第 1 版
字数：398 千字　2023 年 1 月北京第 12 次印刷

定价：109.00 元（附光盘）

读者服务热线：(010)81055410　印装质量热线：(010)81055316
反盗版热线：(010)81055315

目录

创意包装

51 - 255

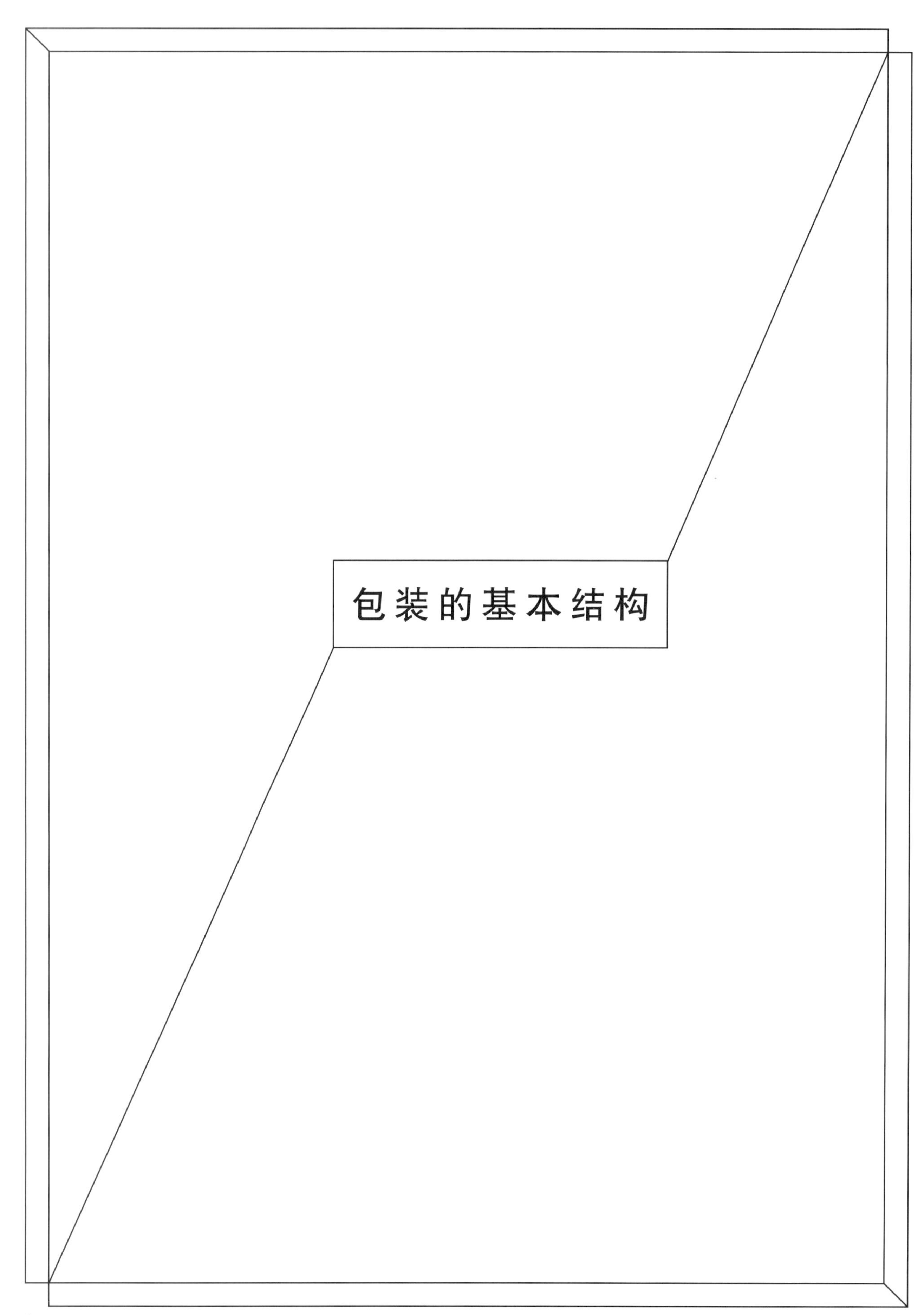

包装的基本结构

纸品包装设计是一种特殊的造型艺术，它通过一定的折叠或粘贴方式将纸张材料和商品的各部分联系起来。而包装结构的好坏除了会直接影响其强度和稳定性外，也会影响商品的宣传效应和用户使用体验。在进行纸品包装结构设计时，对下面三个因素的考虑是不可或缺的。

1. 包装结构的防护性

防护性是包装的基本性能之一，主要体现在对商品本身的保护，其次是对消费者的保护，以免使用者不慎受到某些特殊商品的伤害。

2. 包装结构的便携性

一件摆在超市里的商品是否吸引顾客，很大程度取决于它是否便于携带。尤其对于一些受自身形体限制而不便携带的商品来说，此时包装结构的便携性就显得尤为重要。

3. 包装结构的创新性

一个造型独特的包装结构无疑更能吸引眼球，在发挥包装基本作用的同时也能起到很好的商品宣传、推广作用。

折叠纸盒

在包装中，纸盒是一种可塑性极高的经济型包装容器，需求广泛。以纸张作为材料的包装结构设计形式多样，主要由纸板折叠或粘贴而成。折叠纸盒主要分为四个类型。

（一）管式折叠纸盒

最初，业内对管式折叠纸盒的定义是盒盖所在盒面是众多盒面中面积最小的。而现在，主要从成型特征上加以定义：在成型的过程中，盒盖与盒底都需要以摇翼折叠组装的方式固定或封口。

· 管式折叠纸盒的基本构成

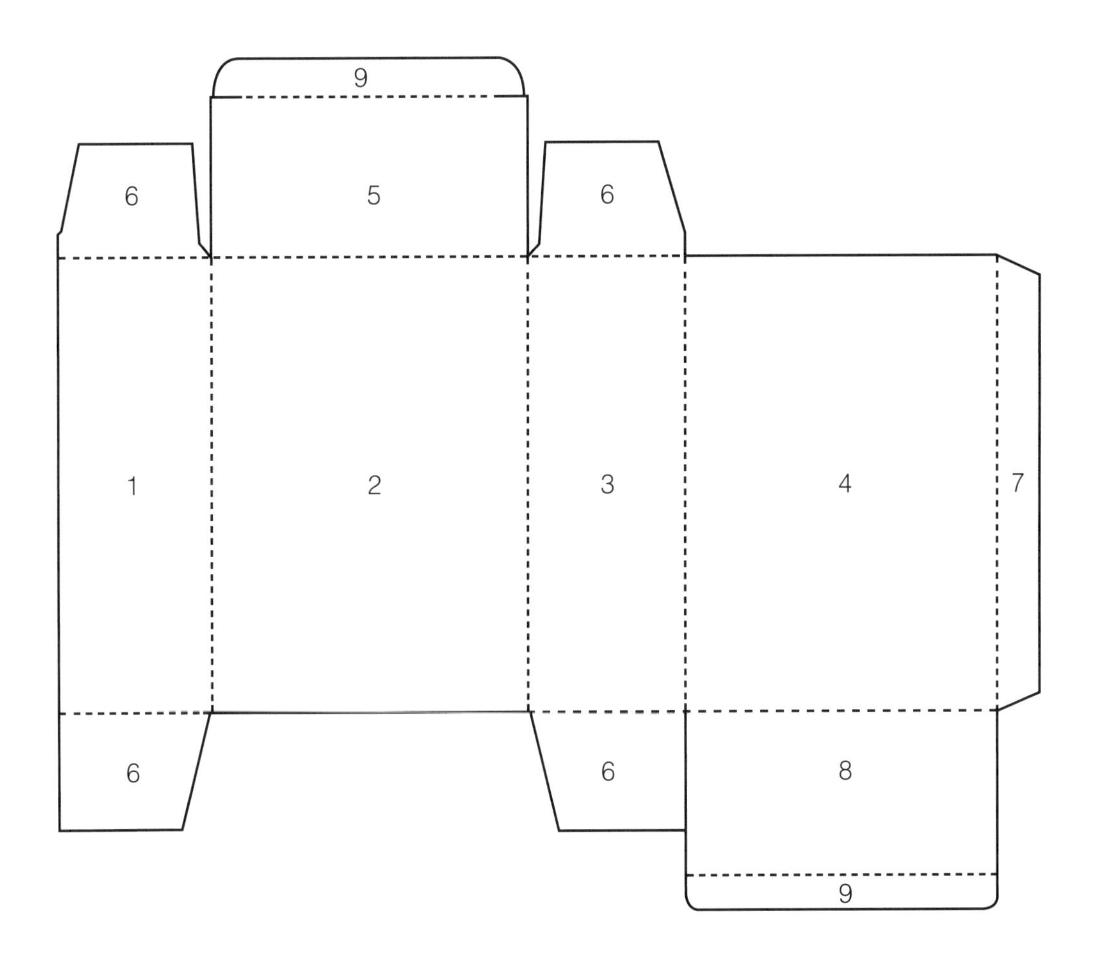

1/2/3/4 – 体板

5 – 盖

6 – 防尘翼

7 – 糊头

8 – 底

9 – 插舌

· 管式折叠纸盒模板（一）

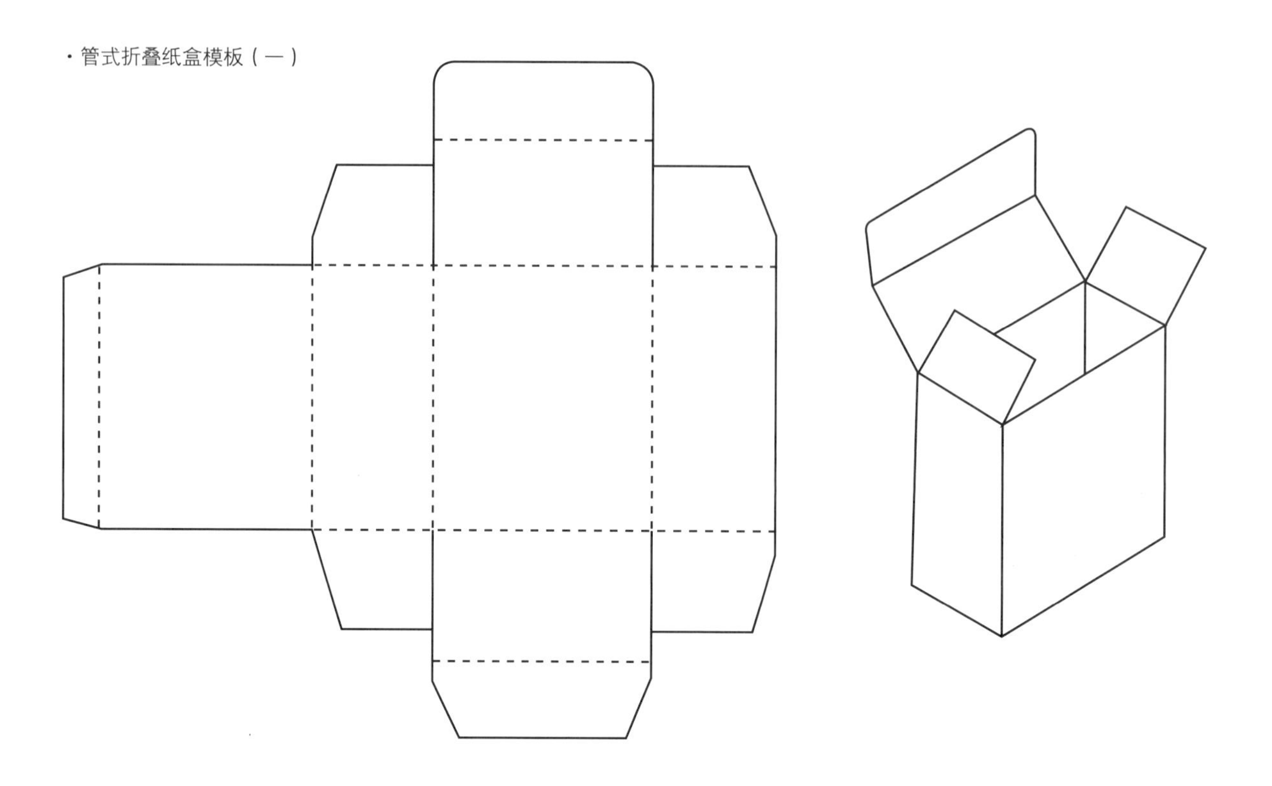

· 管式折叠纸盒模板（二）

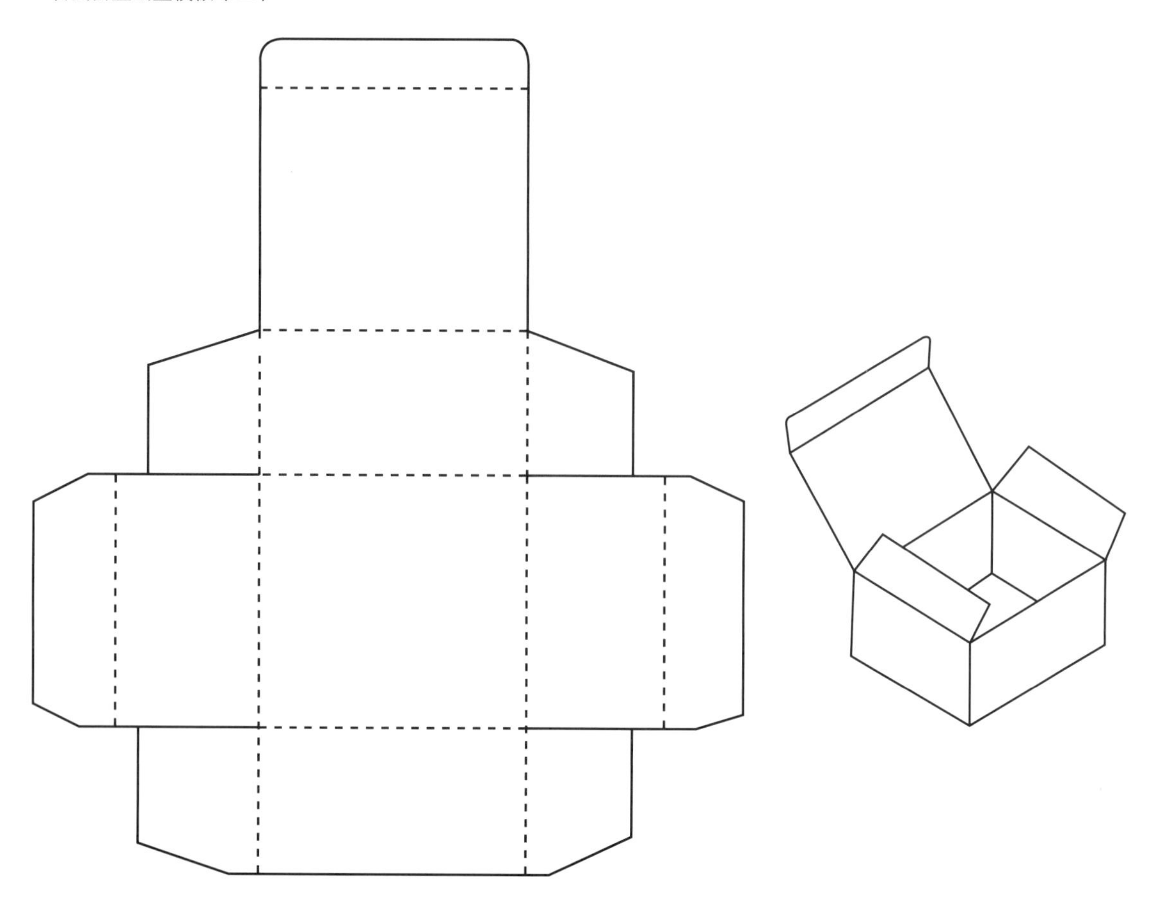

（二）盘式折叠纸盒

从造型上看，盘式折叠纸盒的盒盖位于面积最大的盒面上。而从结构上看，盘式折叠纸盒以一页纸板为中心，四周以直角或斜角折叠成主要盒型，体板与底板相连。底板是纸盒成型后自然形成的，不需要像管式折叠盒那样，由底板、襟片组合封底。

· 盘式折叠纸盒的基本构成

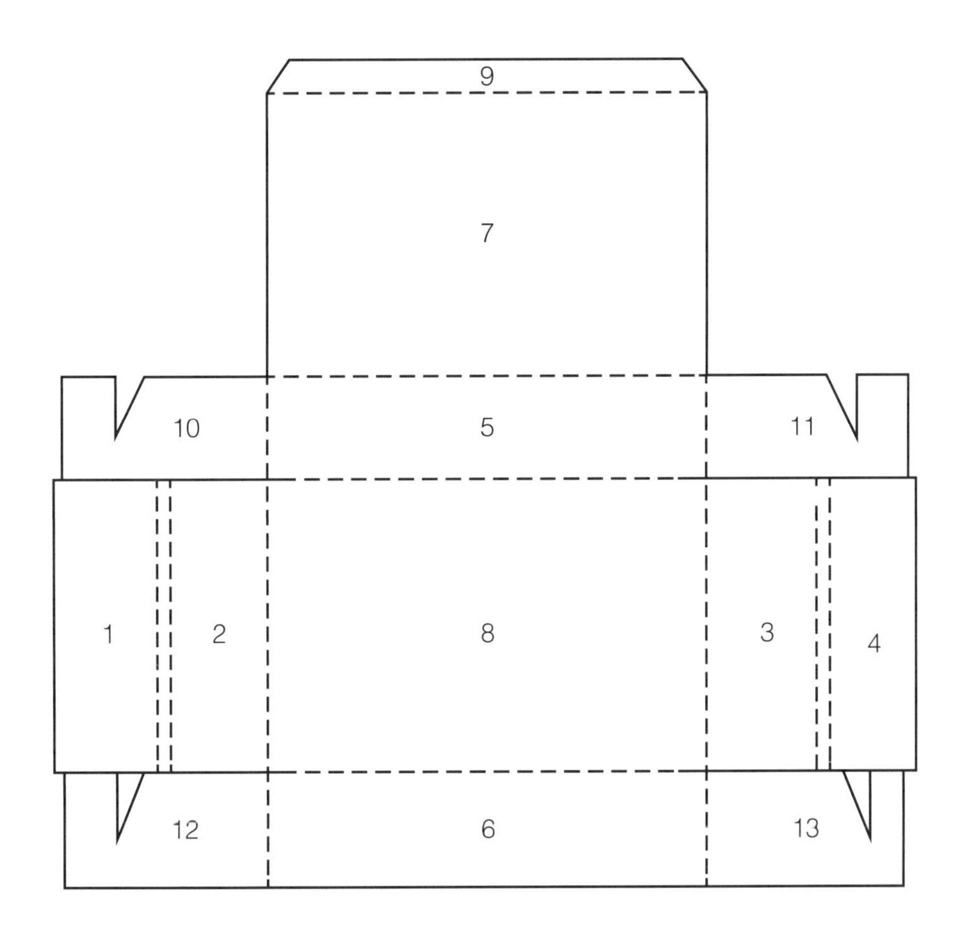

1/4 – 内体板

2 – 左侧体板

3 – 右侧体板

5 – 后体板

6 – 前体板

7 – 盒盖

8 – 盒底

9 – 插舌

10/11/12/13 – 封板

（三）管盘式折叠纸盒

在一张纸成型的条件下，采用管式盒旋转成型的方法来形成盘式盒的盒体，即管盘式折叠纸盒。

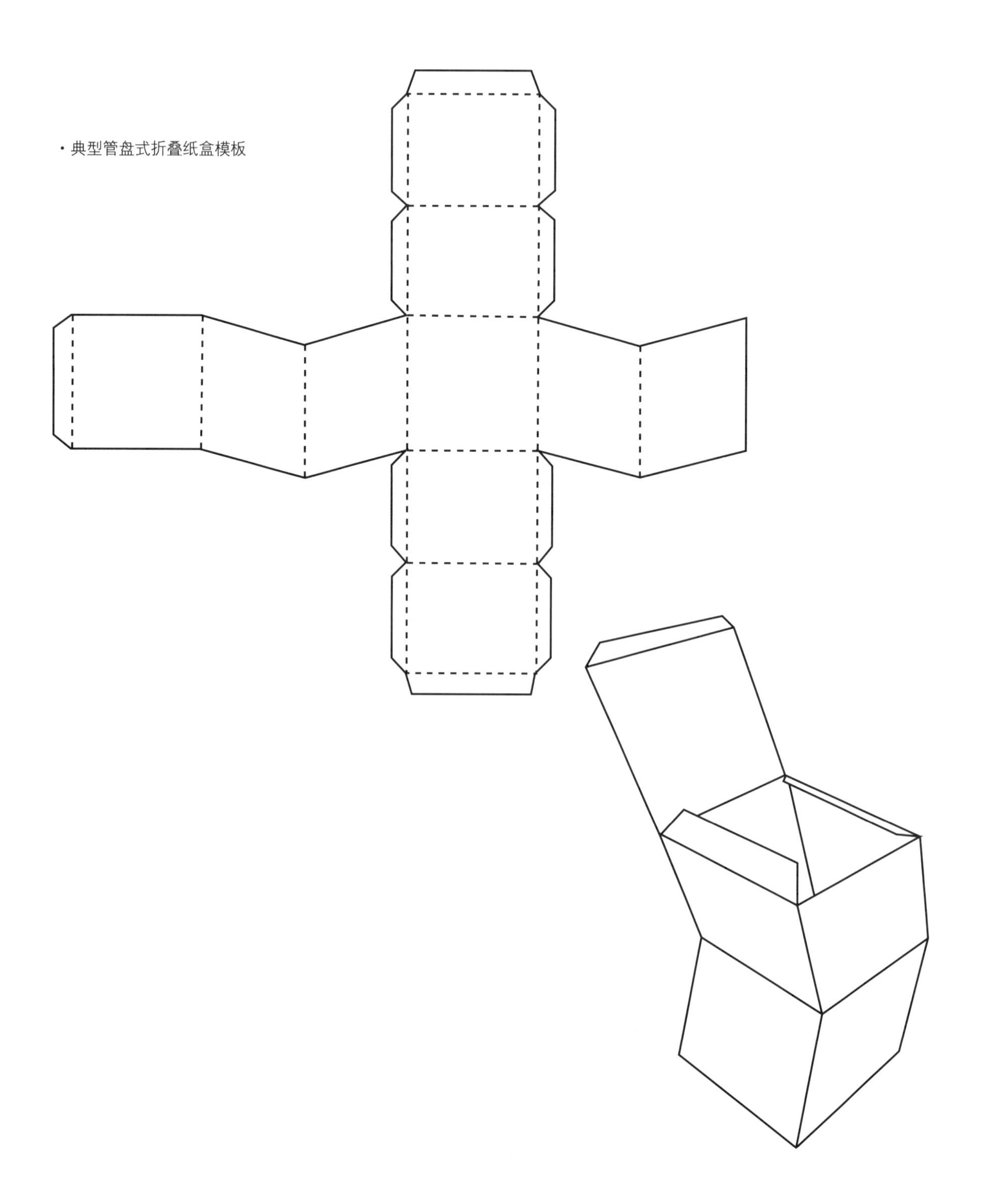

・典型管盘式折叠纸盒模板

（四）非管非盘式折叠纸盒

非管非盘式折叠纸盒通常为多间壁式包装，它既不采用管式的由体板绕轴线连续旋转成型，也不采用盘式的由体板与底板成直角或斜角状折叠成型，而是纸盒主体结构沿纸板上某条裁切线的左右两端相对水平移动一定距离，且在一定位置上相互交错折叠，也就是对移成型。

· 典型非管非盘式折叠纸盒模板

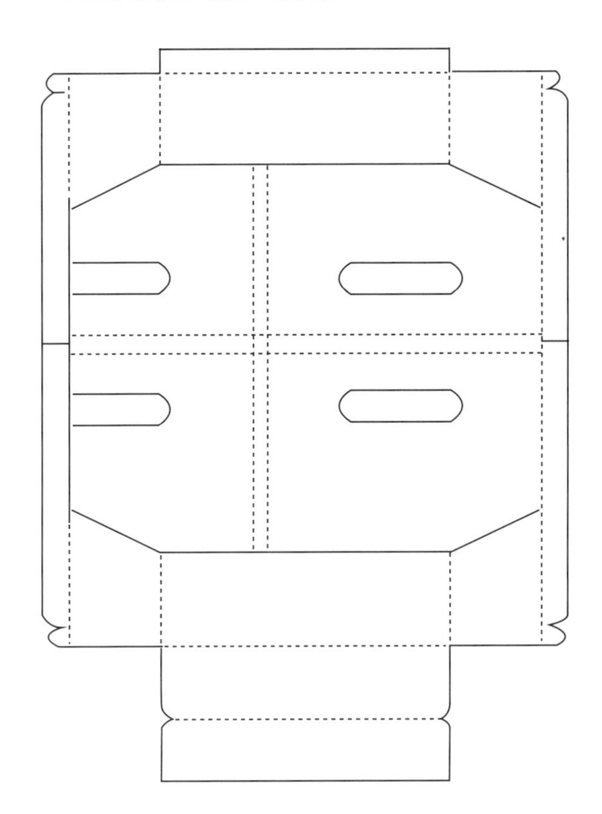

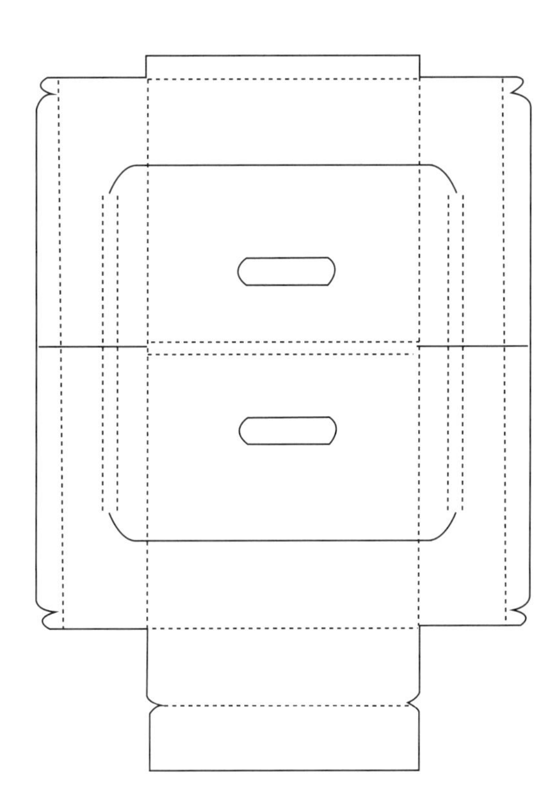

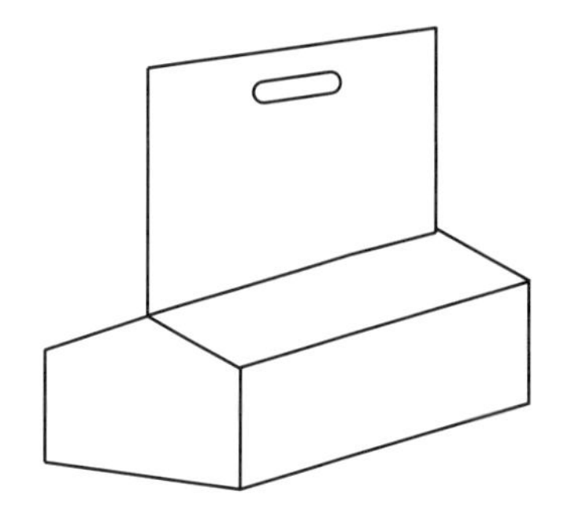

粘贴纸盒

粘贴纸盒又称固定纸盒，用贴面材料将基材纸板粘合裱贴而成，成型后不能再折叠成平板状，只能以固定的盒型来运输和存储。常用的纸张厚度为 1 ~ 1.3mm。粘贴纸盒结构主要分为三个类型。

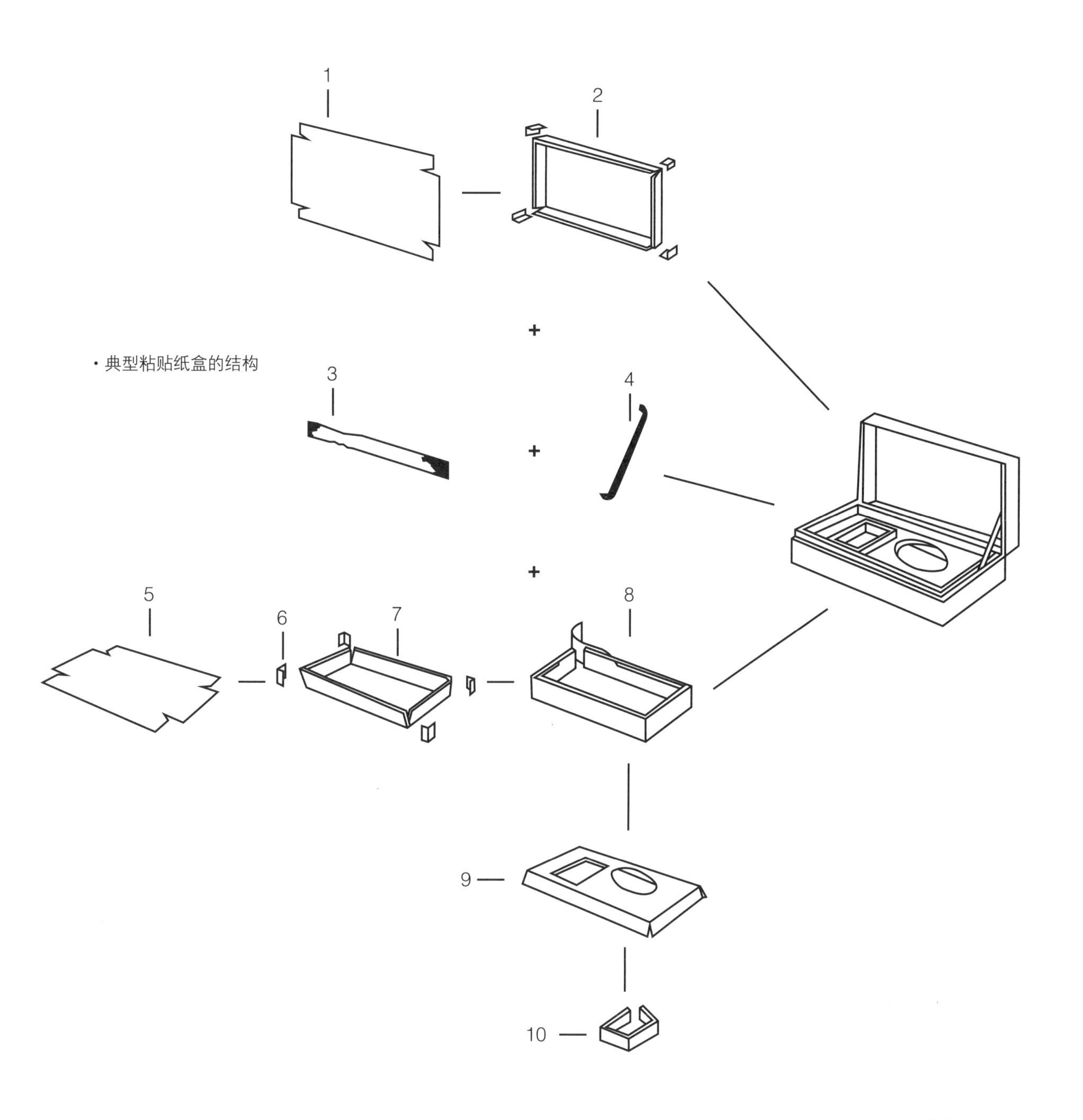

· 典型粘贴纸盒的结构

1 – 盒盖粘贴纸

2 – 盒盖板

3 – 摇盖铰链

4 – 支撑丝带

5 – 盒底粘贴纸

6 – 盒角补强

7 – 盒底板

8 – 内框

9 – 间壁板

10 – 间壁板衬框

（一）管式粘贴纸盒

盒体与盒底分开成型，即基盒由体板与底板两部分组成，外敷贴面纸加以固定和装饰。

· 管式粘贴纸盒模板

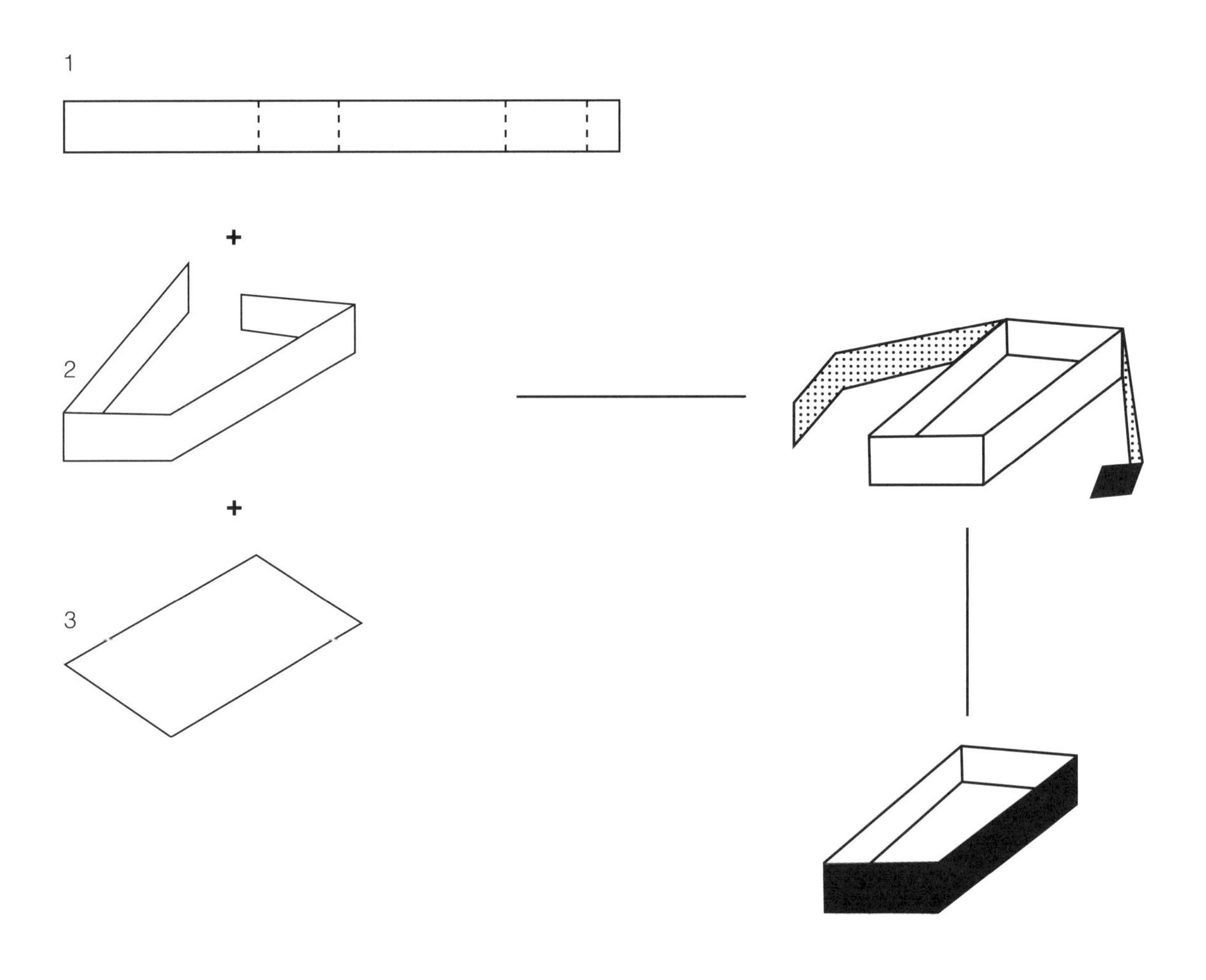

1 – 贴面纸

2 – 体板

3 – 底板

（二）盘式粘贴纸盒

基盒的盒体与盒底用一张纸成型。

· 盘式粘贴纸盒模板

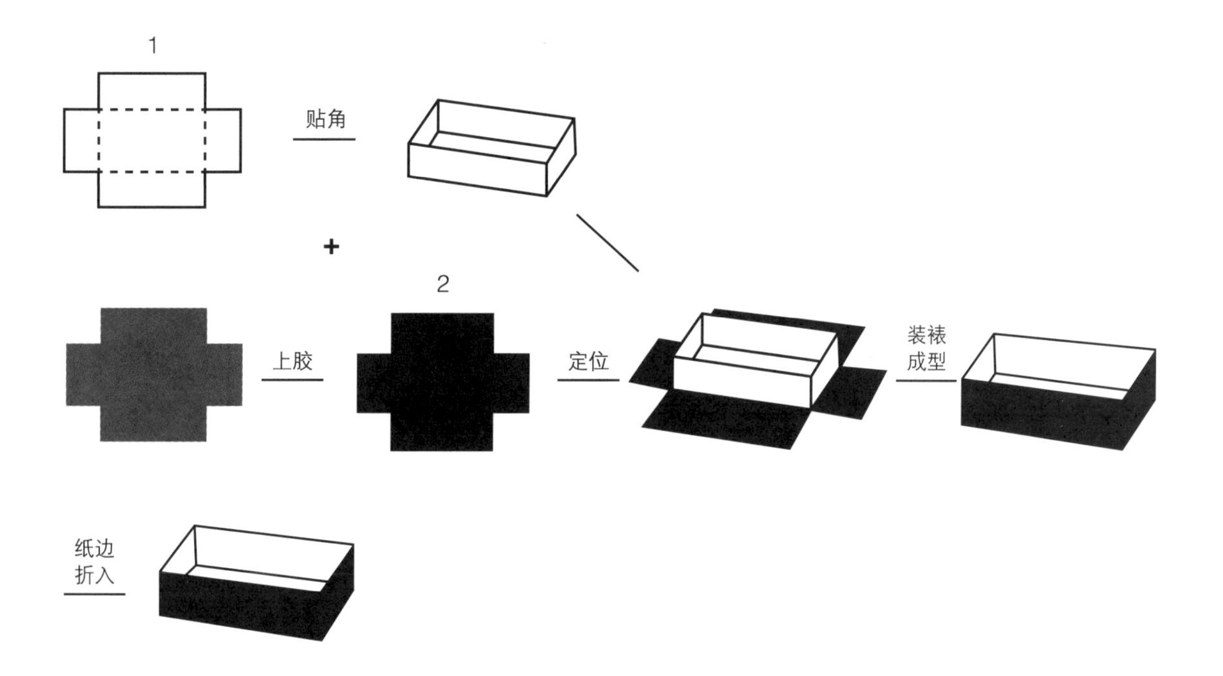

1 – 主面板

2 – 贴纸

（三）管盘式粘贴纸盒

在双壁结构或宽边结构中，盒体与盒底由盘式方法成型，而体内板由管式方法成型。

· 管盘式粘贴纸盒模板

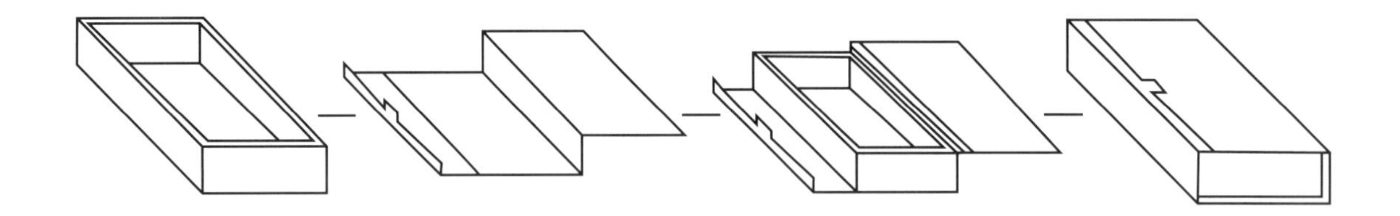

以上介绍的折叠纸盒和粘贴纸盒的各种基本类型都属于常见的类型。随着包装行业的工艺技术不断发展，设计师的无限创意以及商品销售的强烈需求使纸盒包装结构的款式开发呈现多样化的发展局面。包装种类繁多，我们可选择的类型也非常多。

包装设计师需要牢记，再精彩新奇的包装造型都离不开扎实稳固的包装结构，结构上的创新往往能推动包装行业的发展。

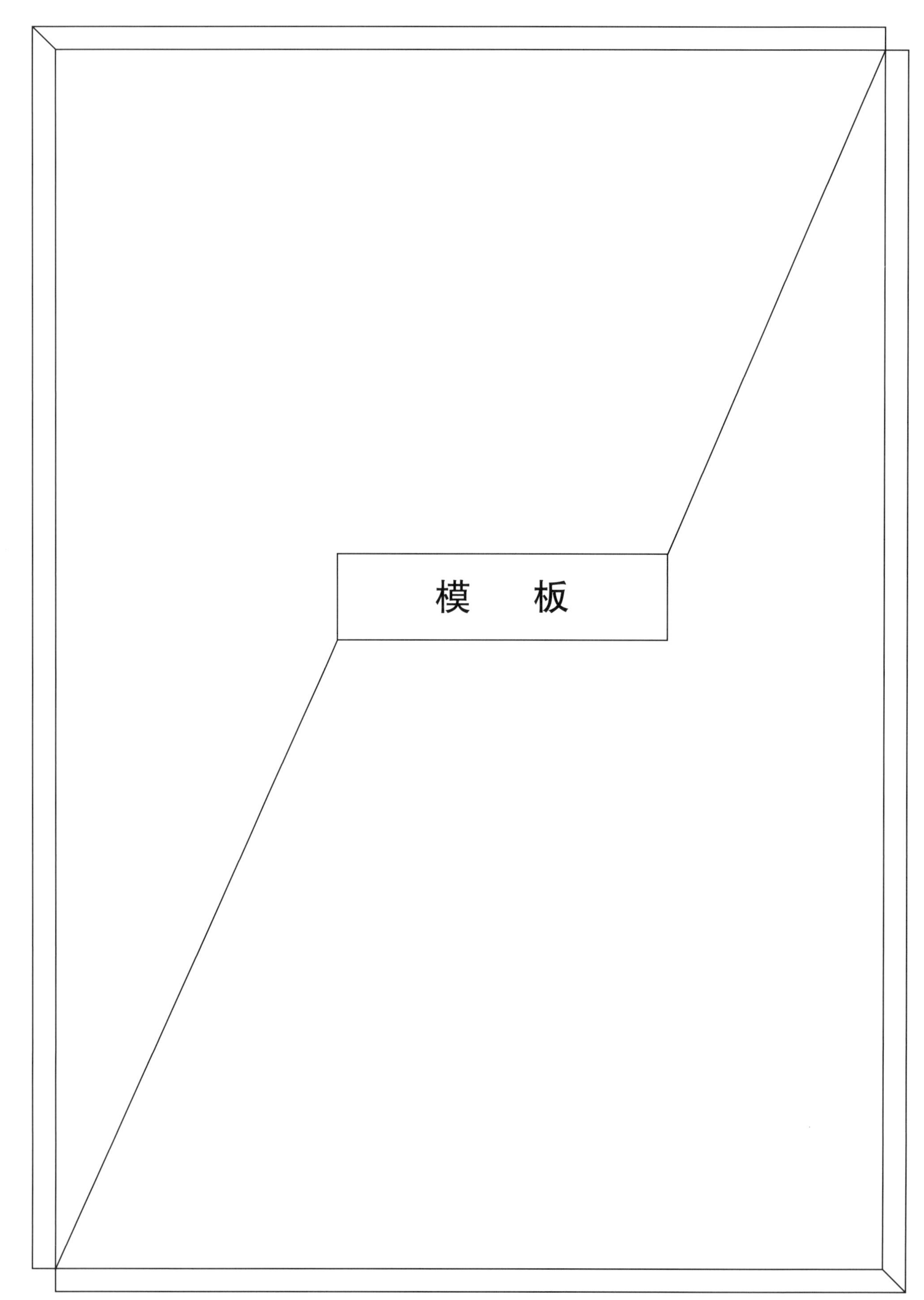
模　板

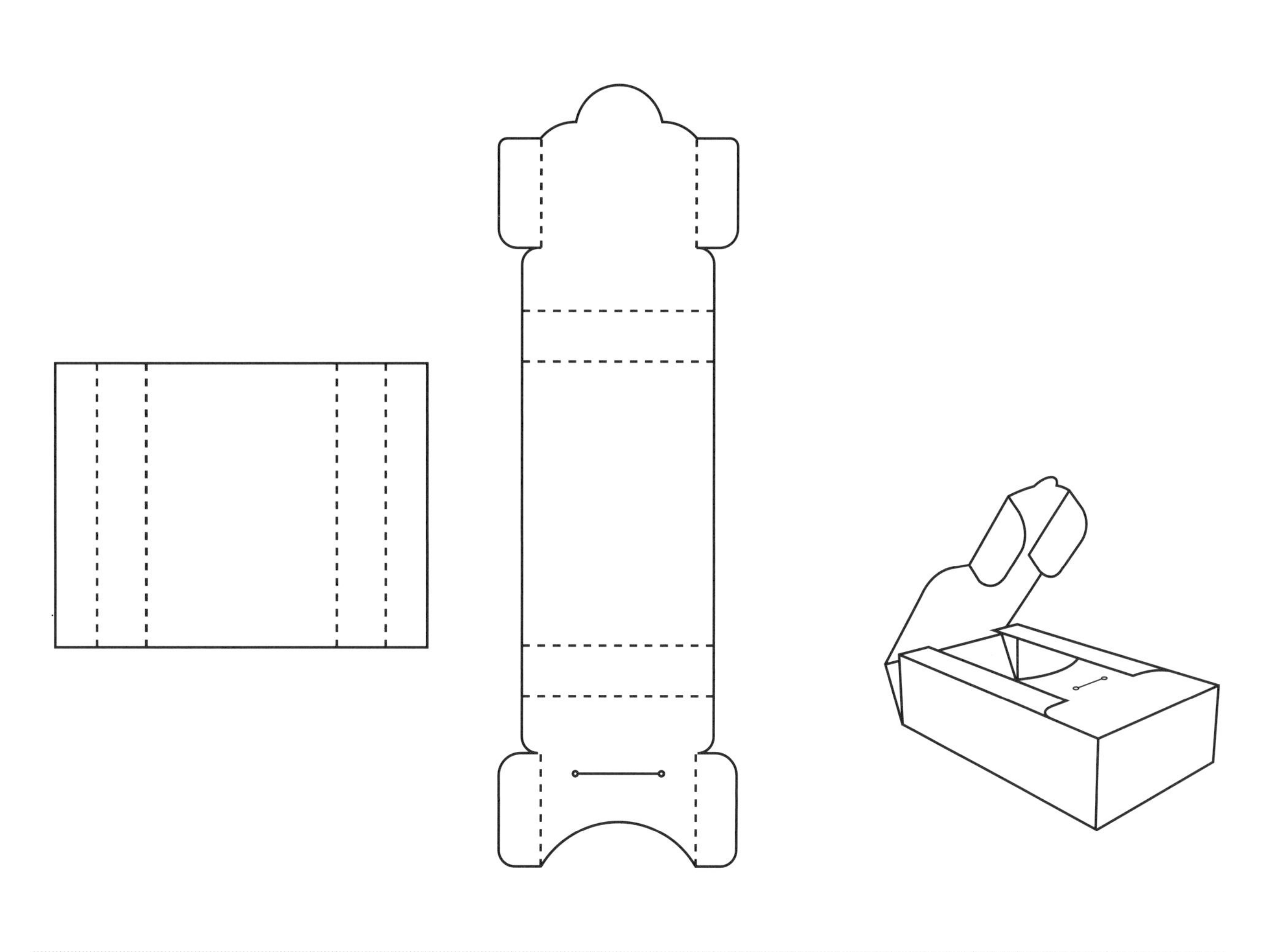

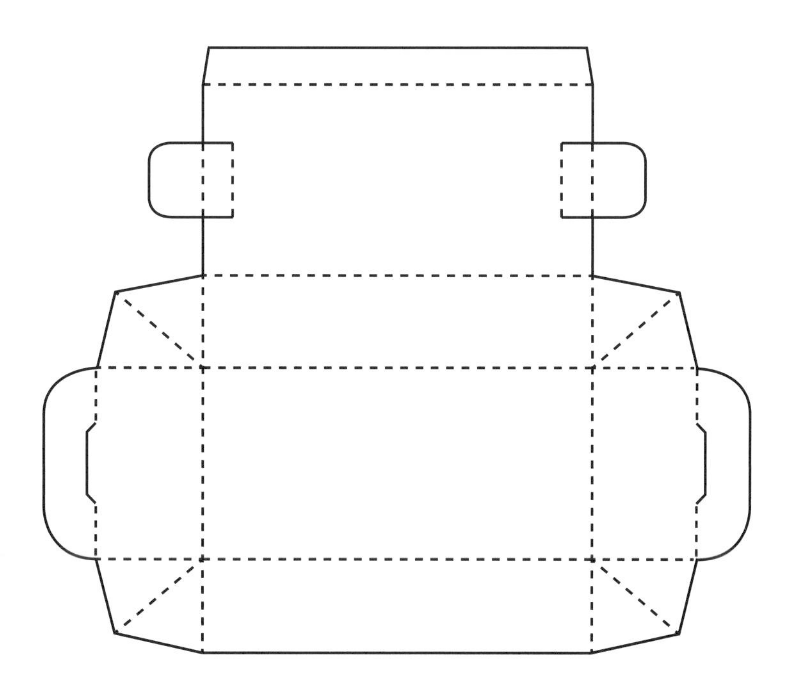

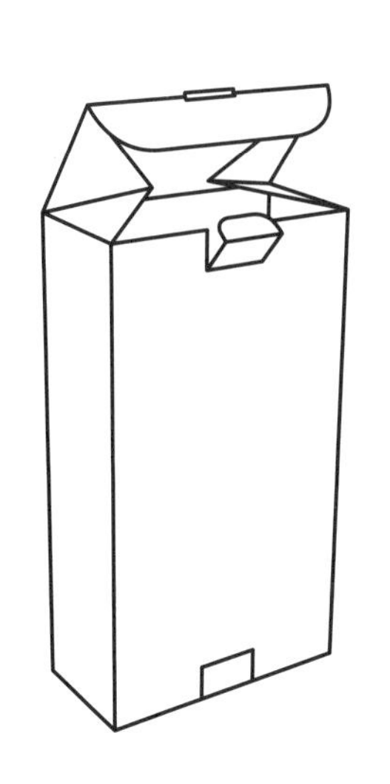

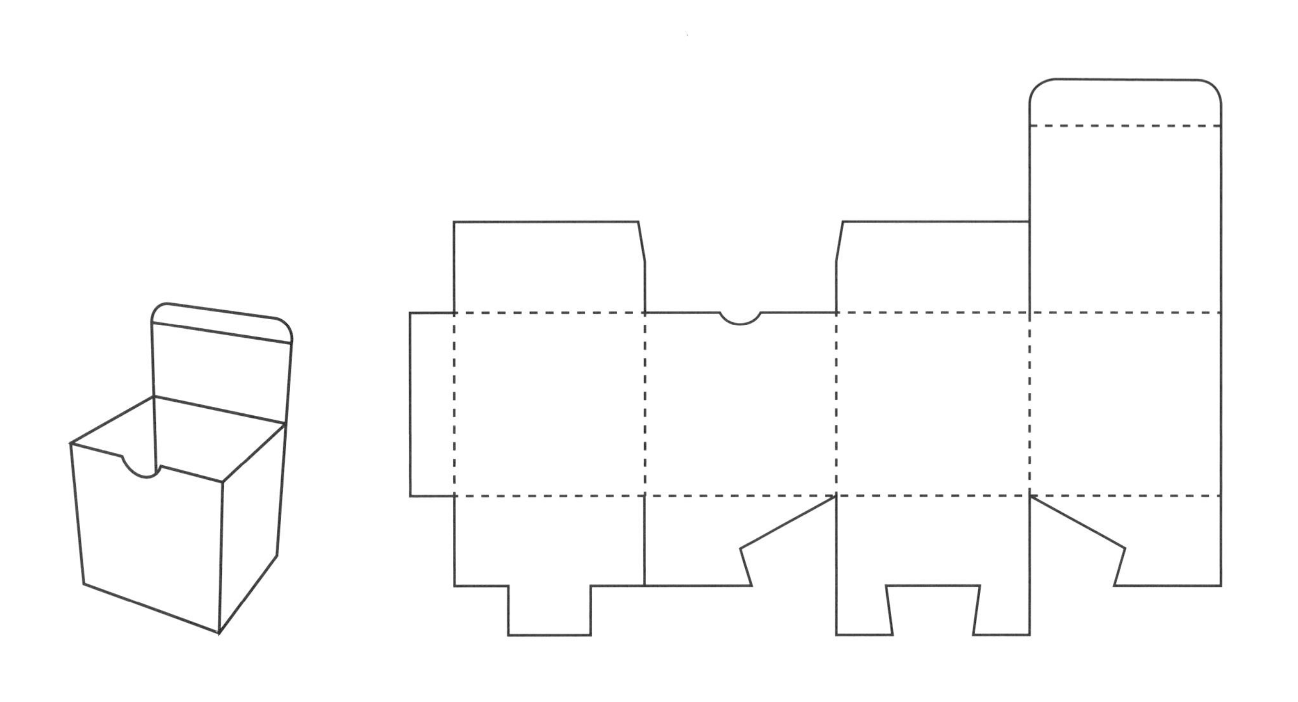

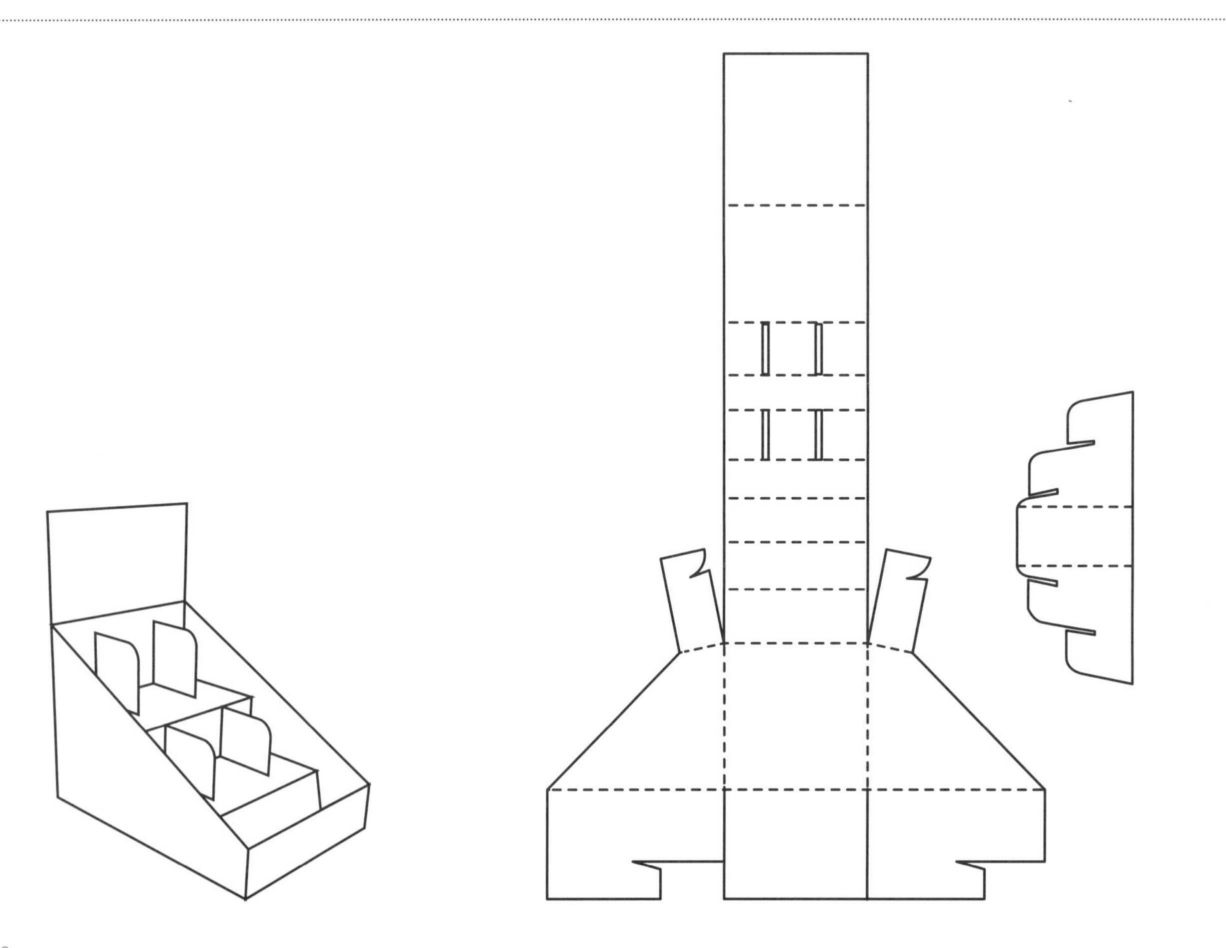

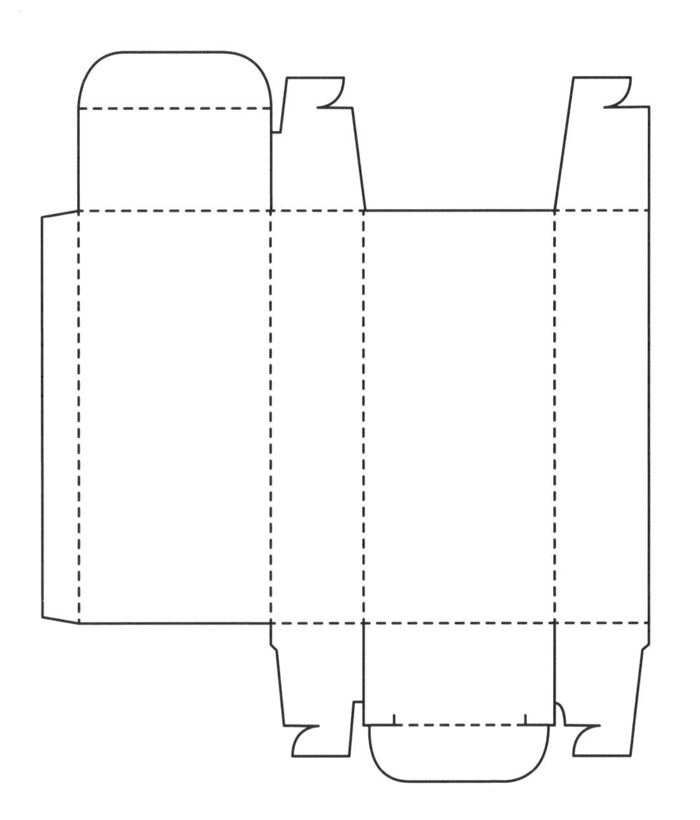

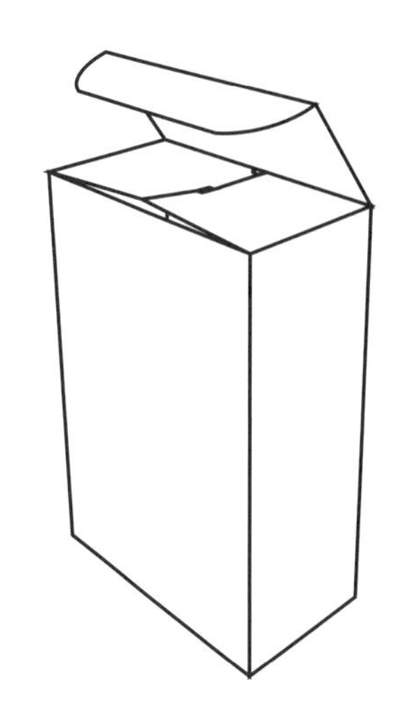

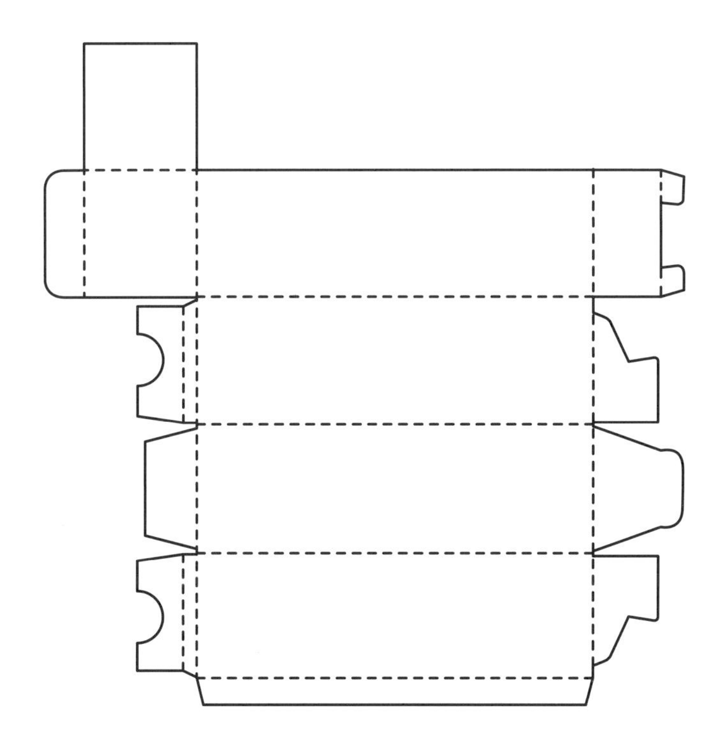

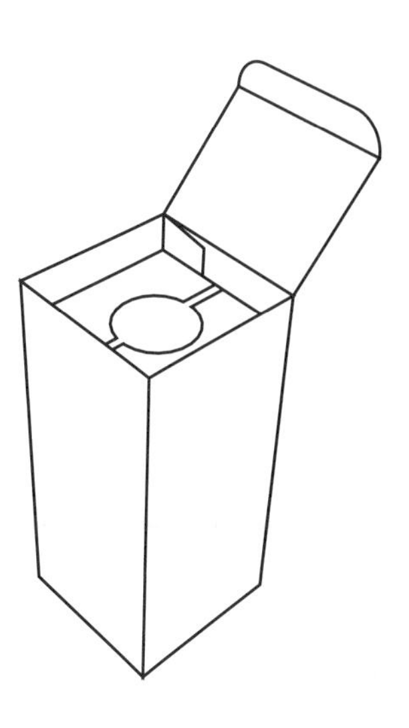

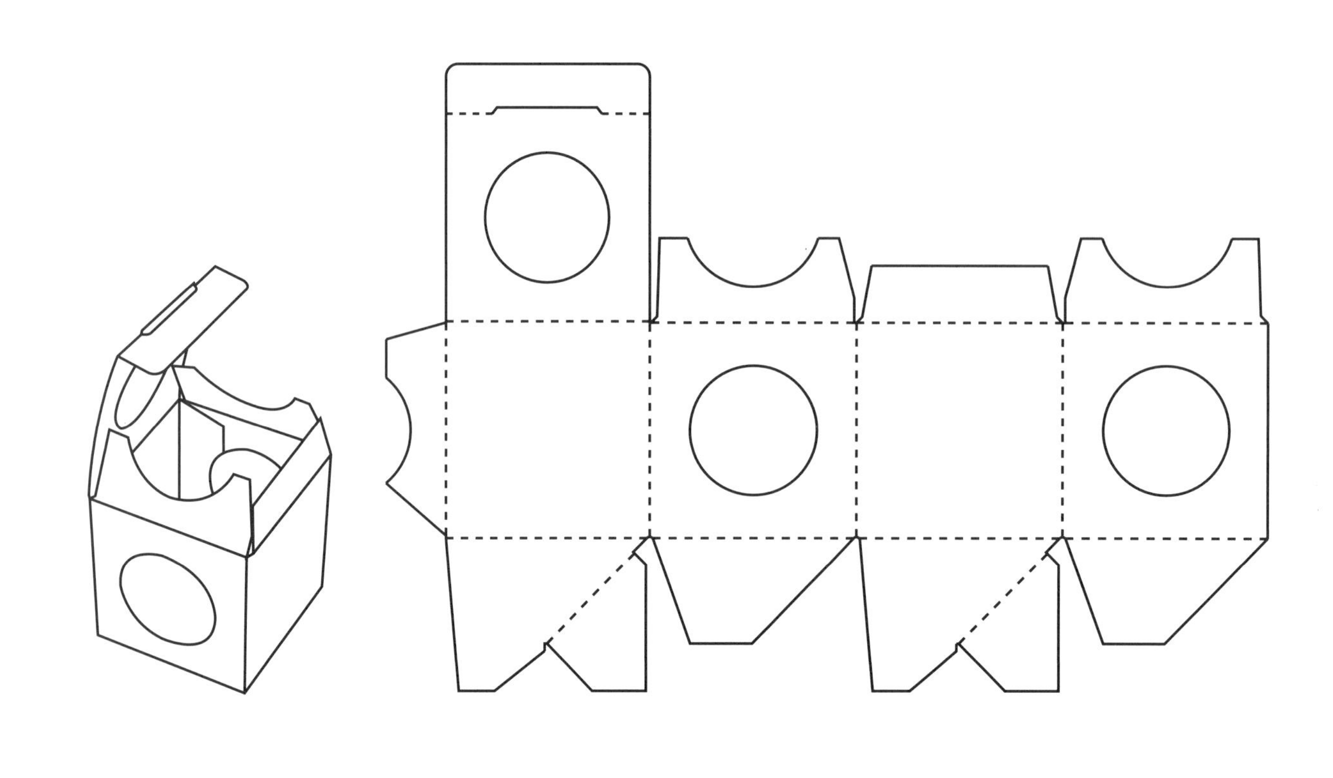

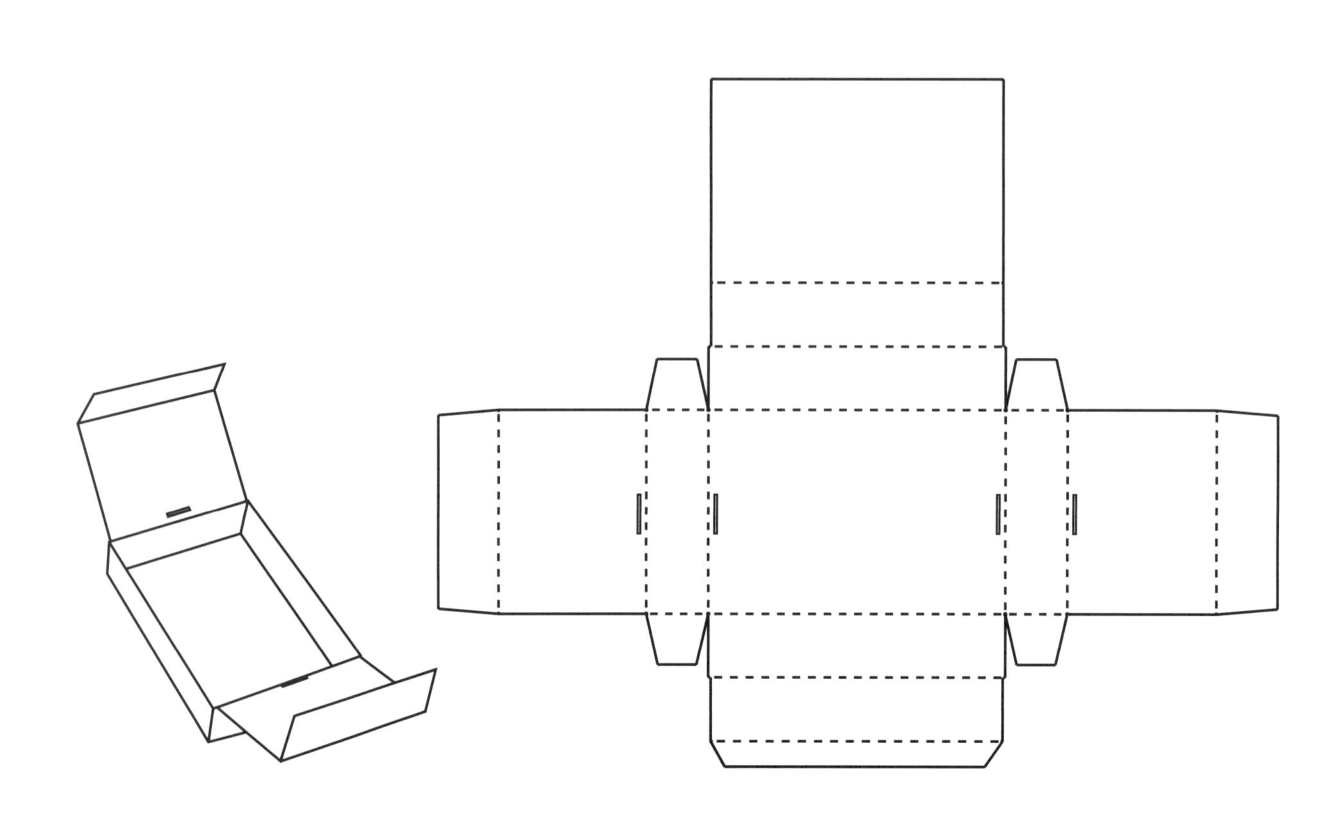

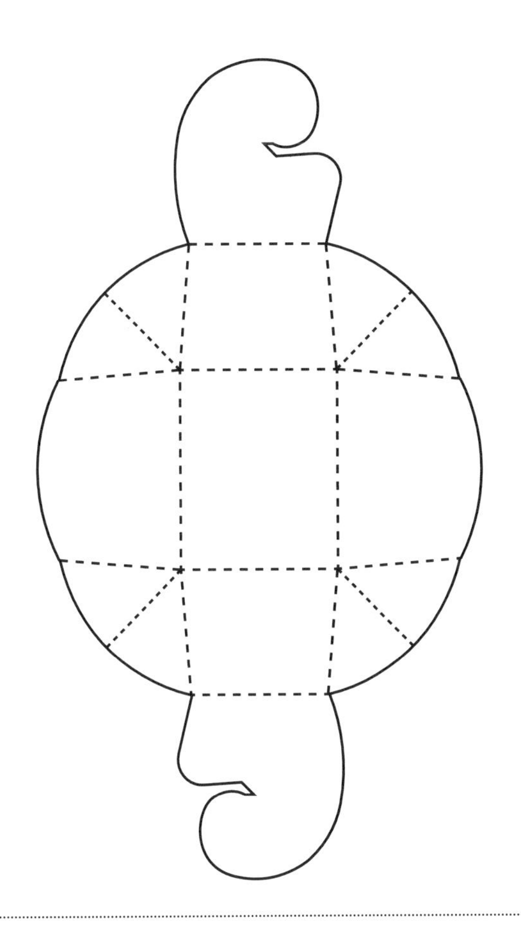

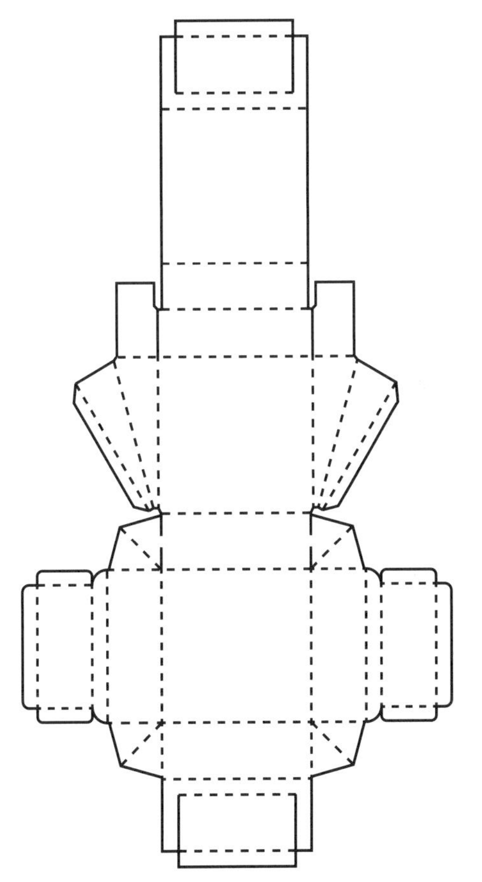
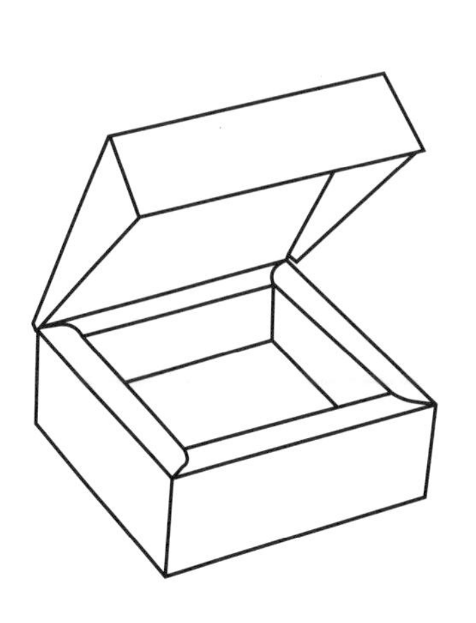

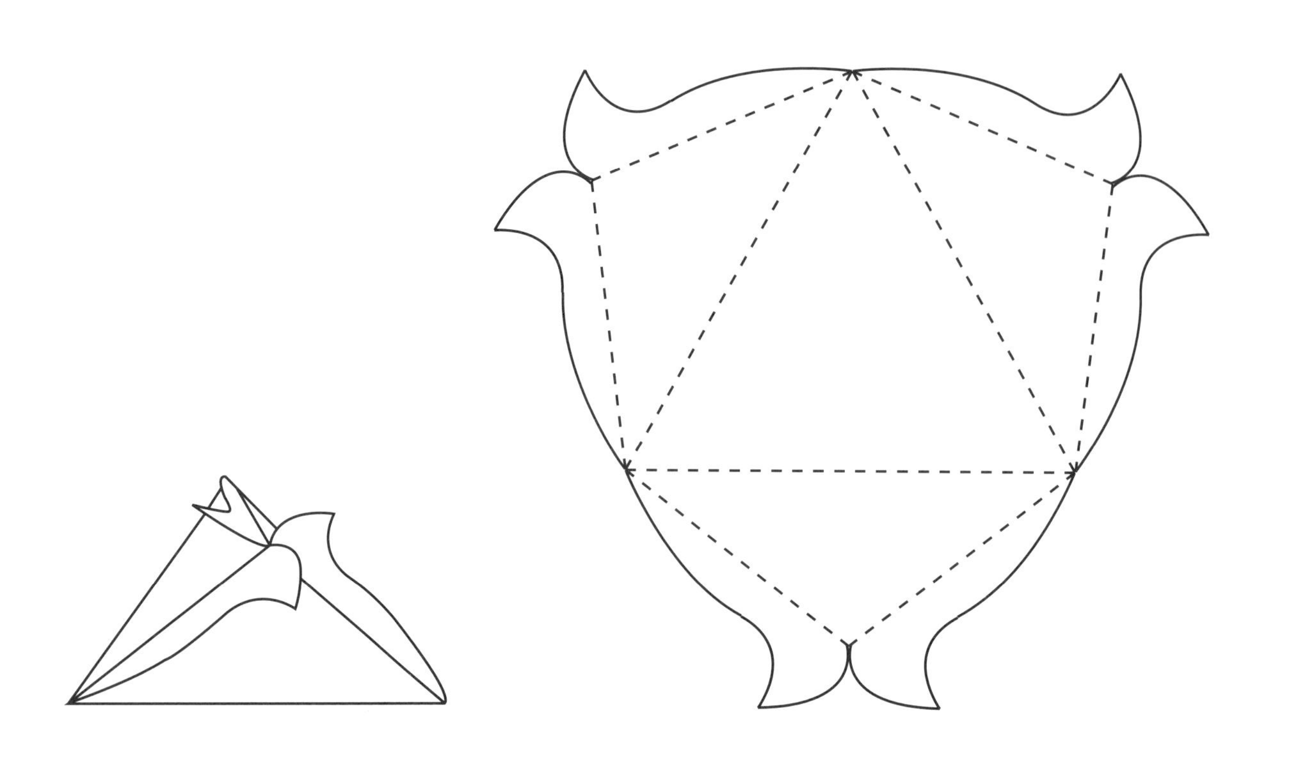

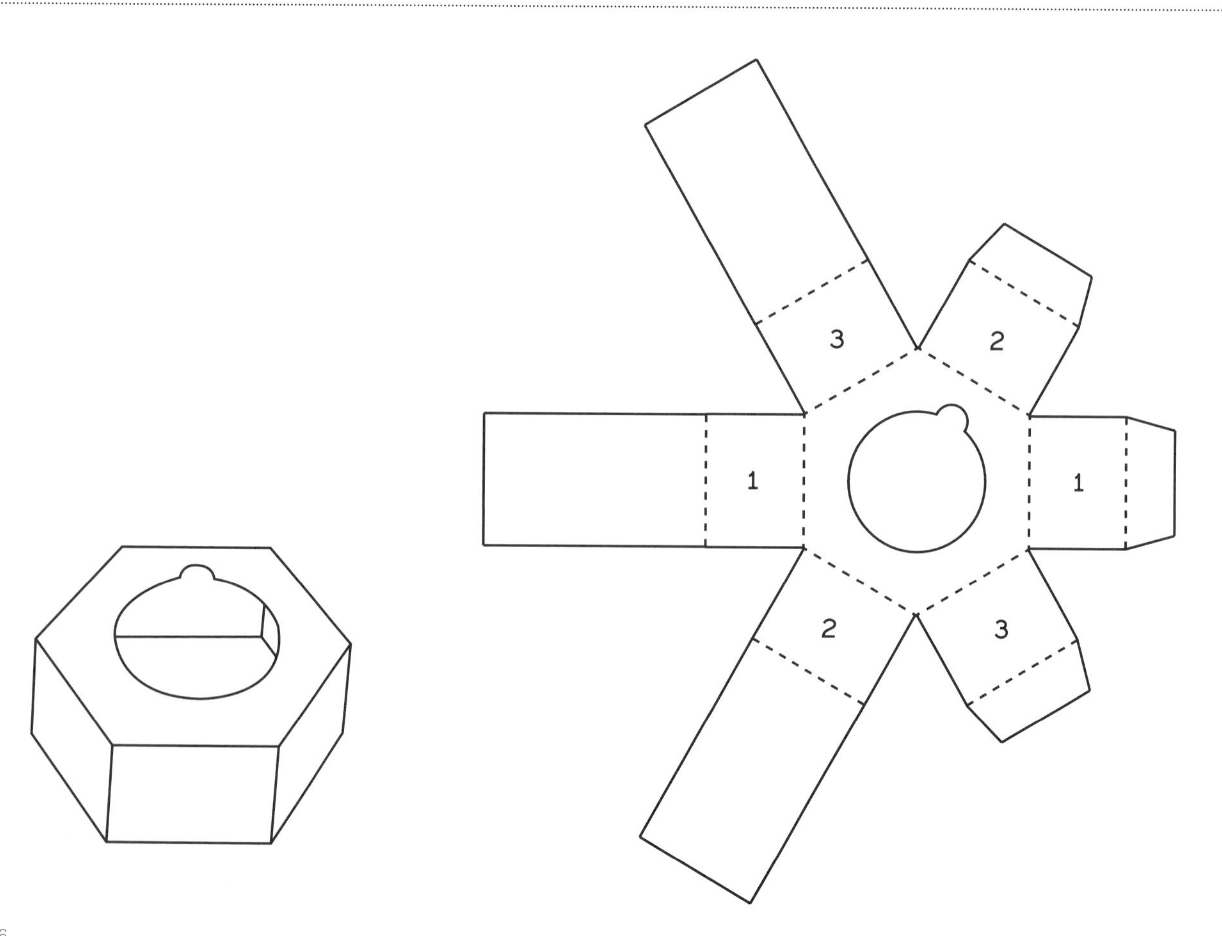
3
2
1
1
2
3

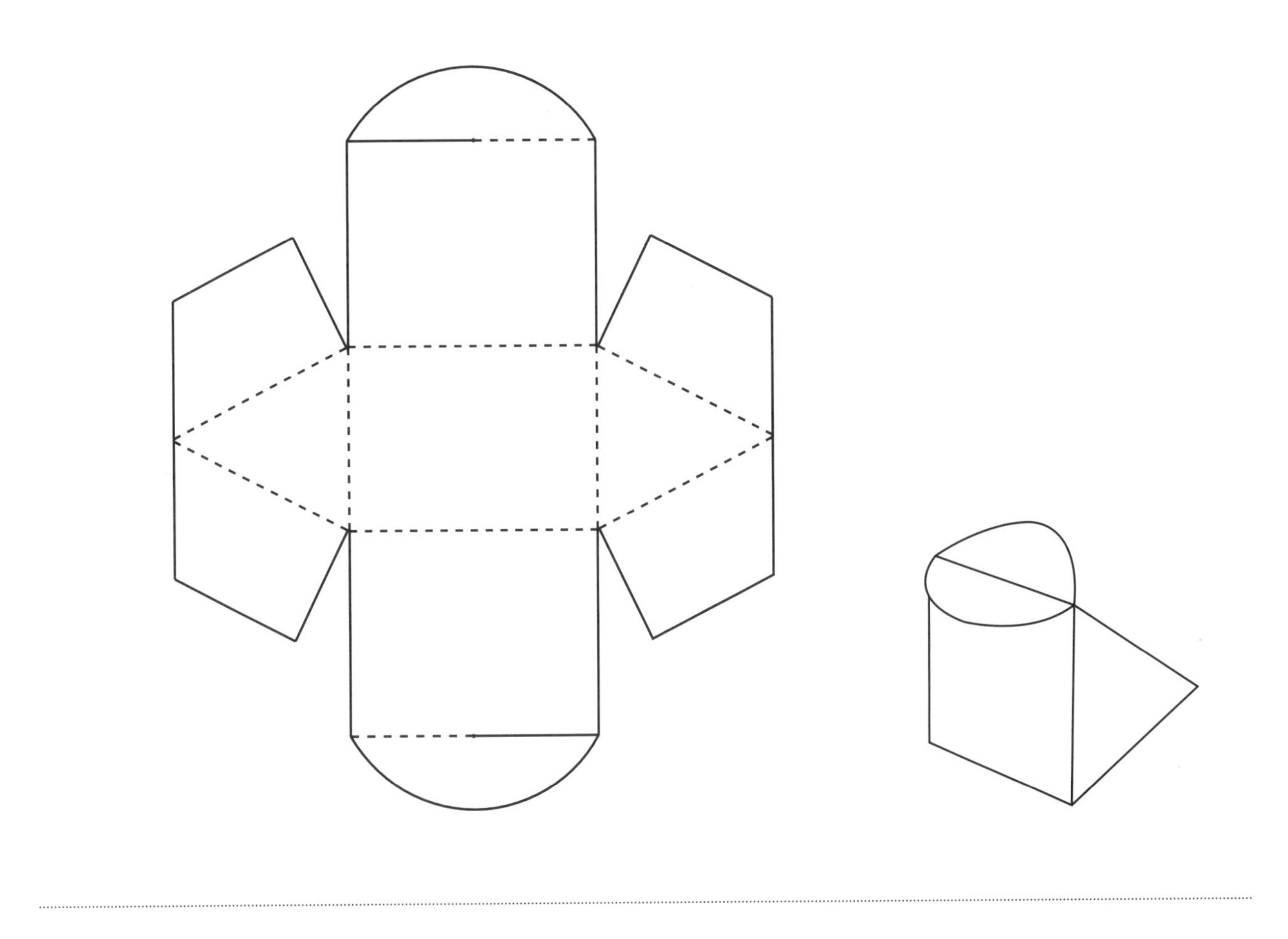

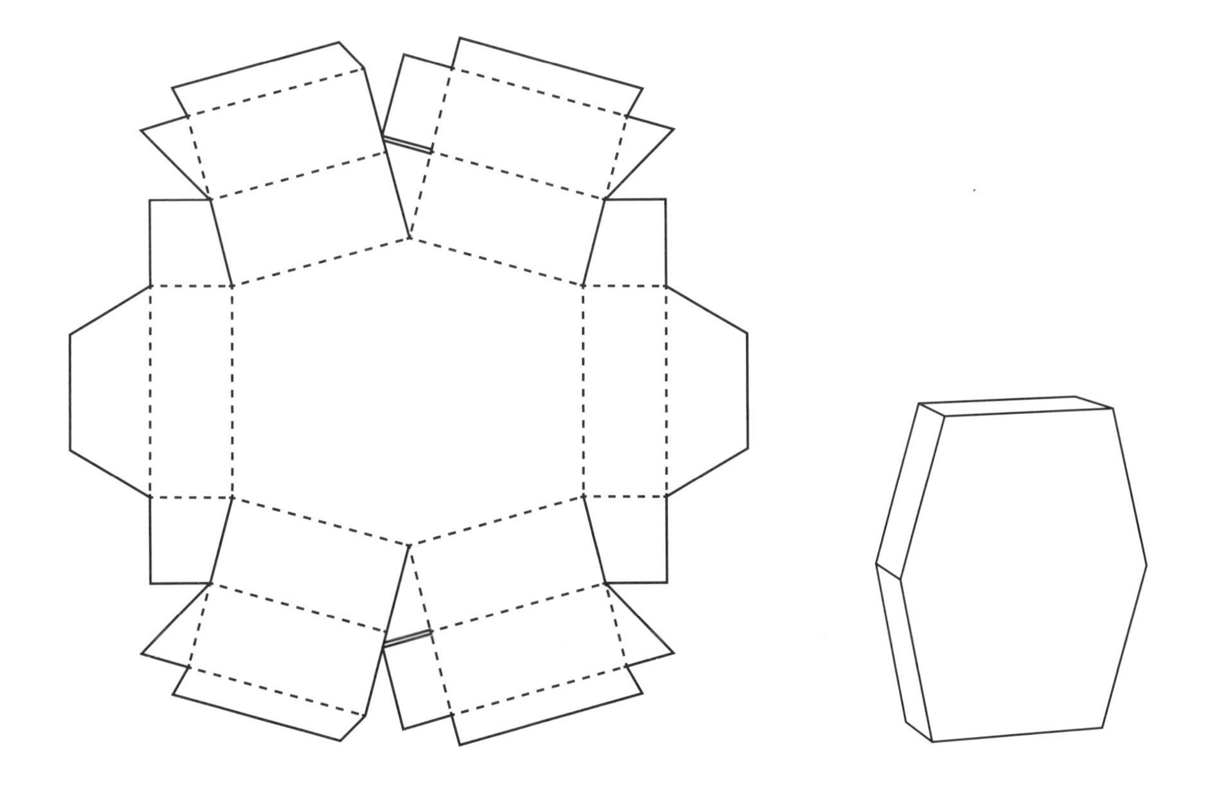

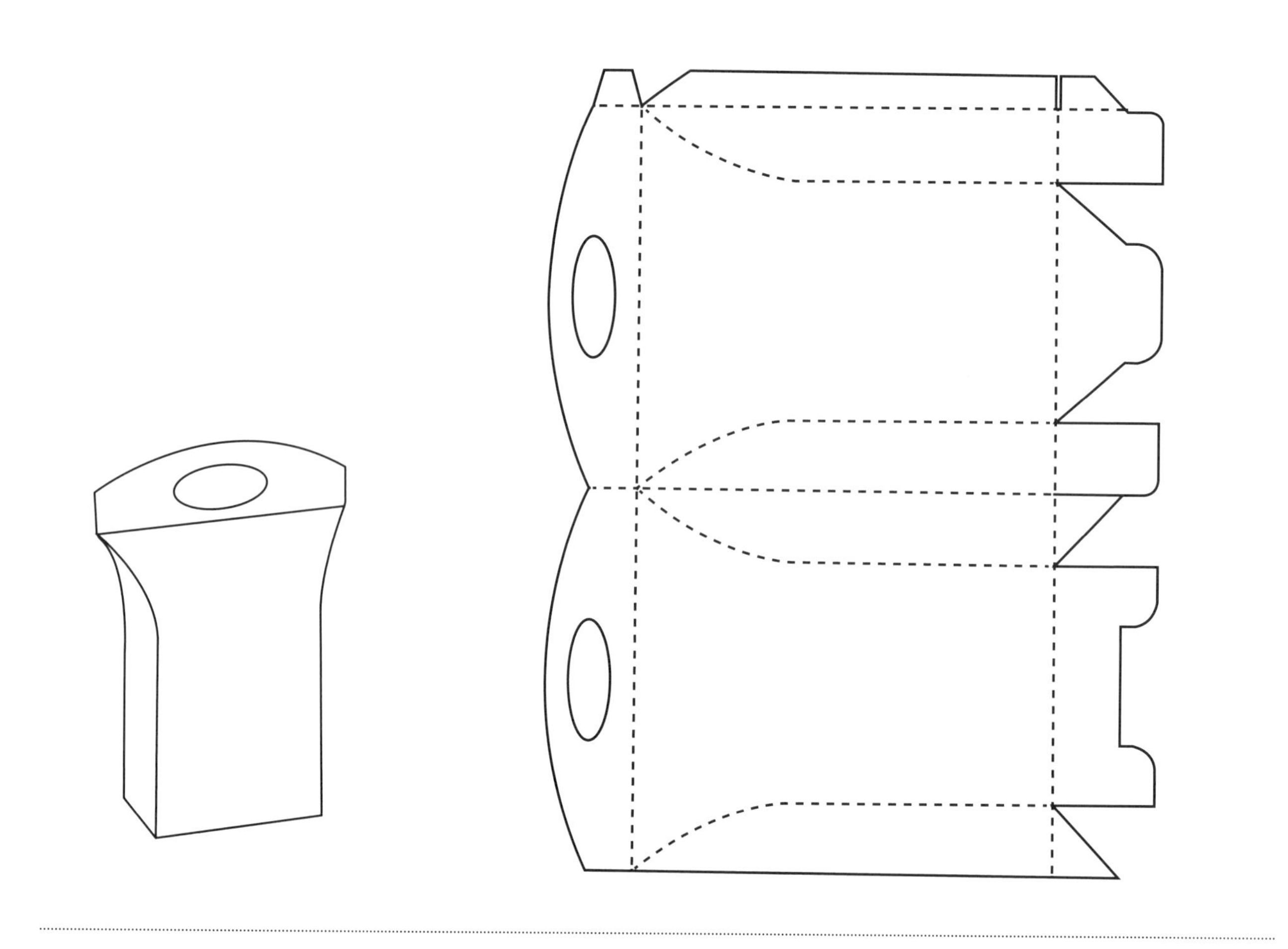

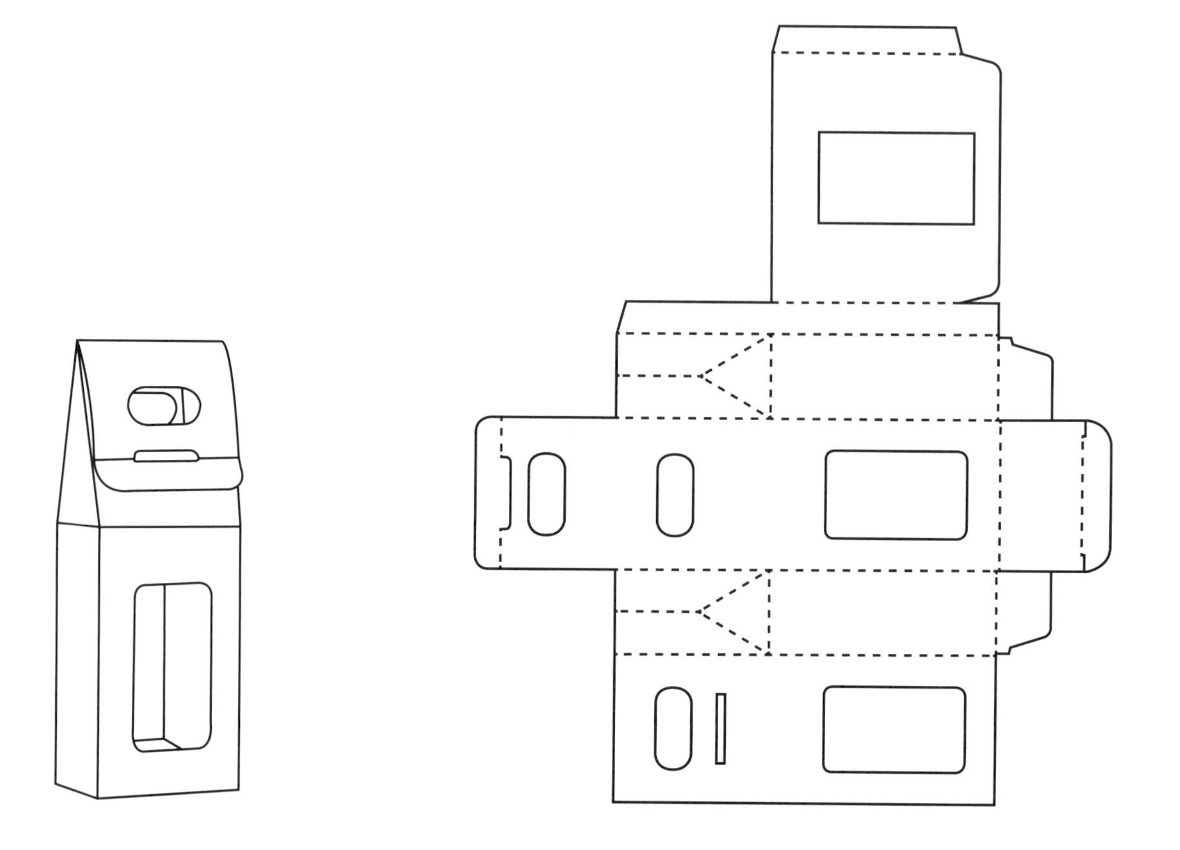

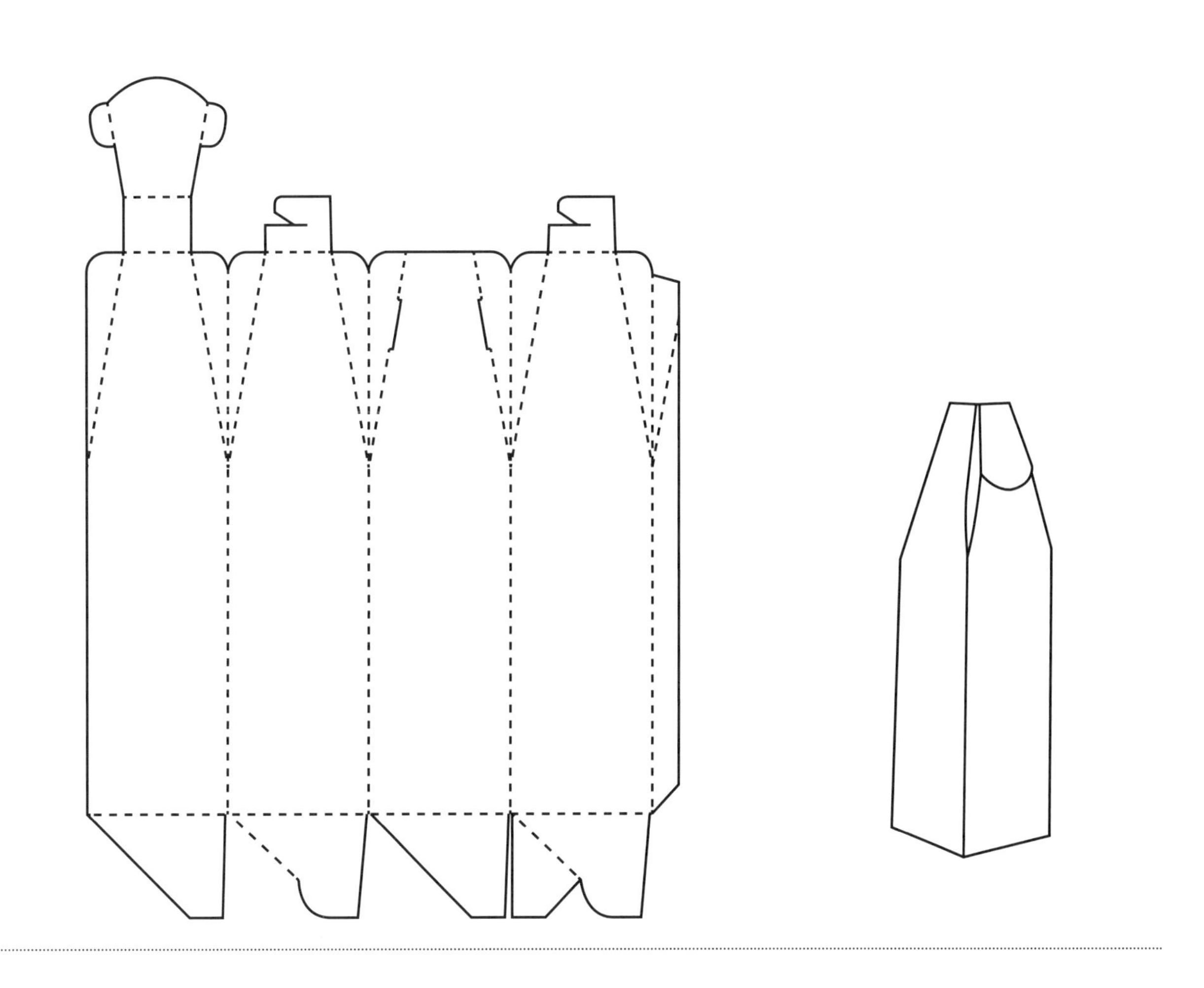

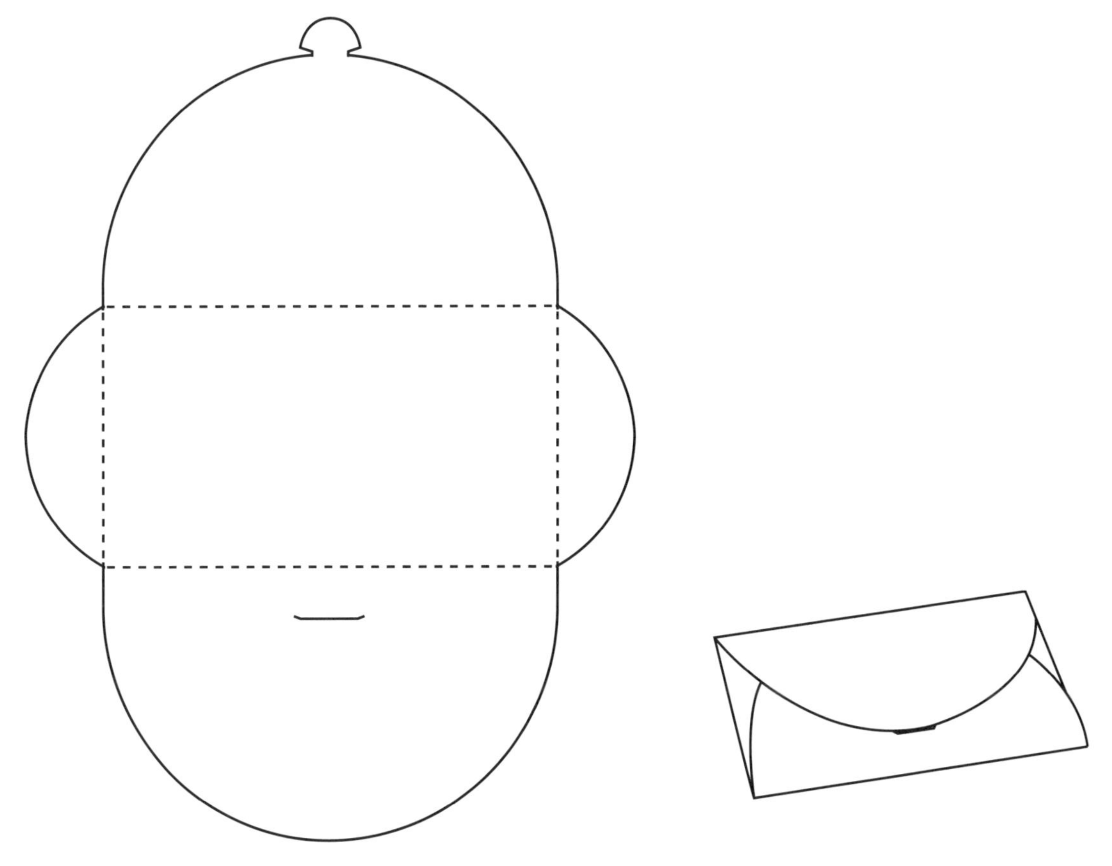

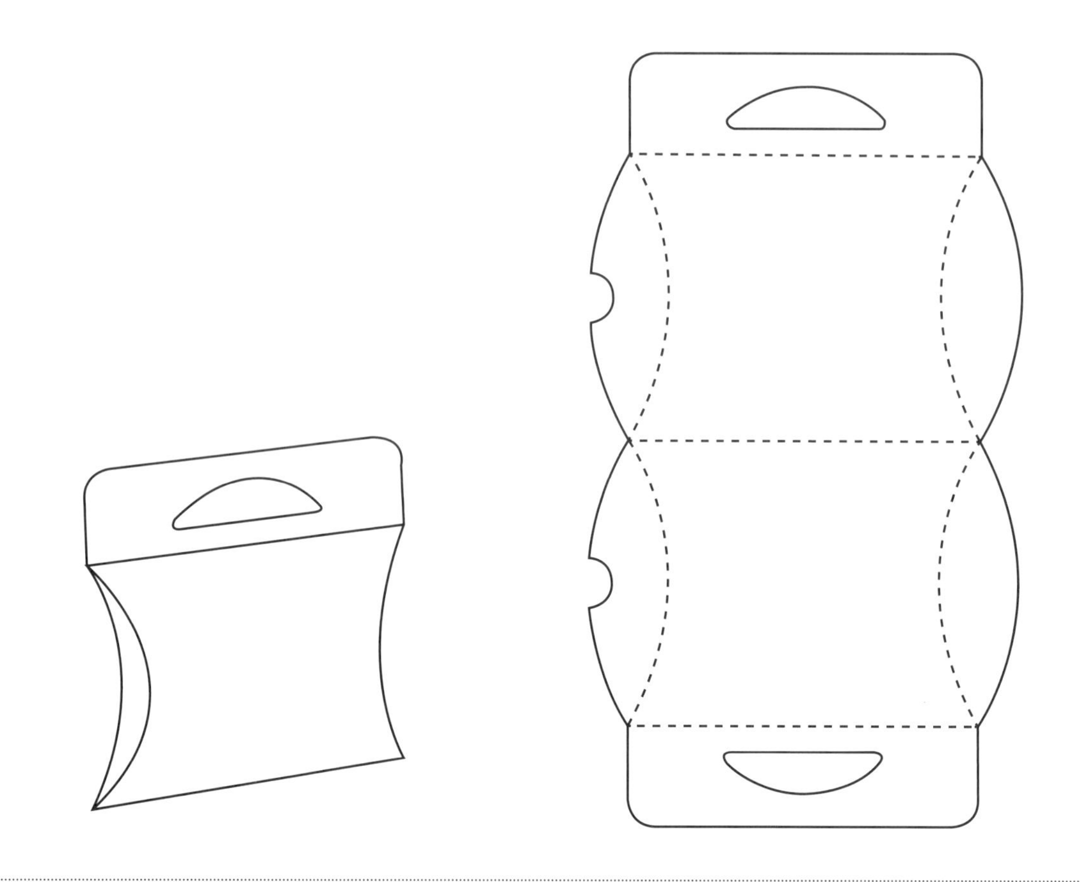

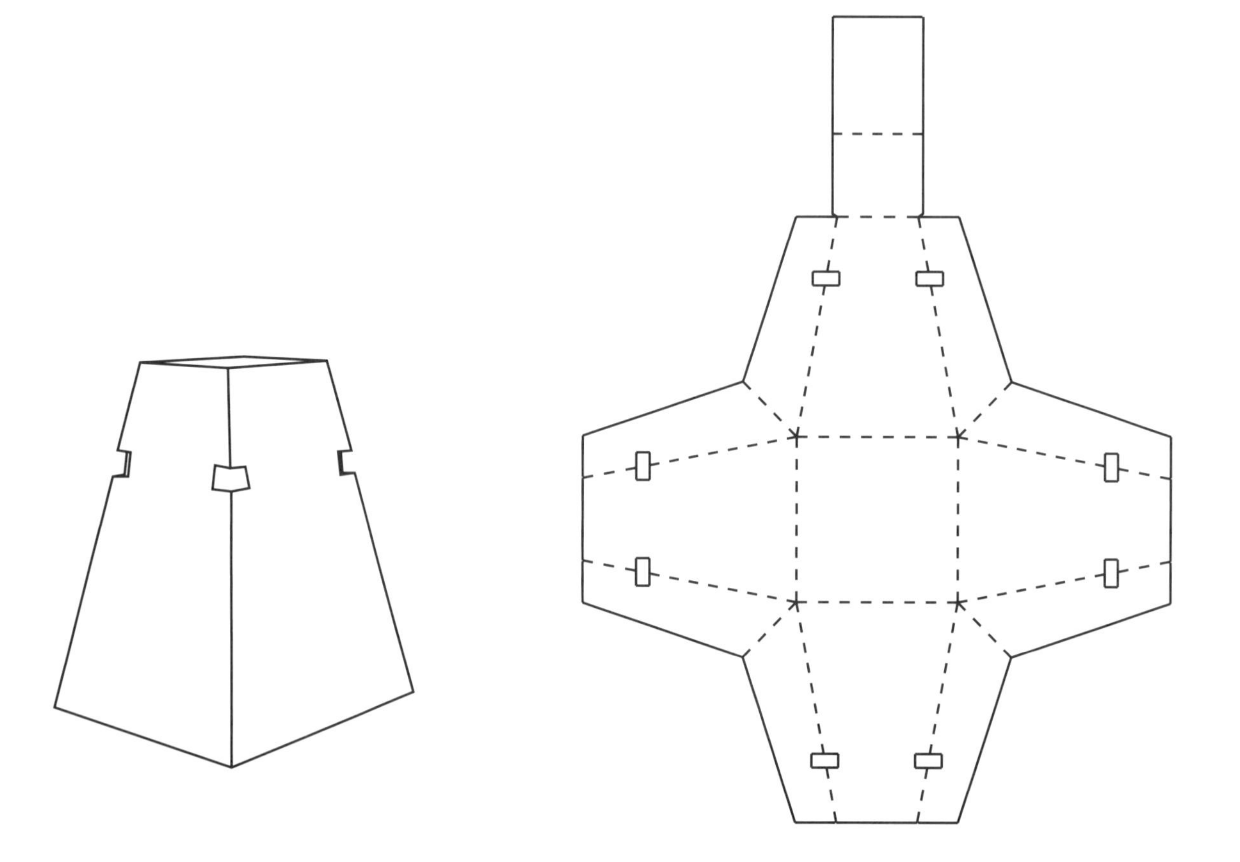

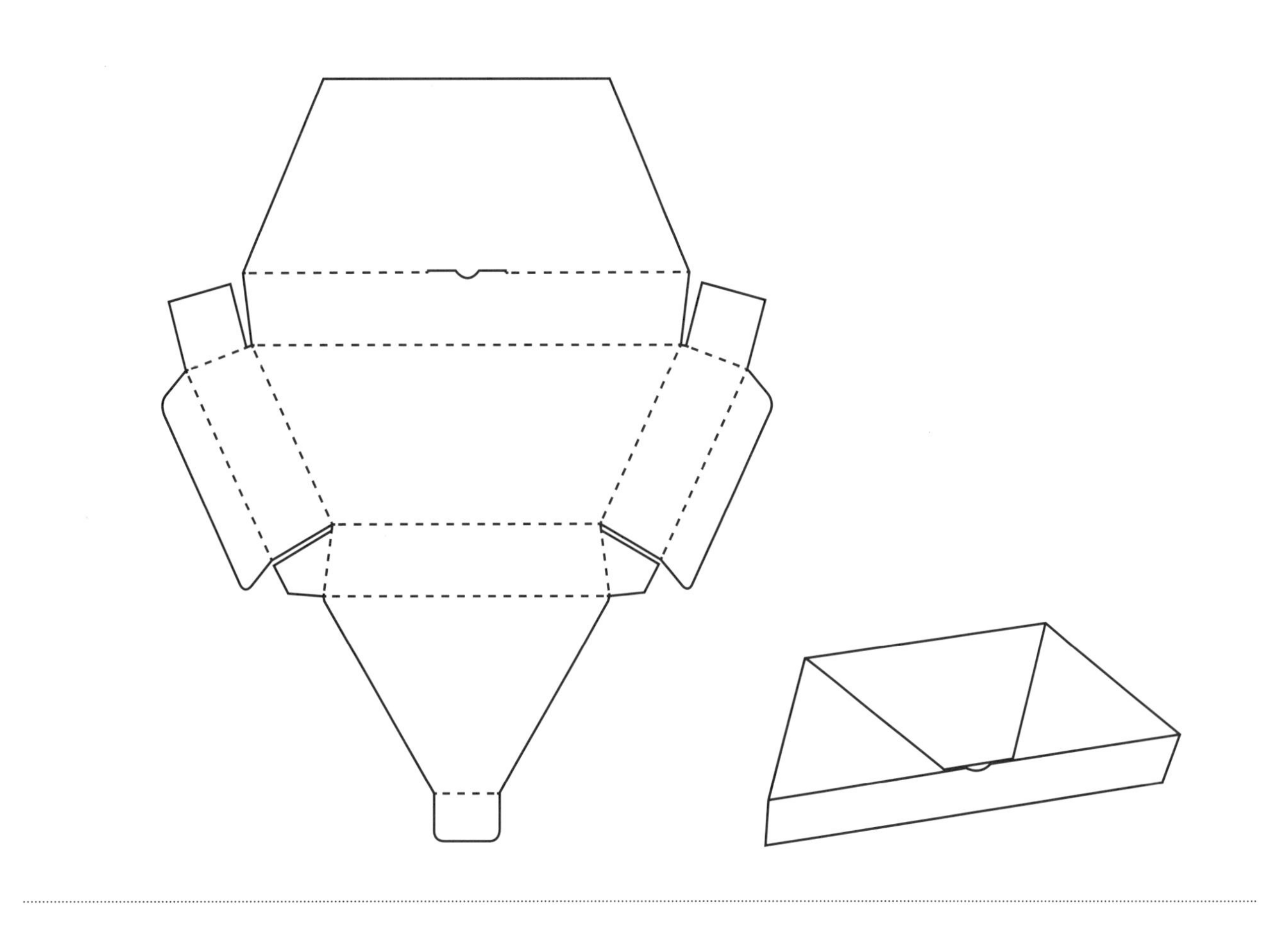

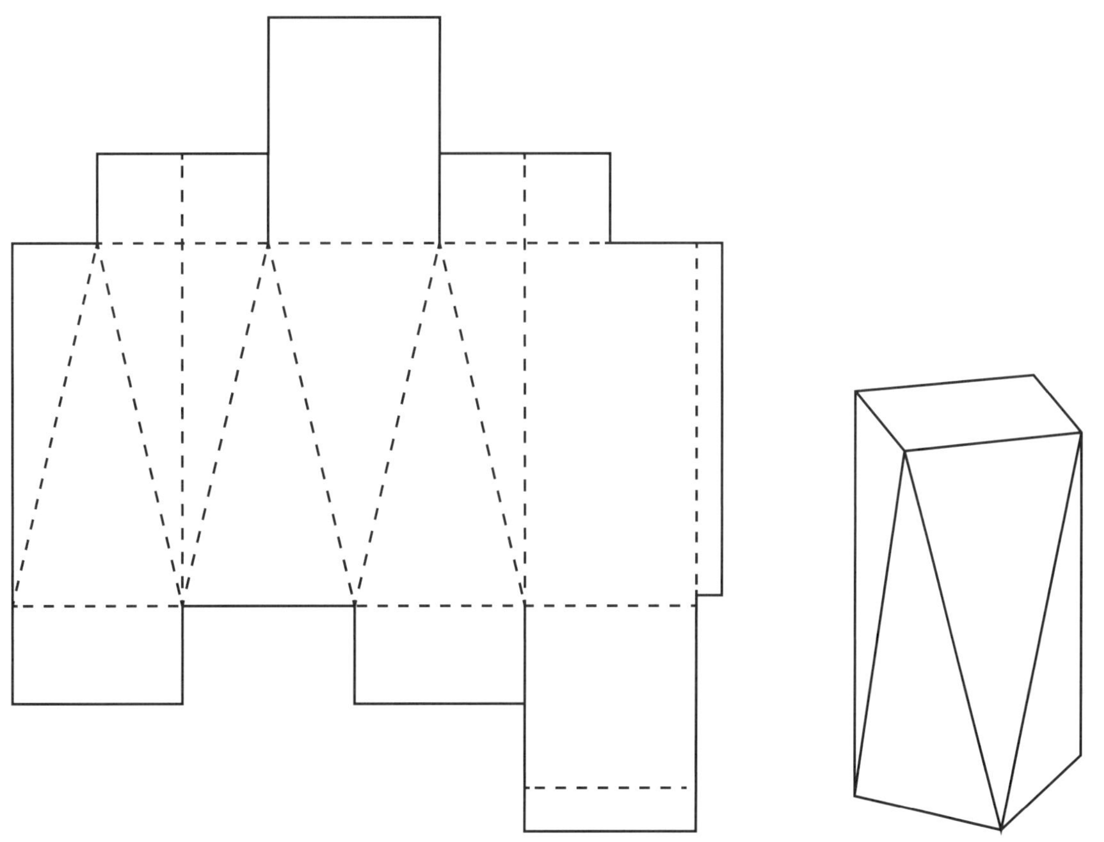

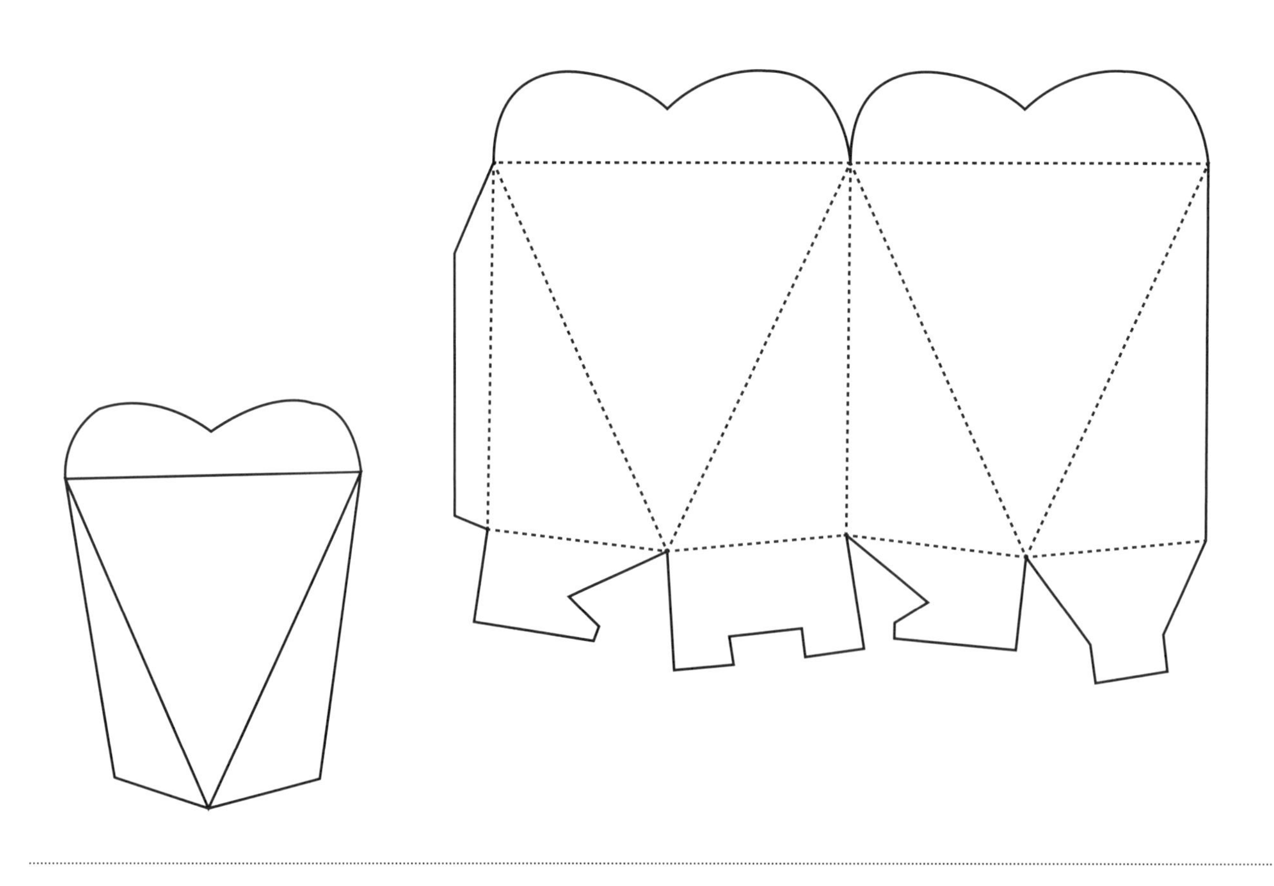

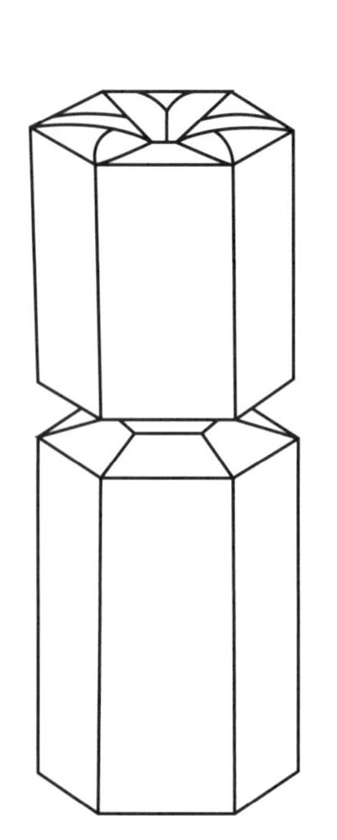

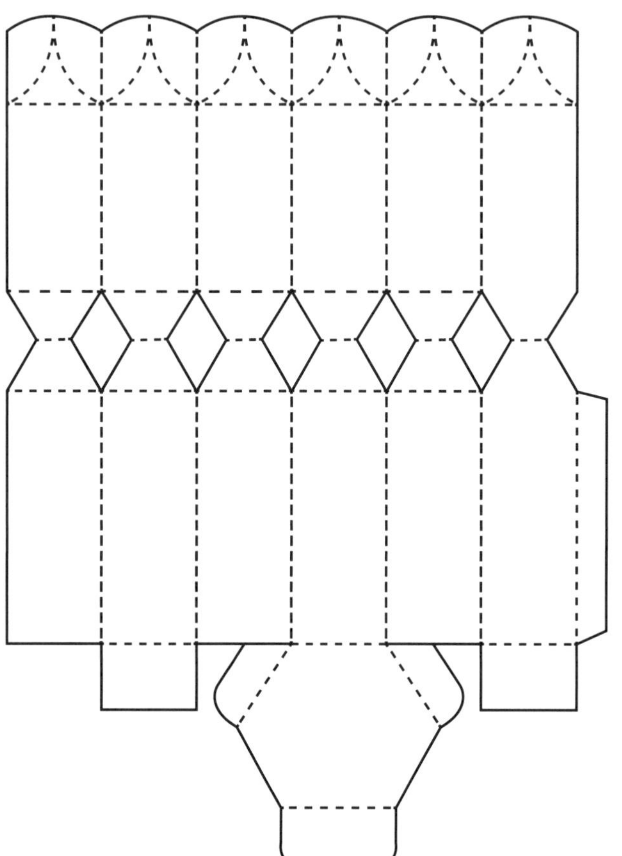

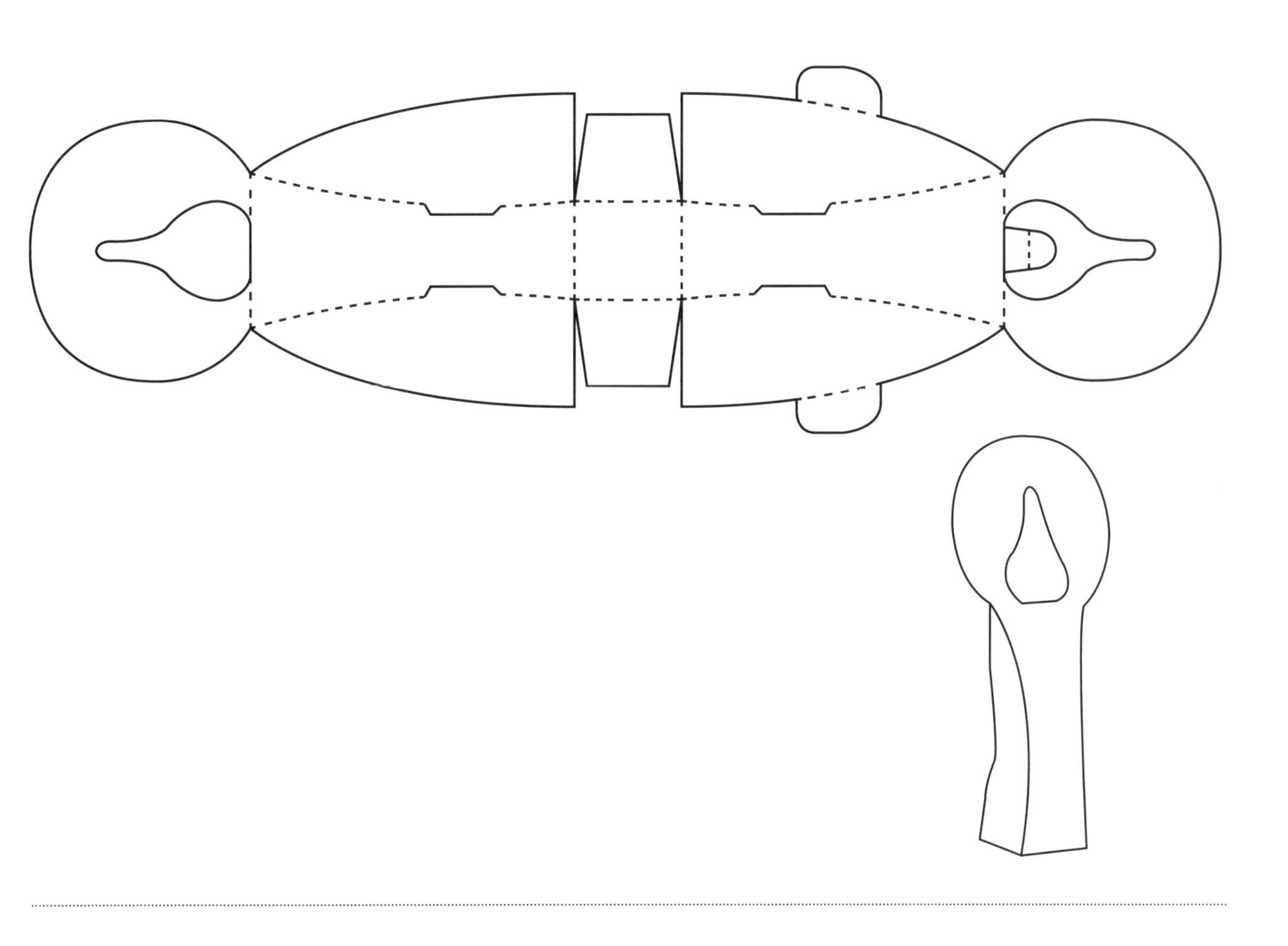

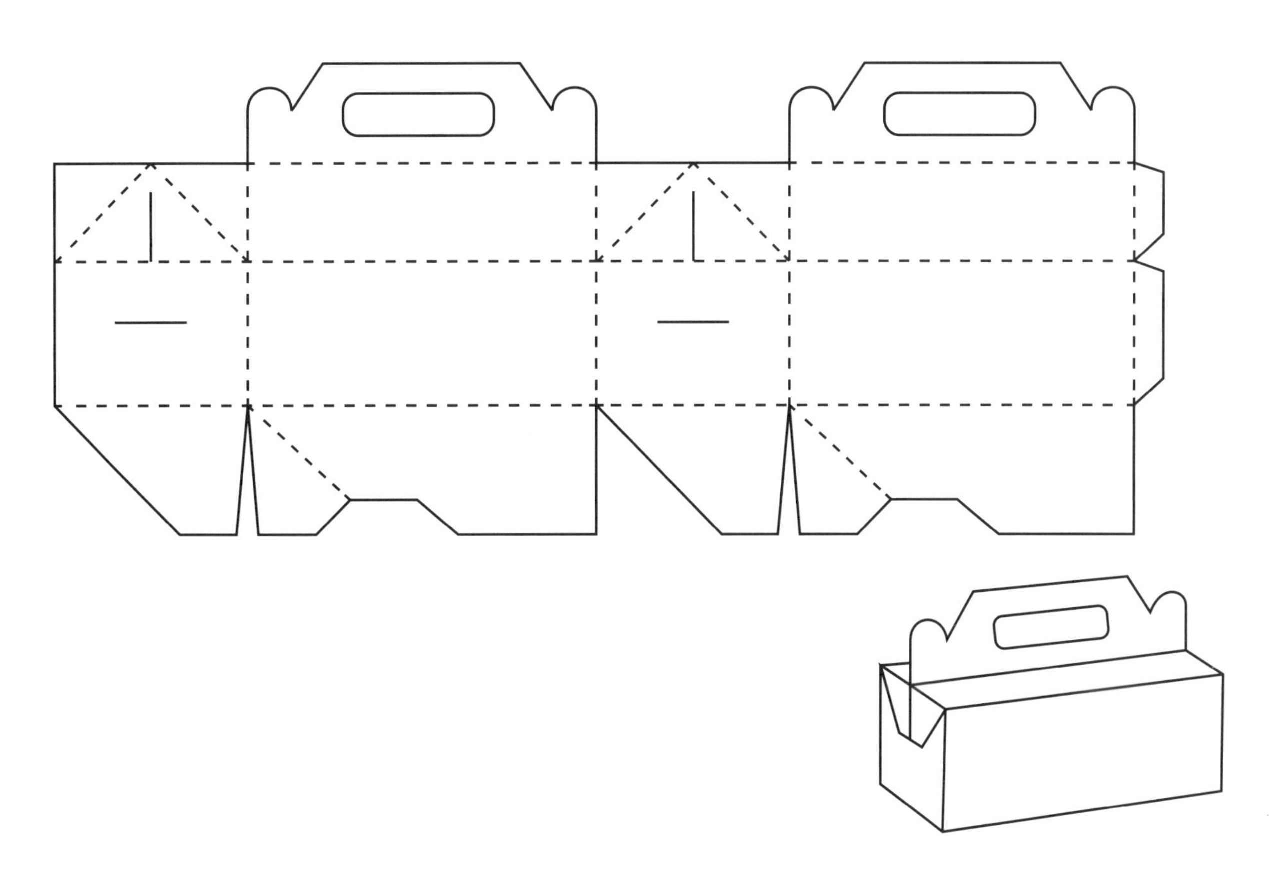

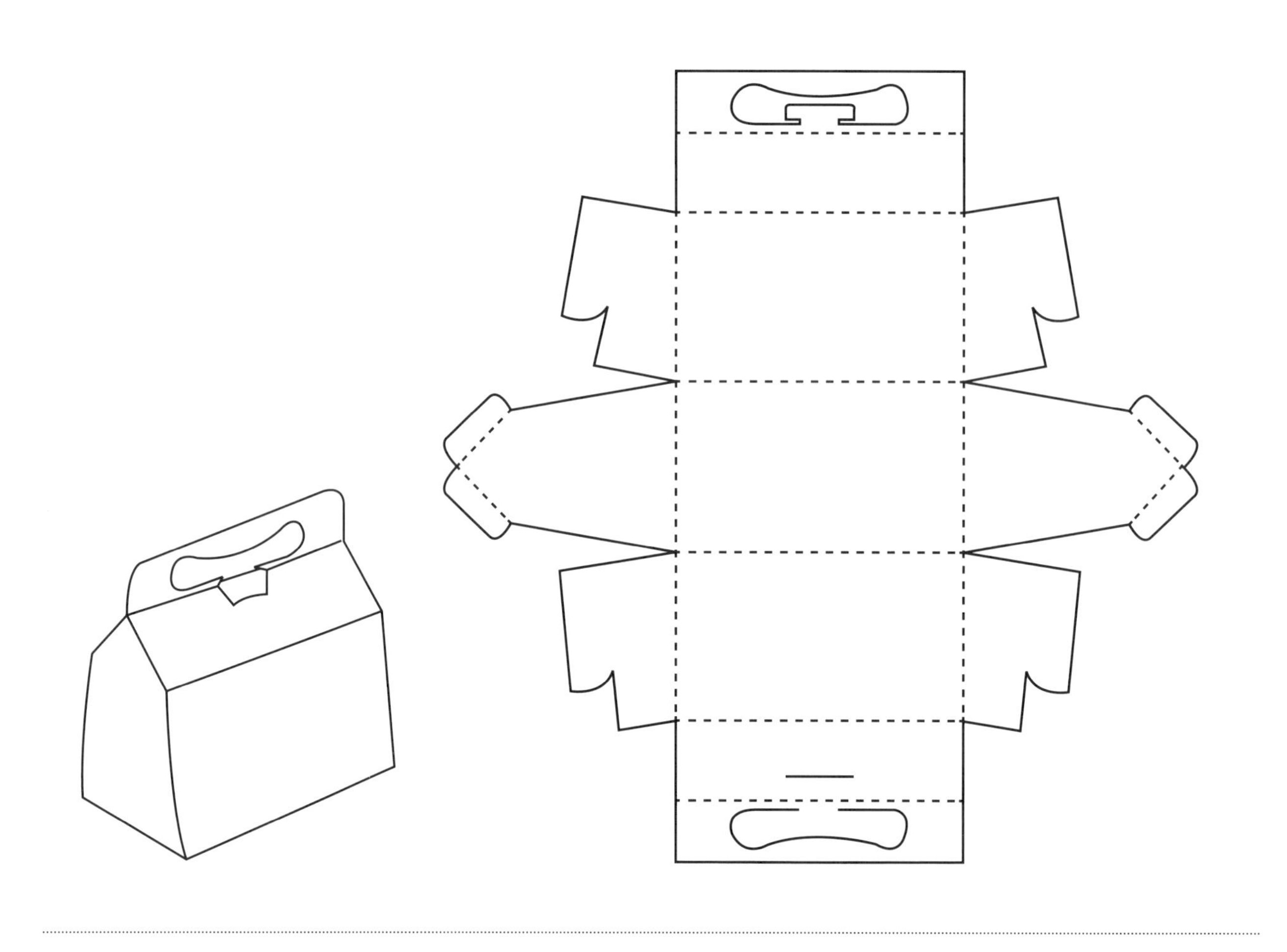

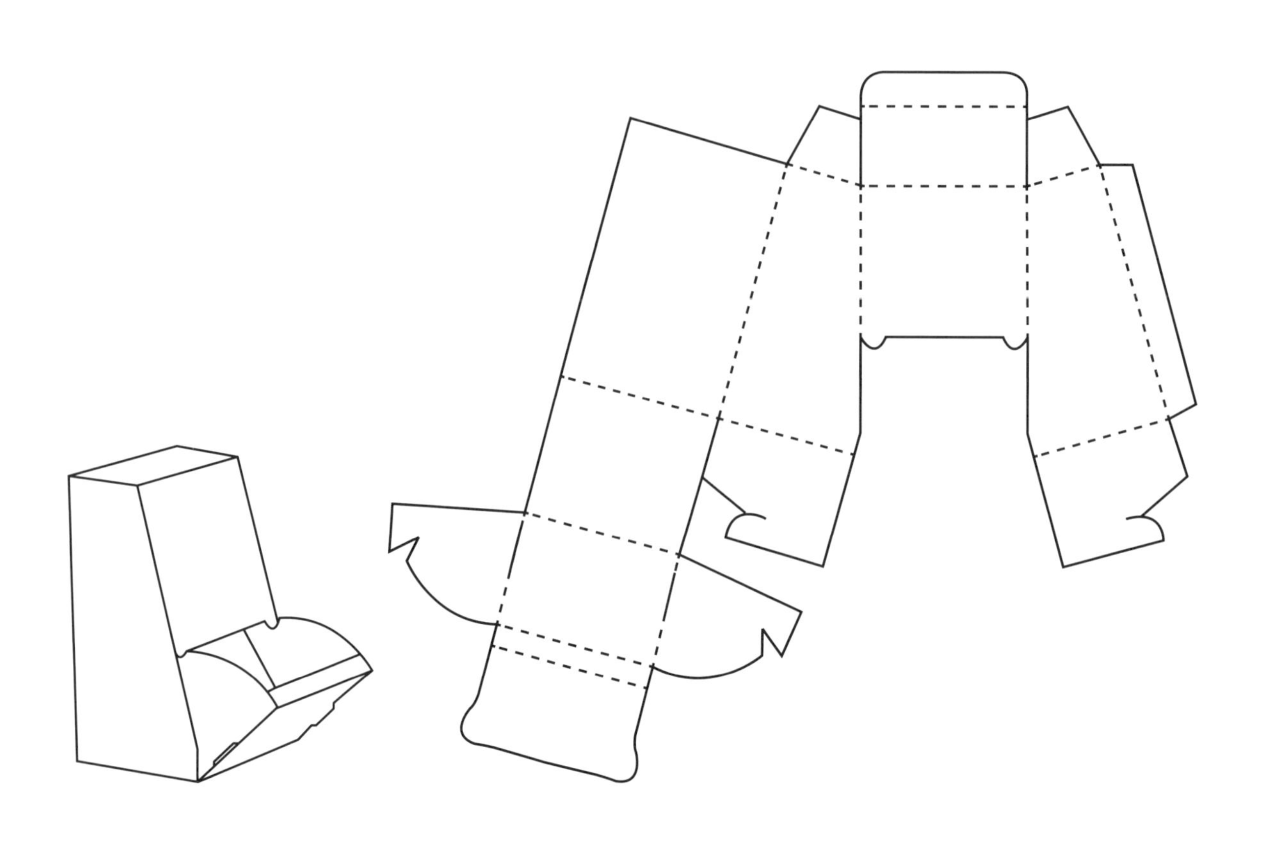

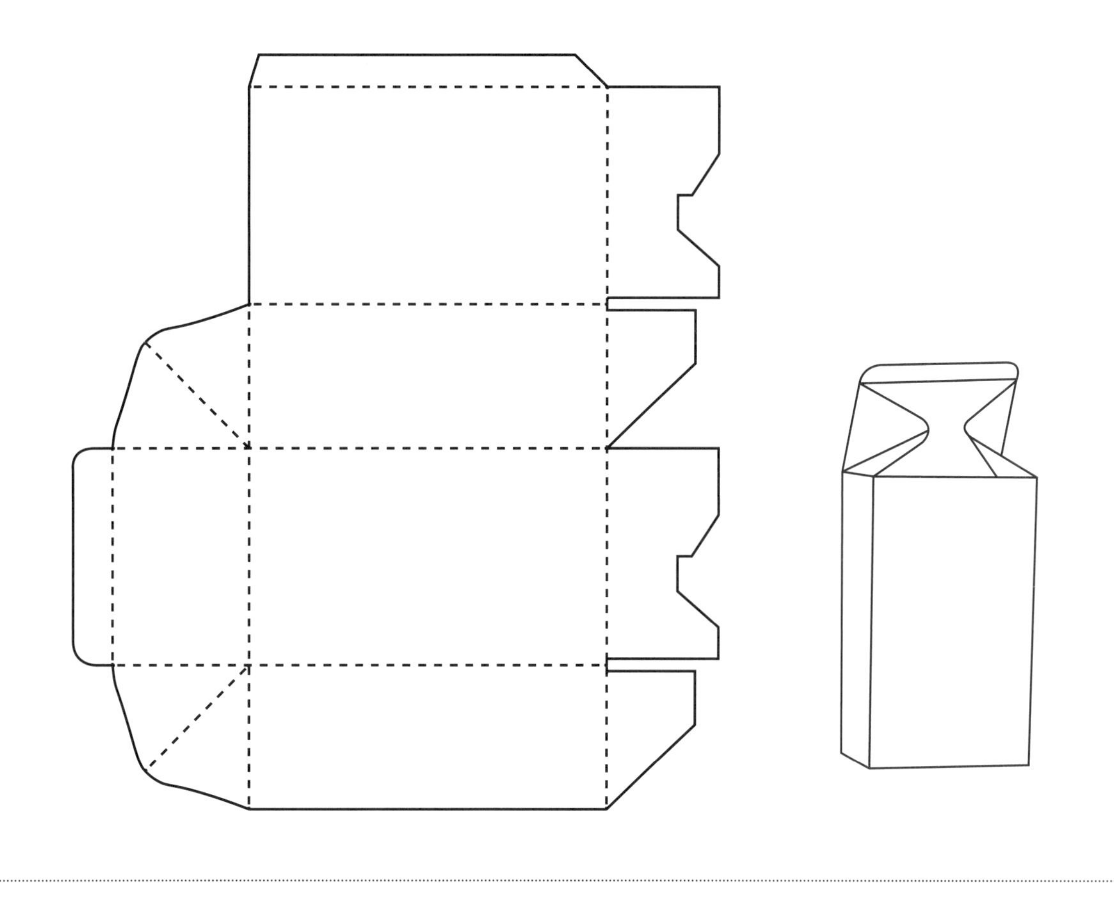

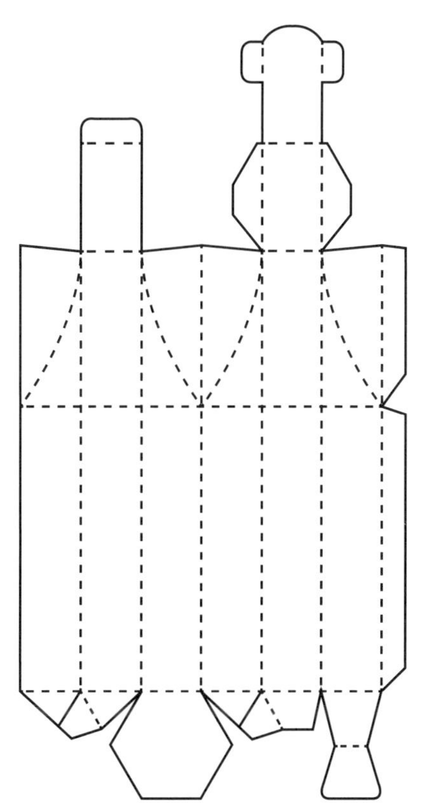

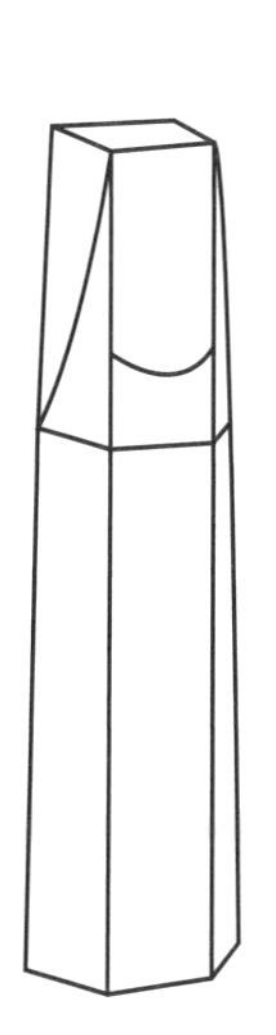

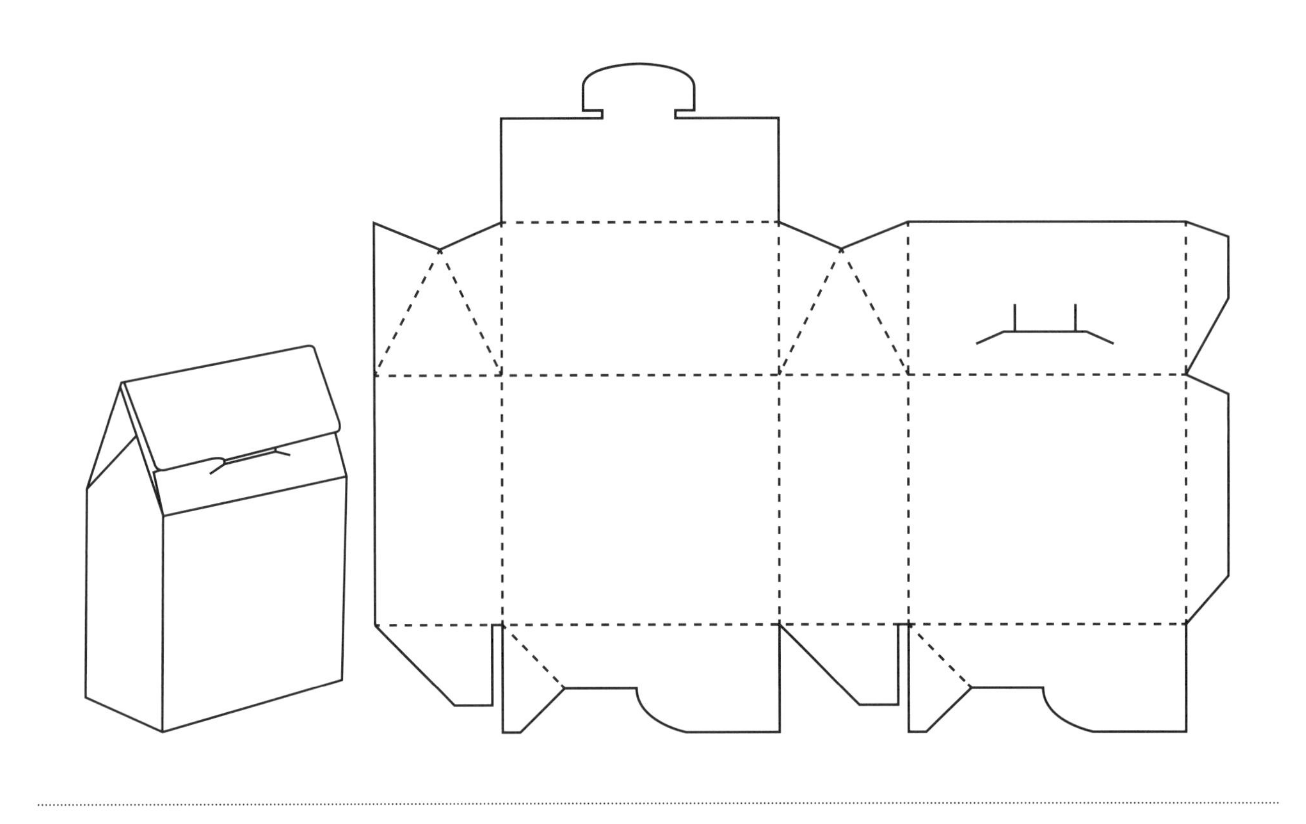

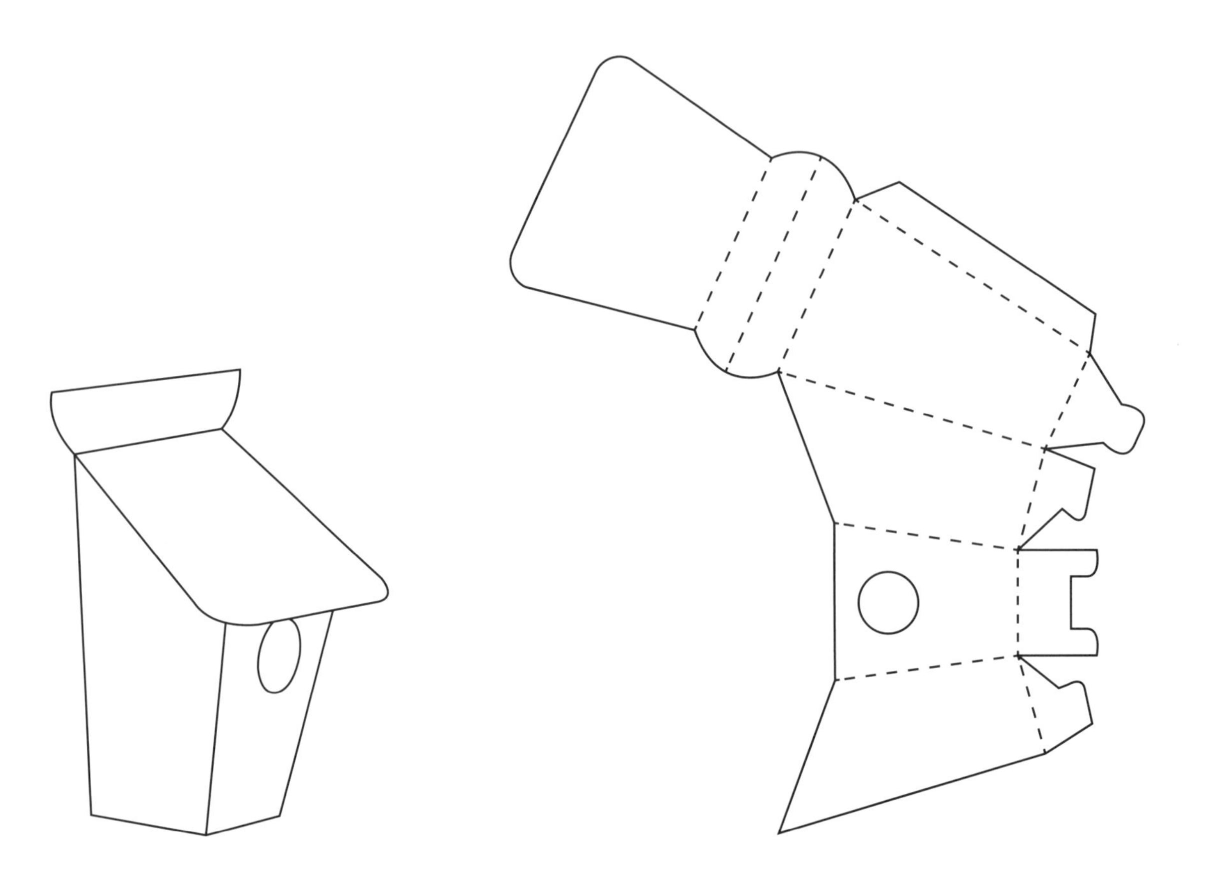

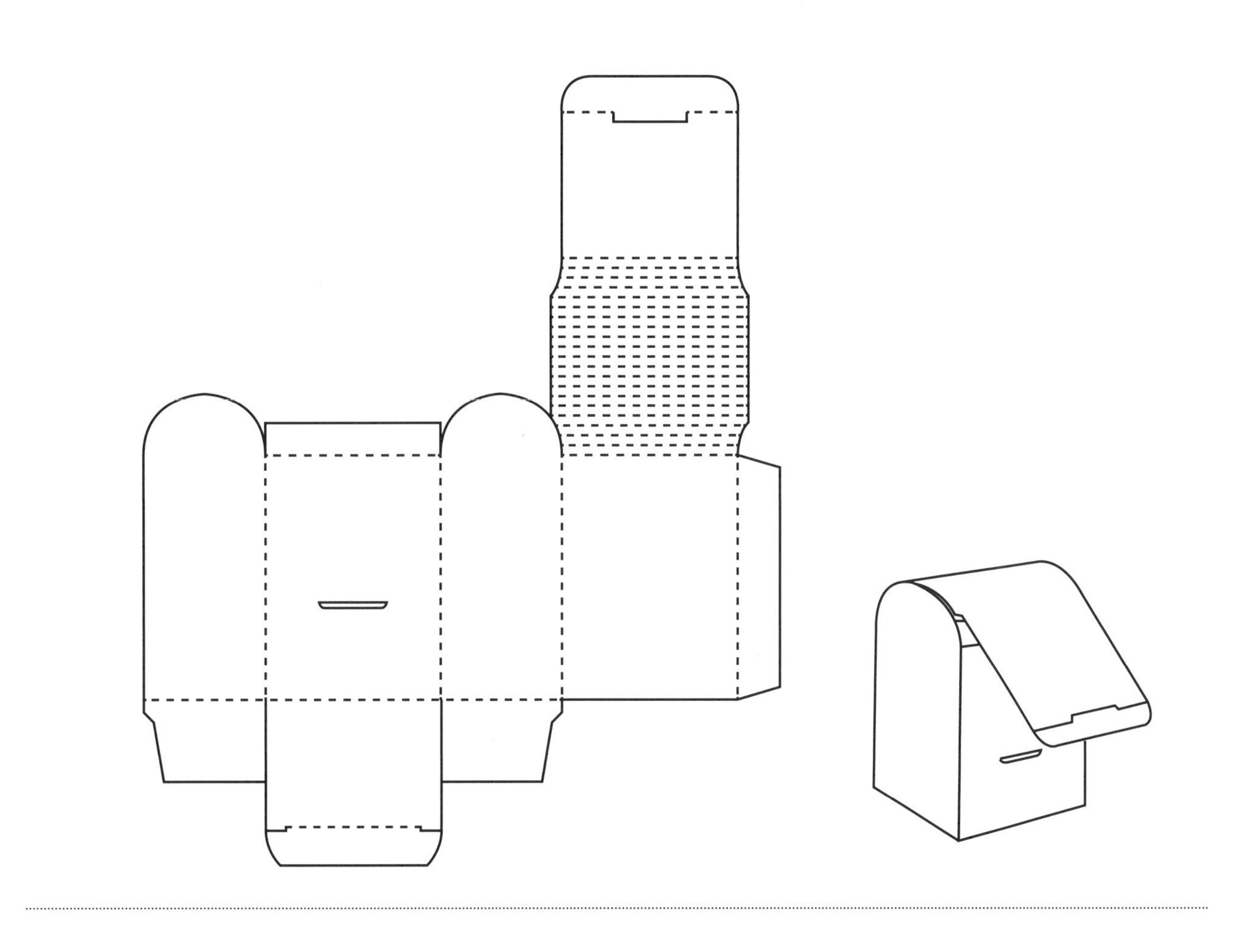

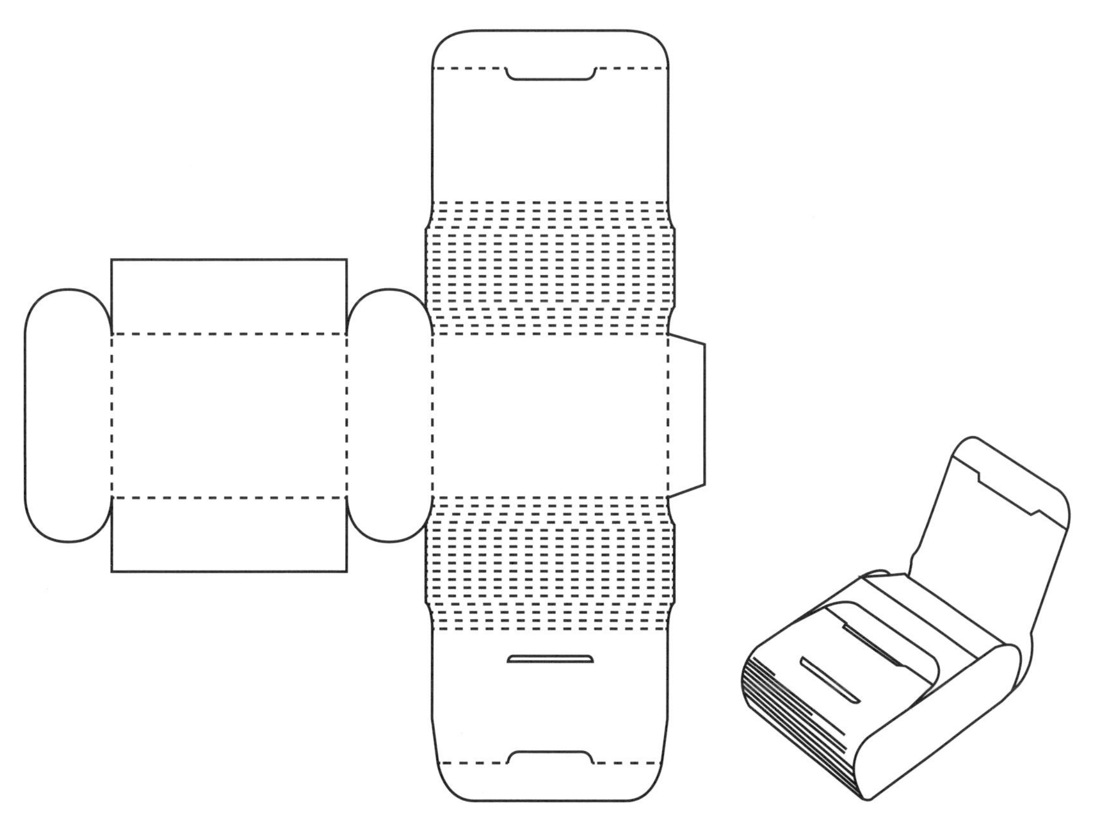

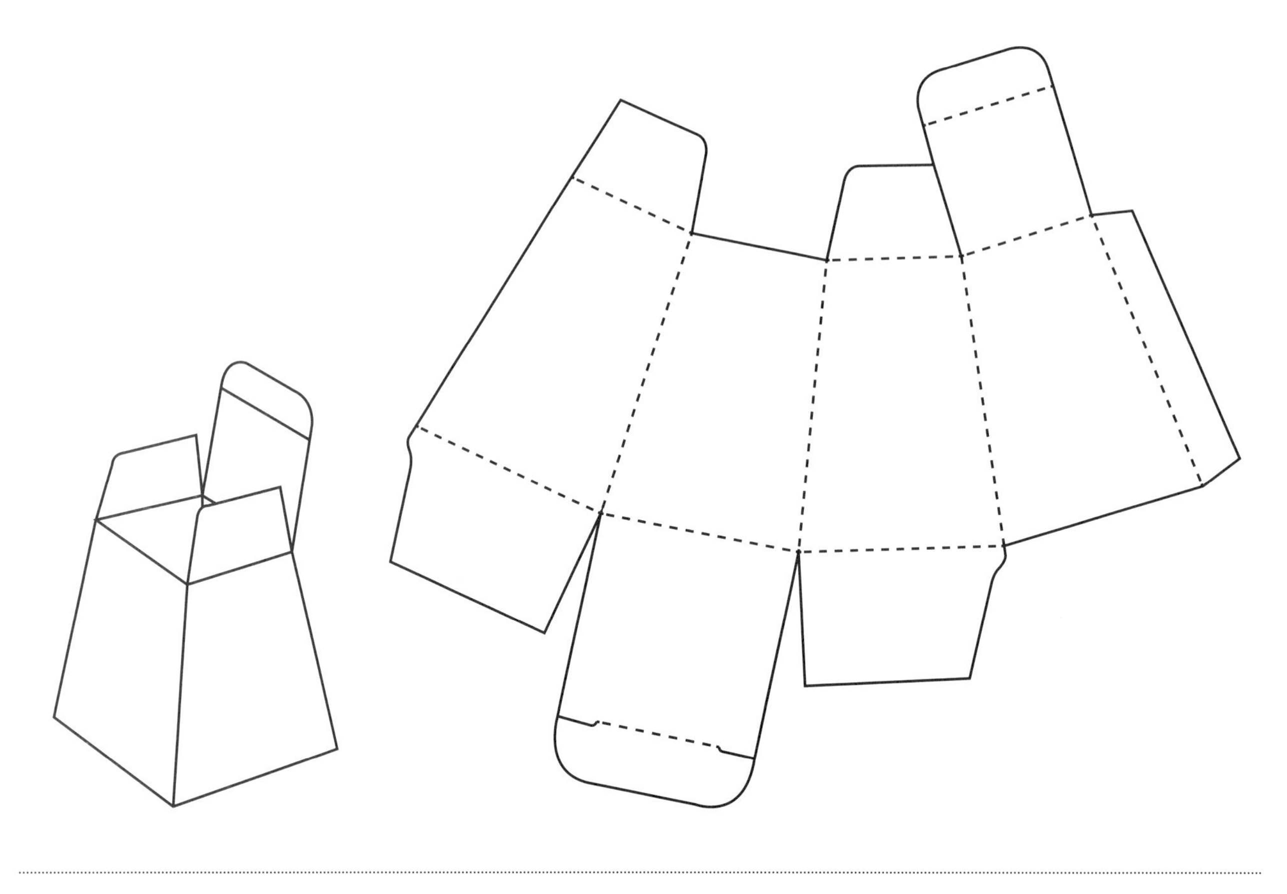

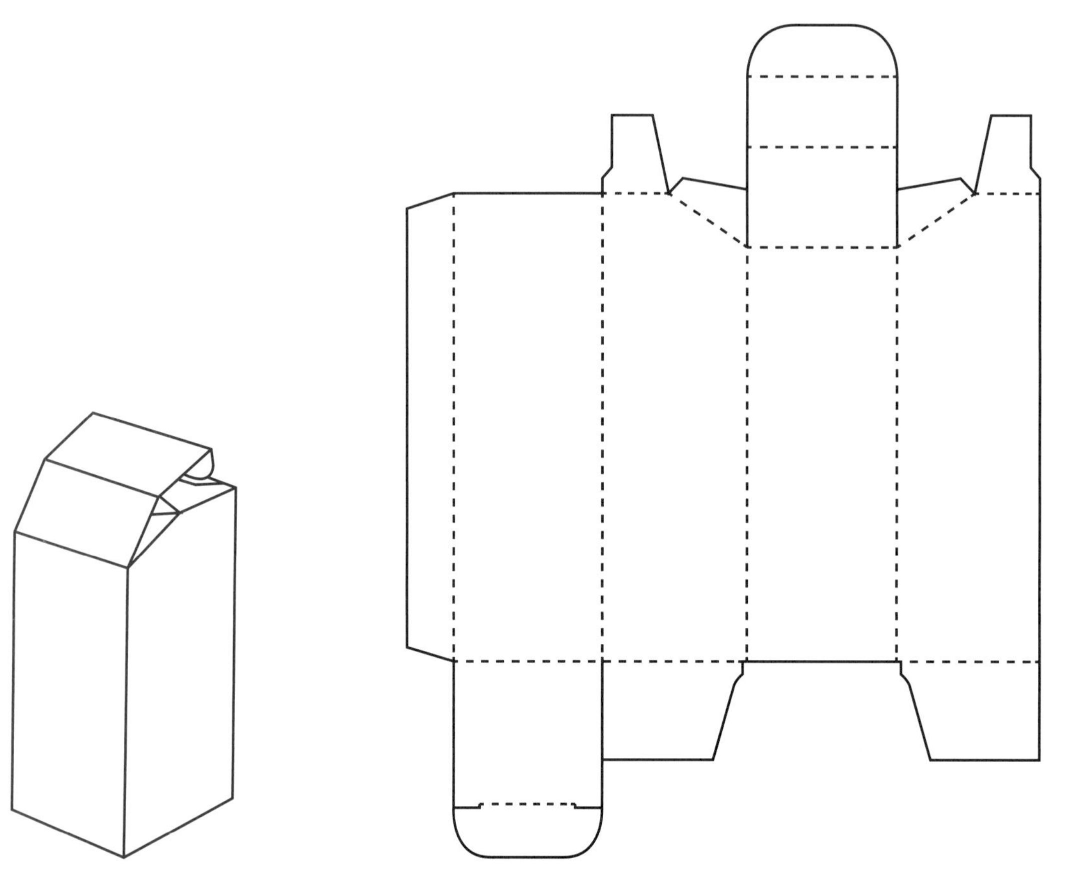

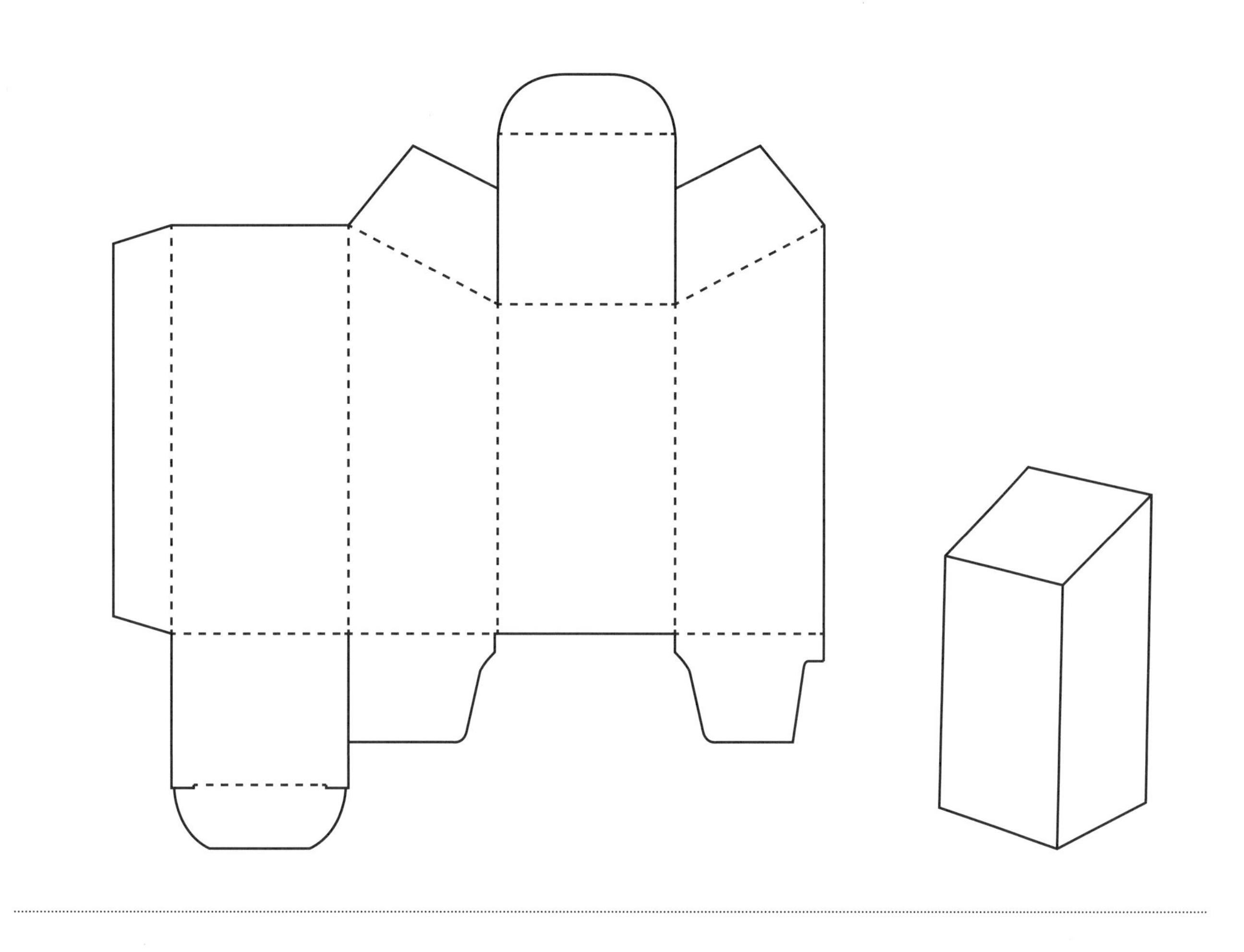

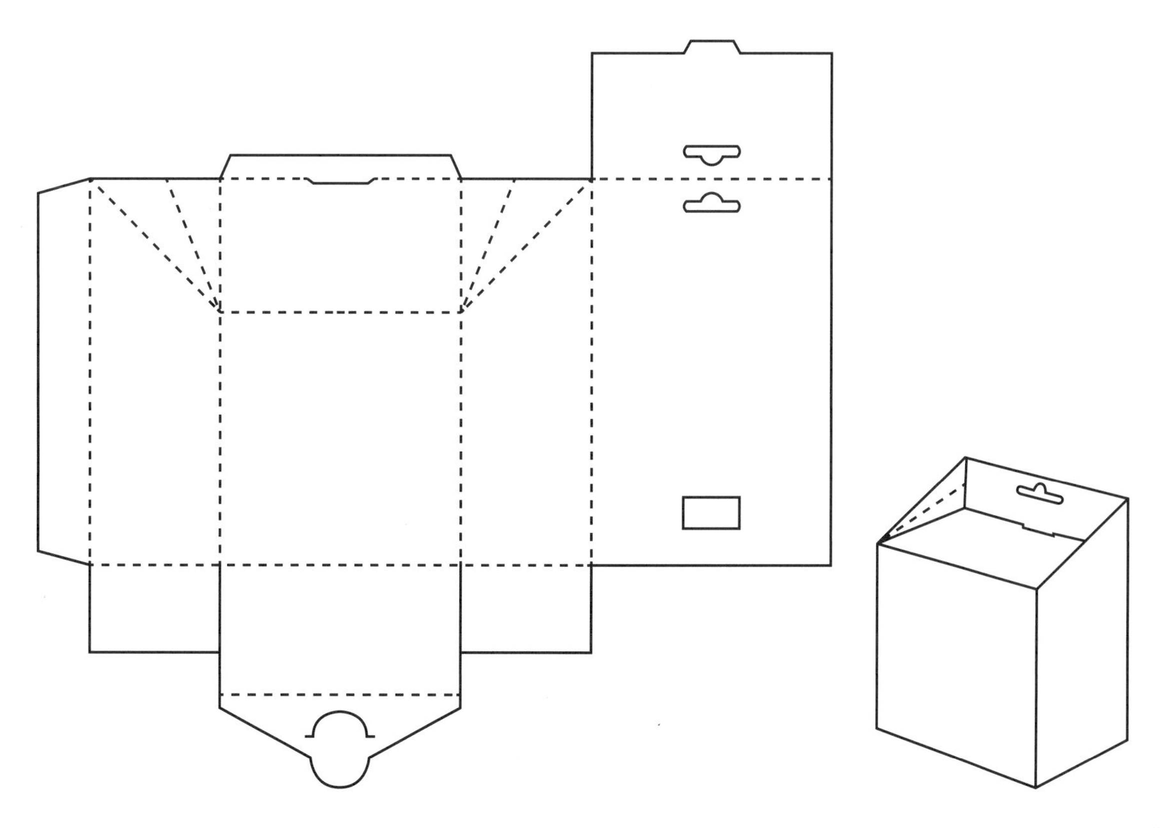

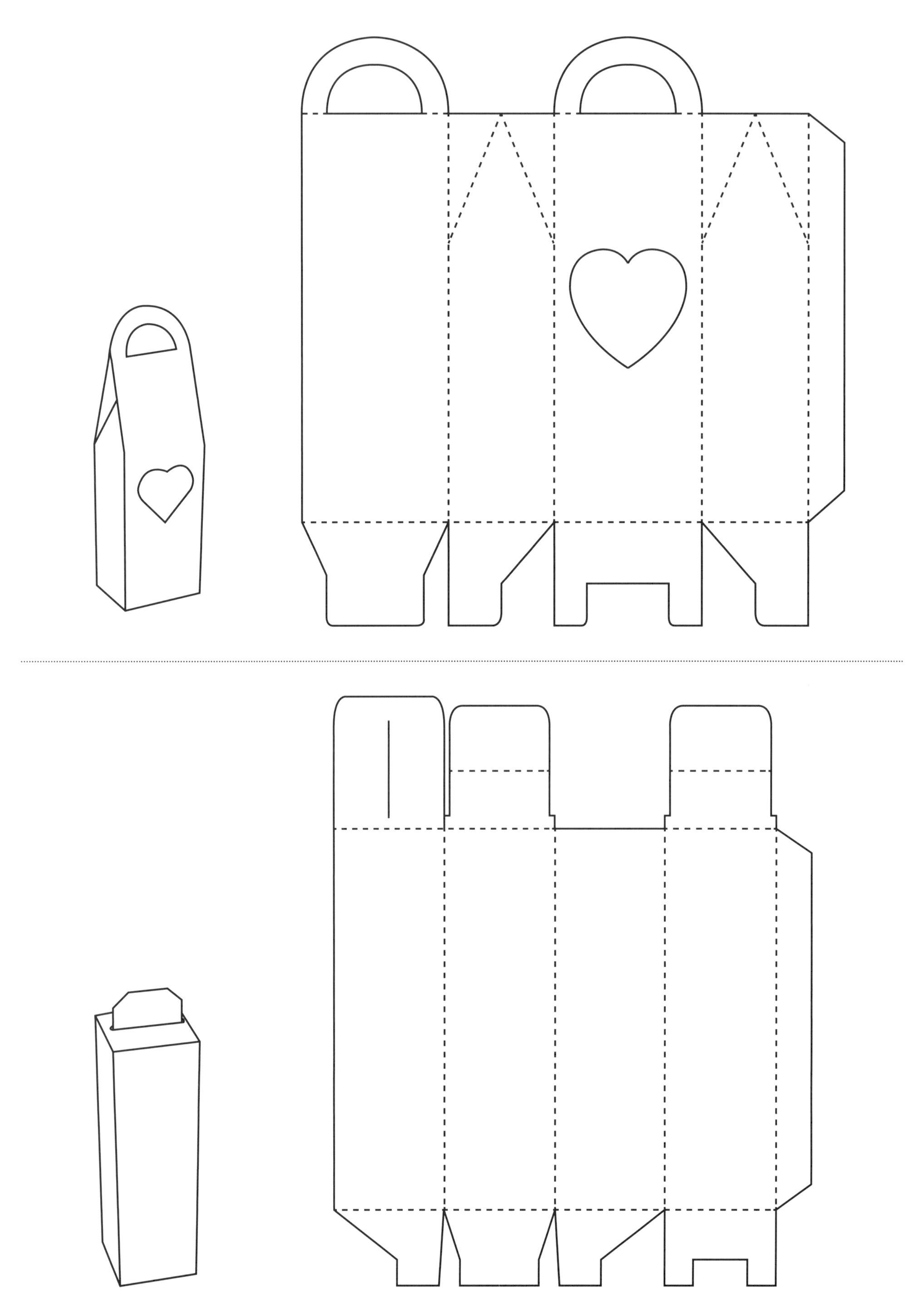

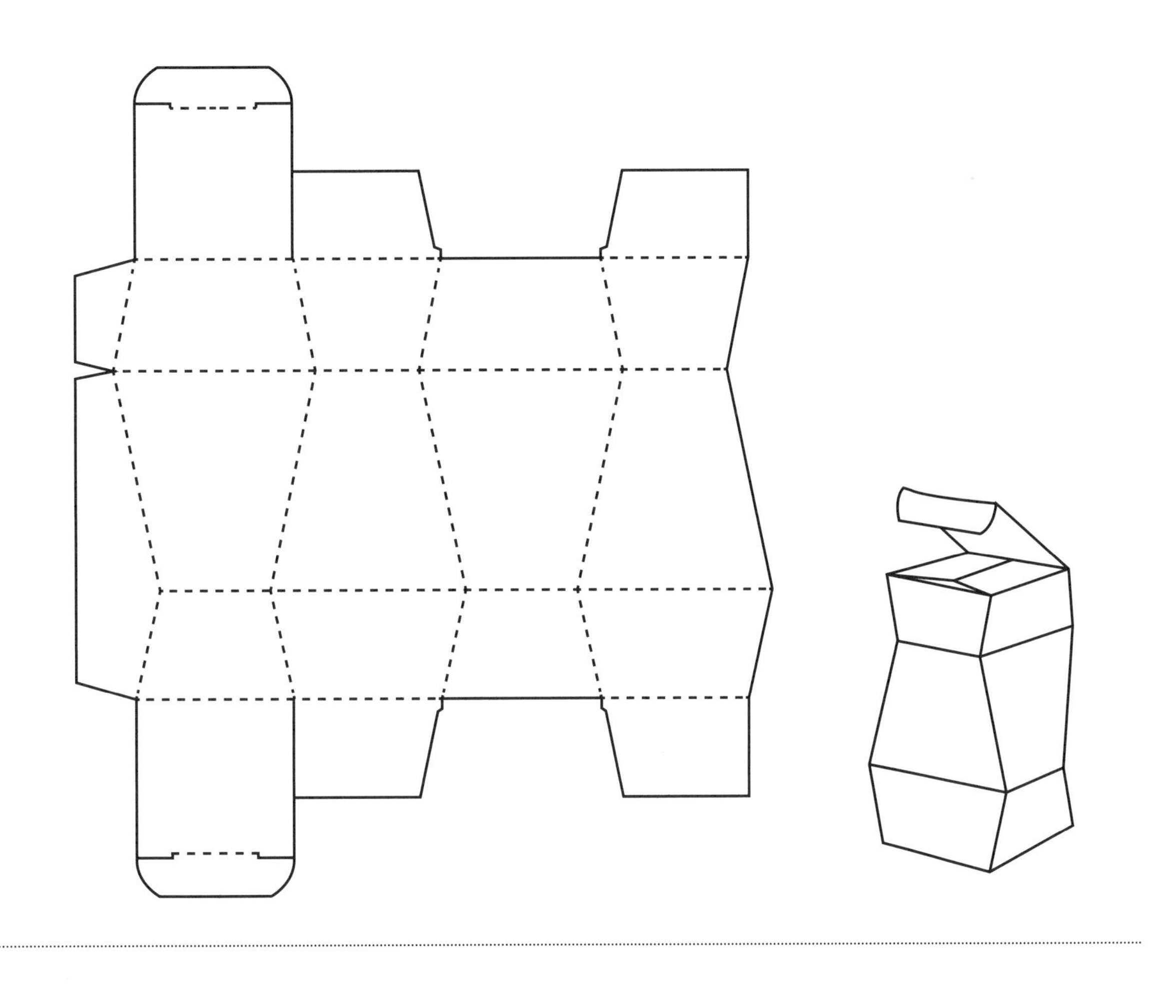

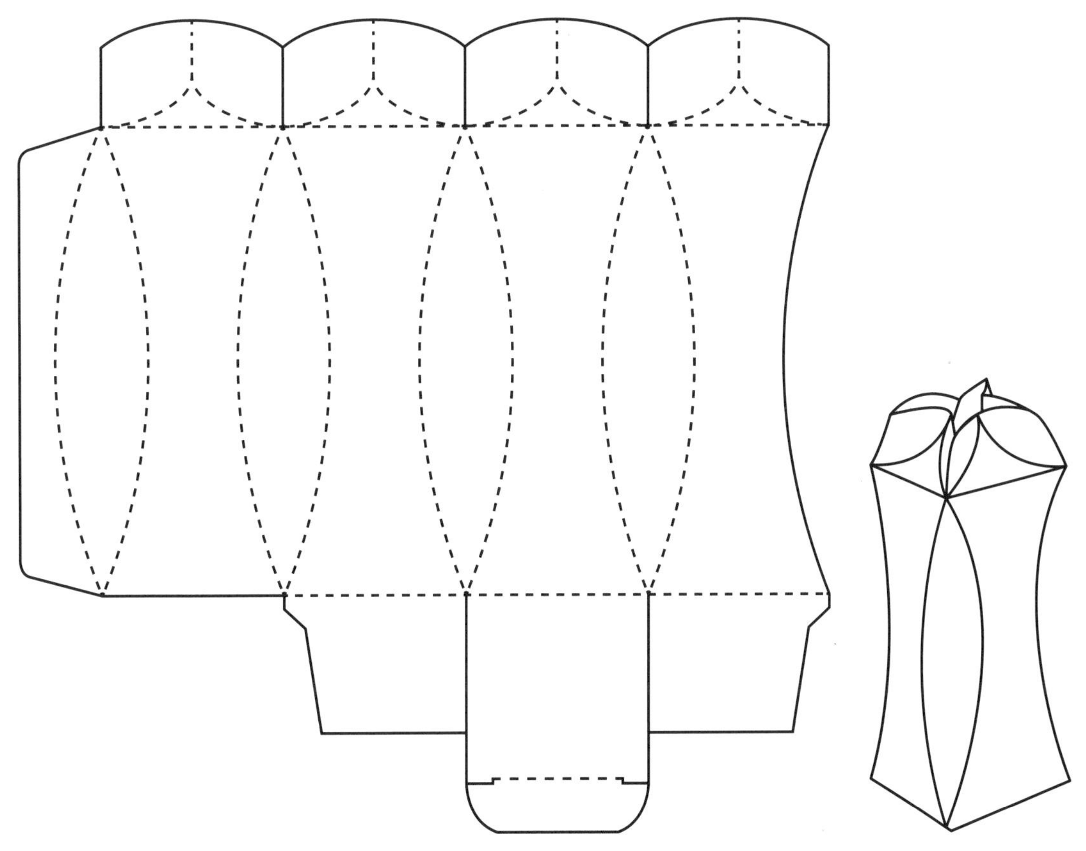

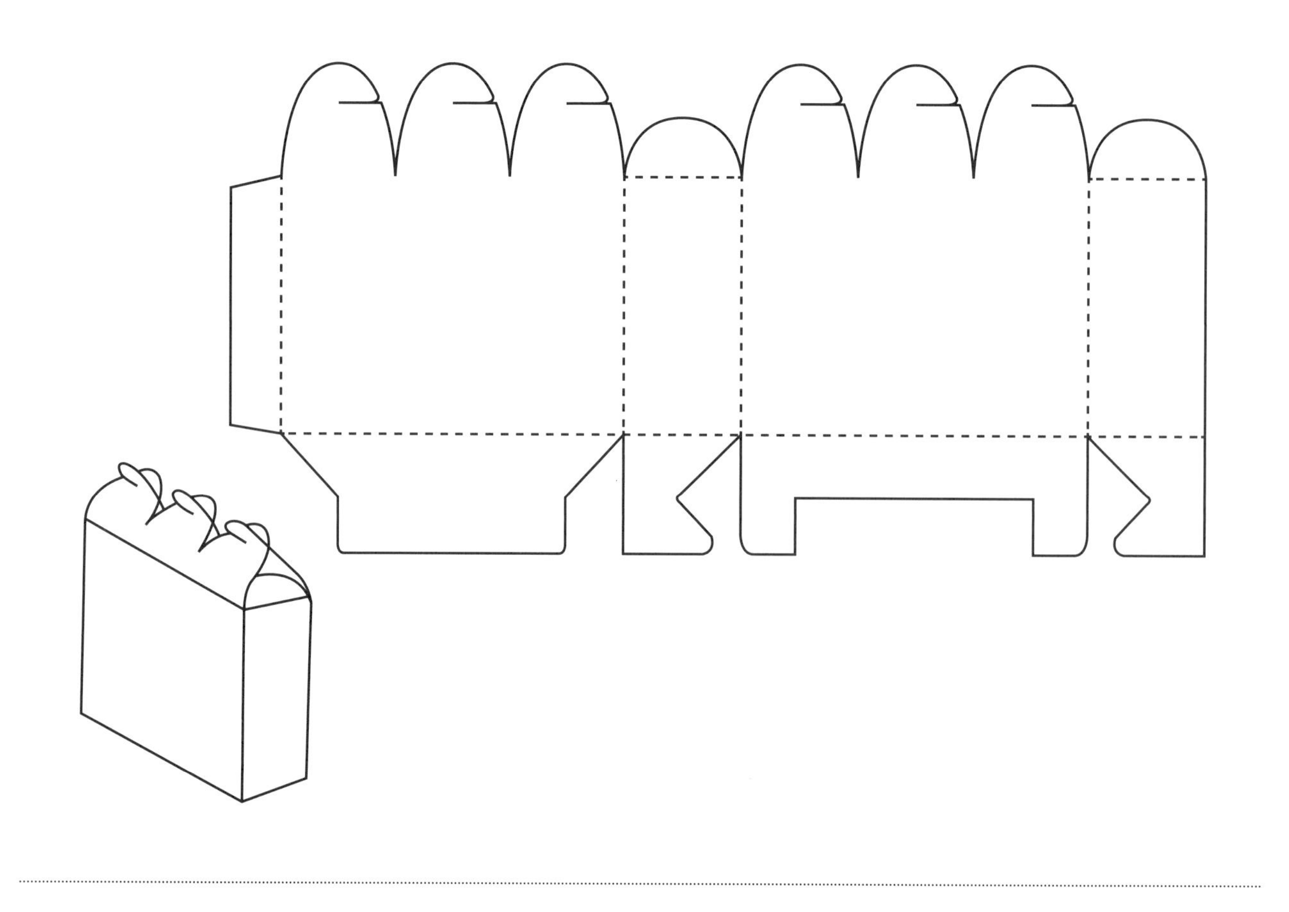

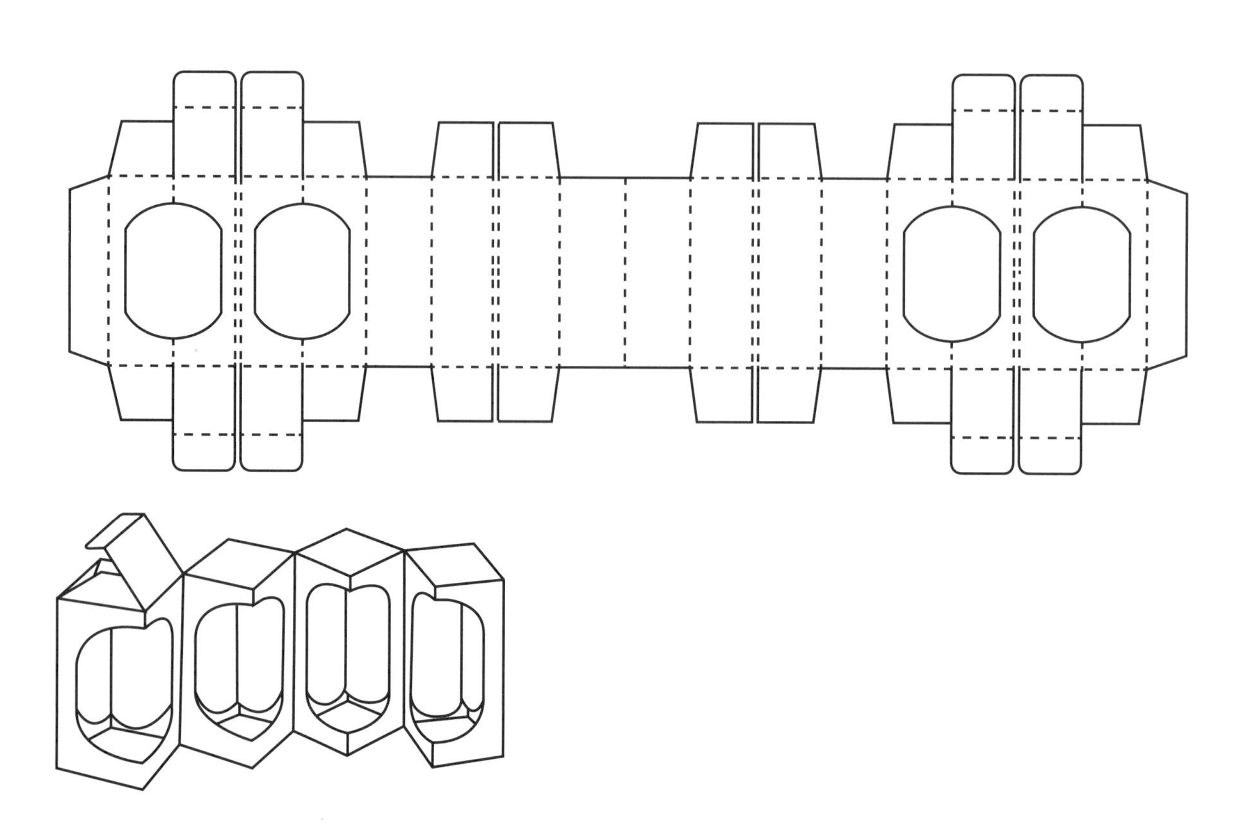

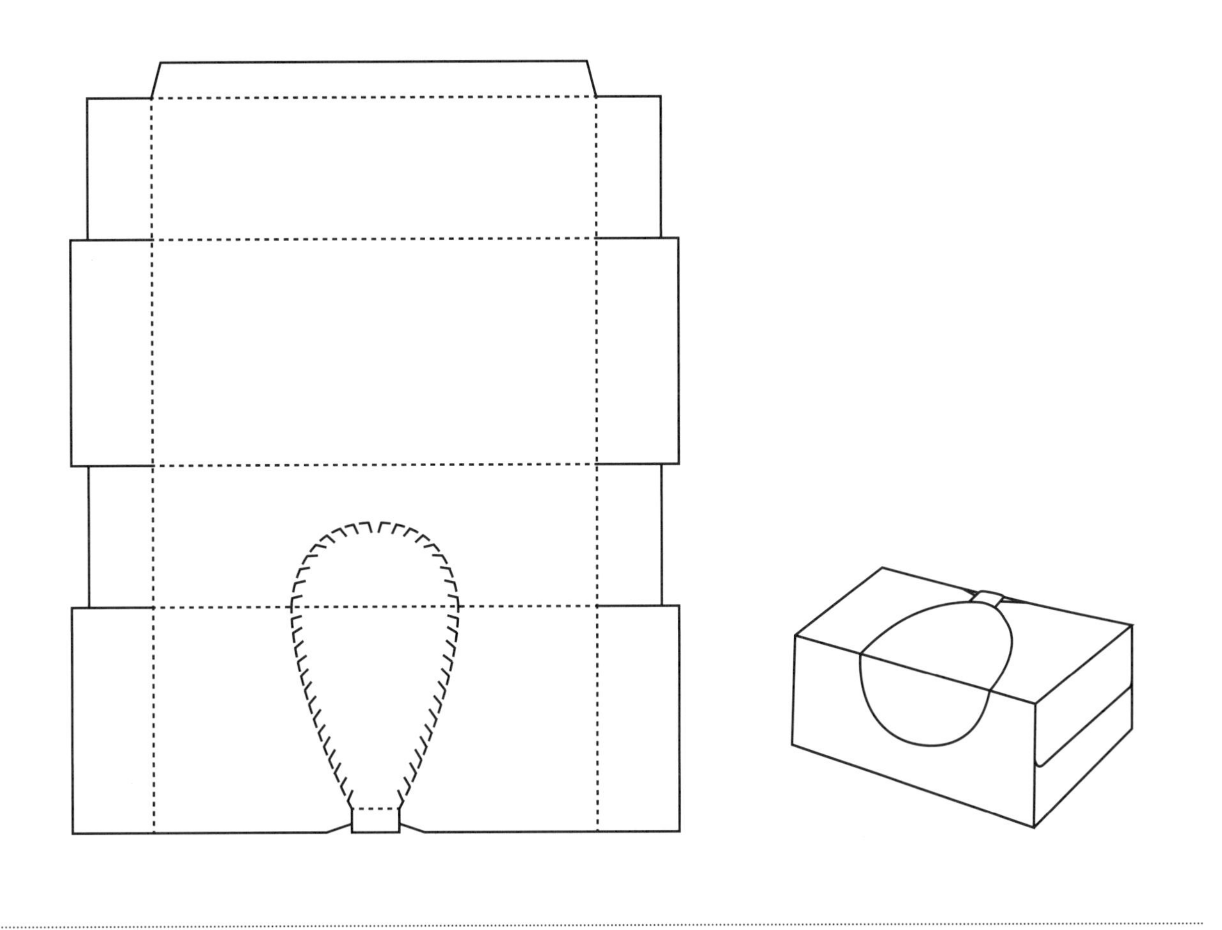

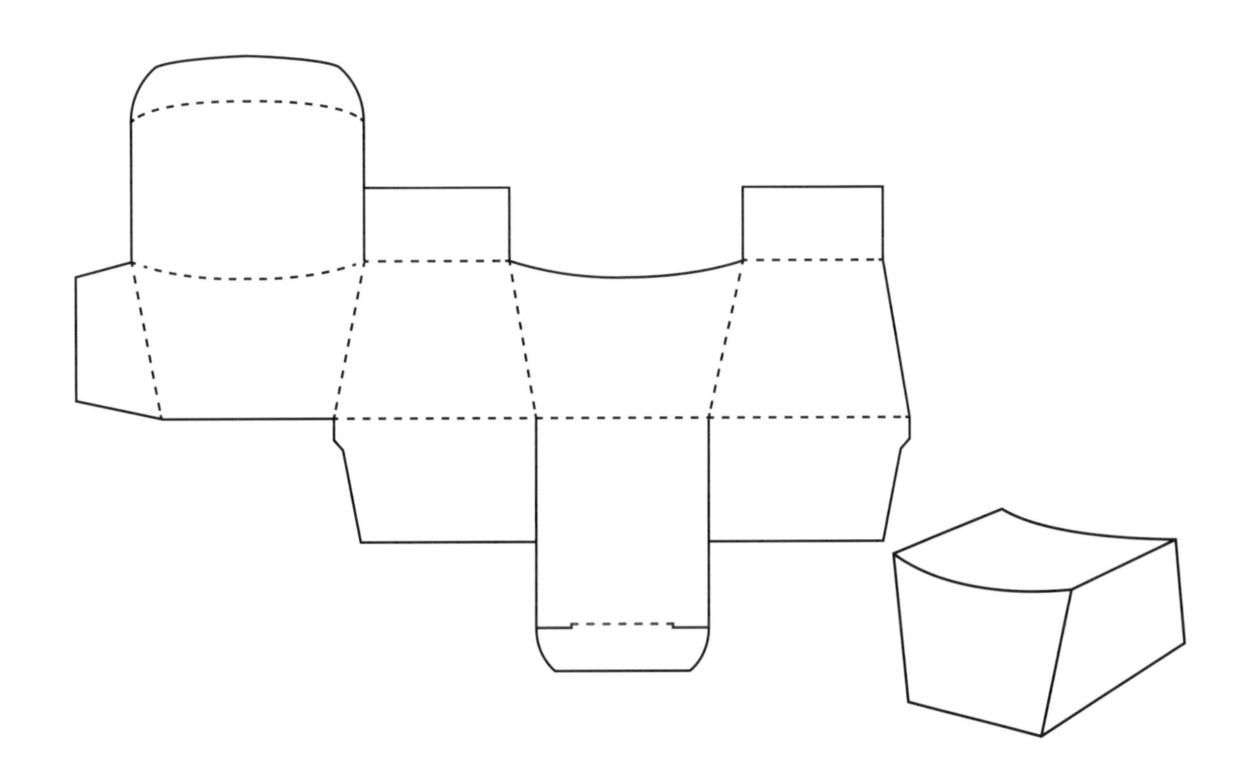

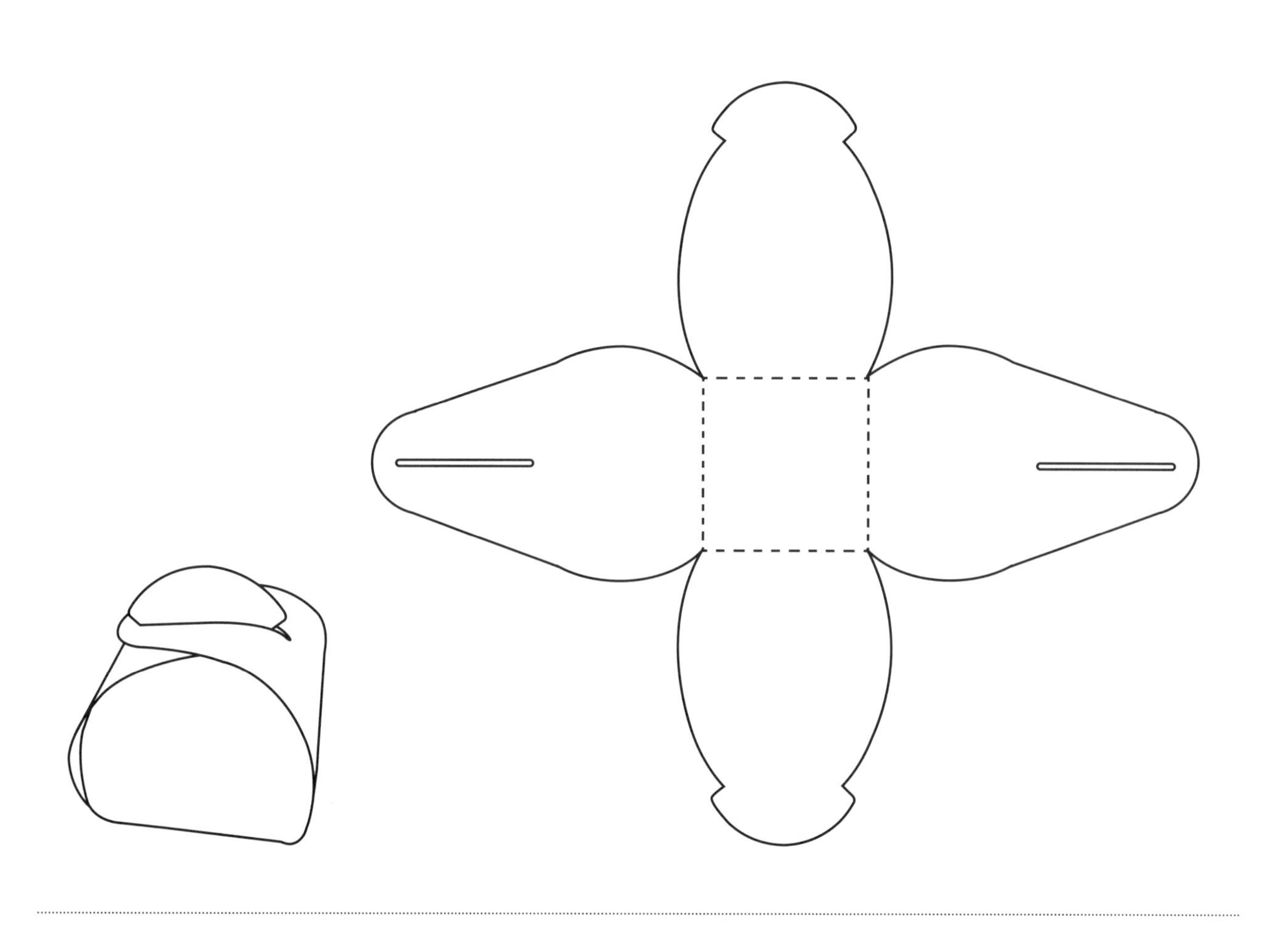

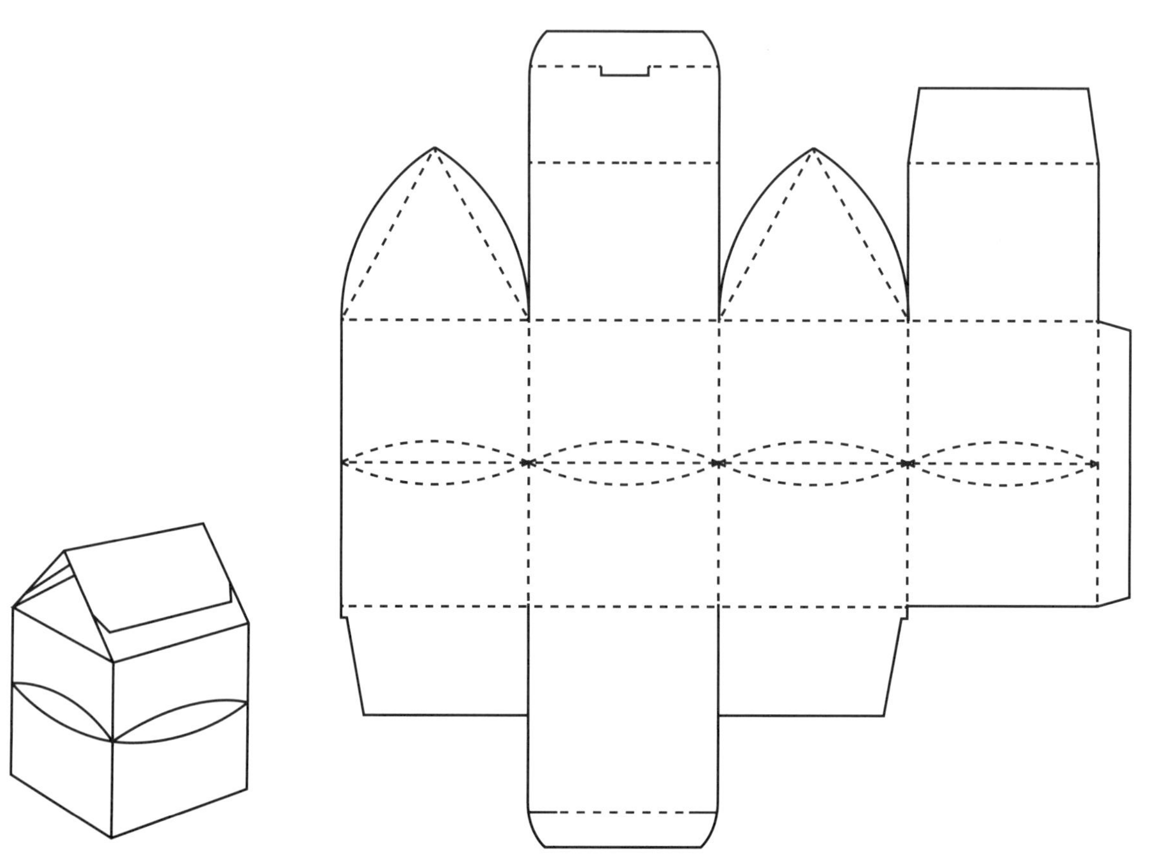

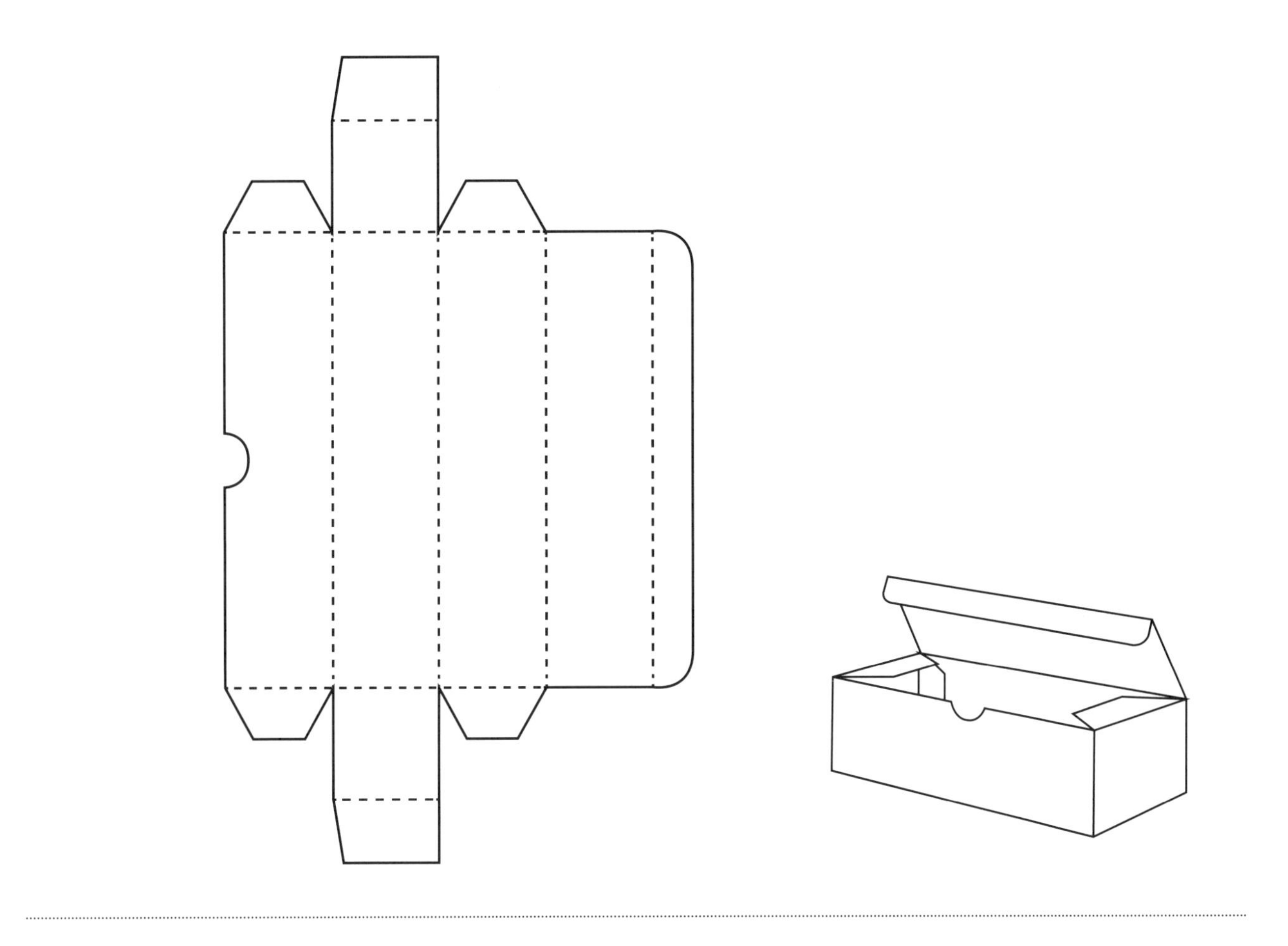

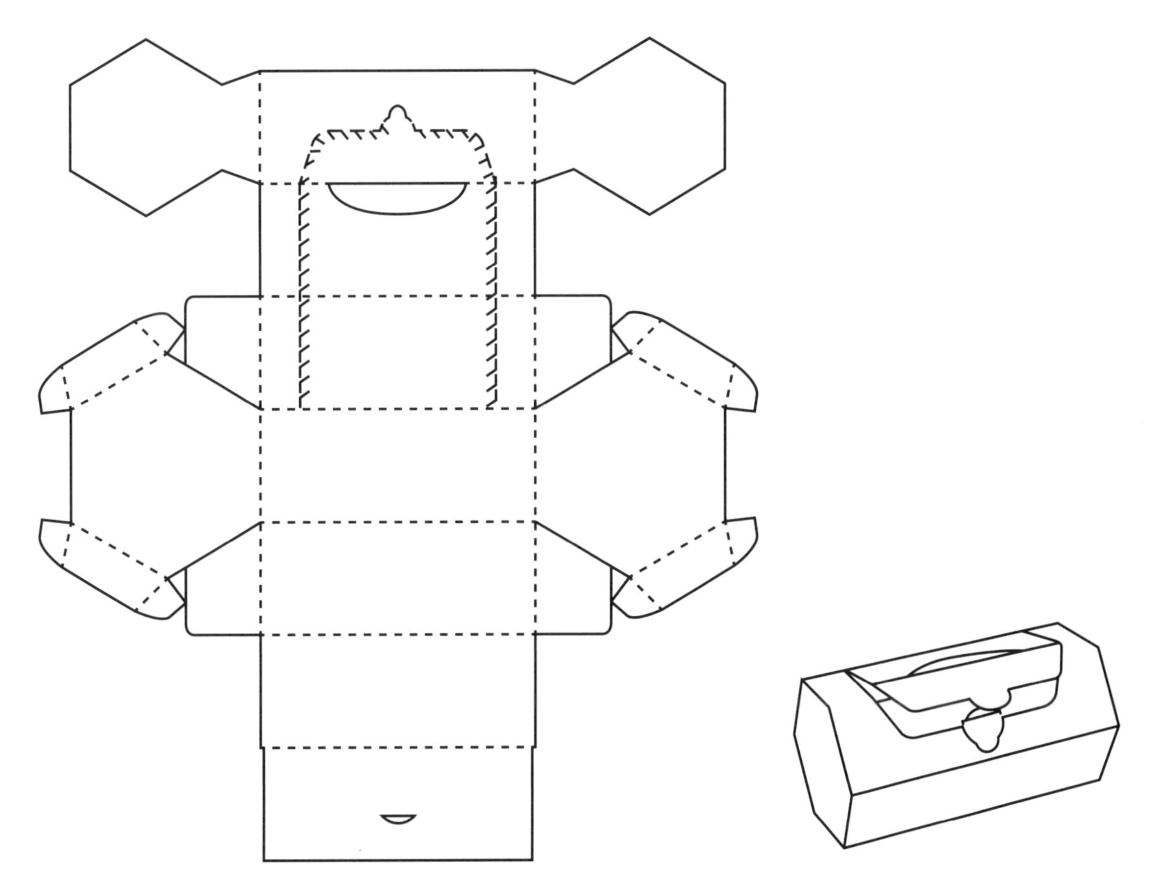

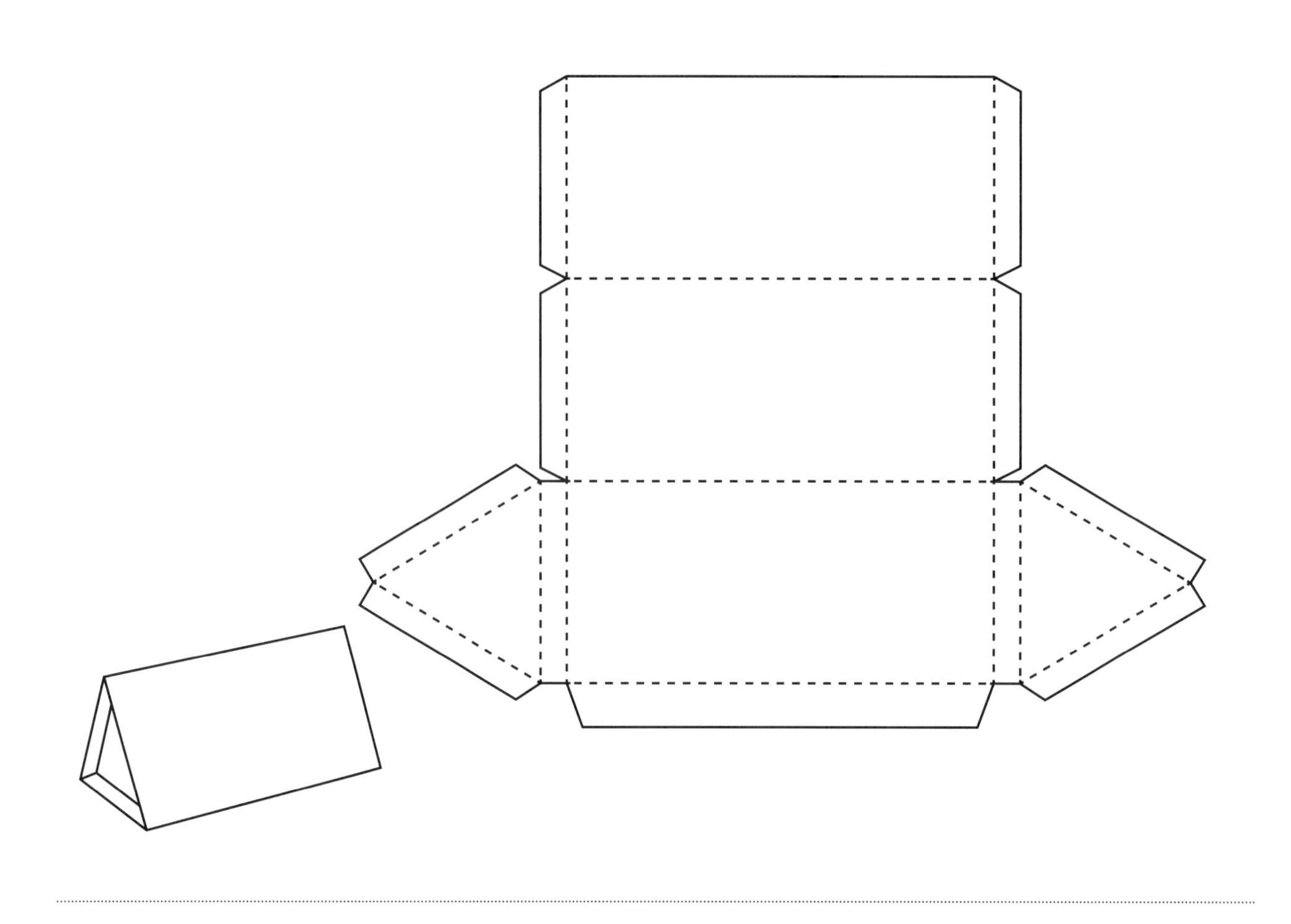

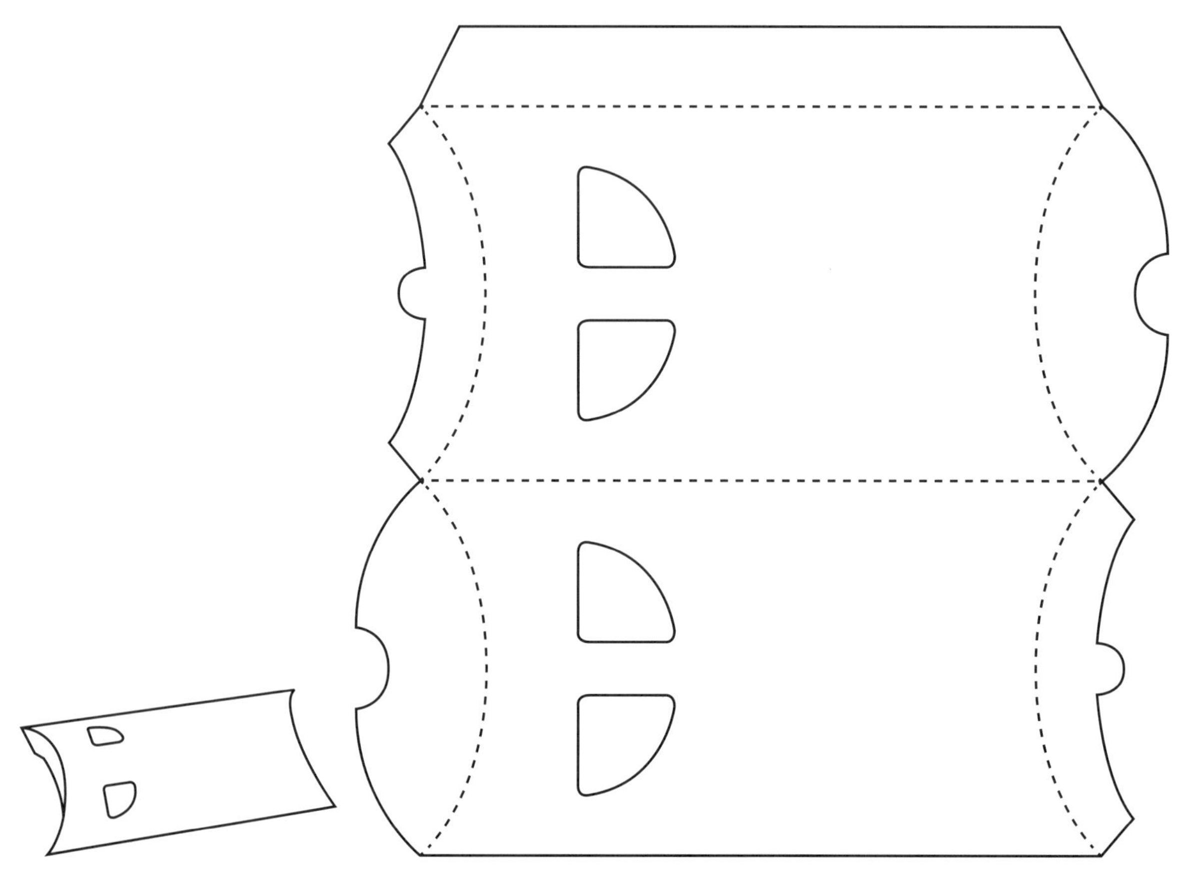

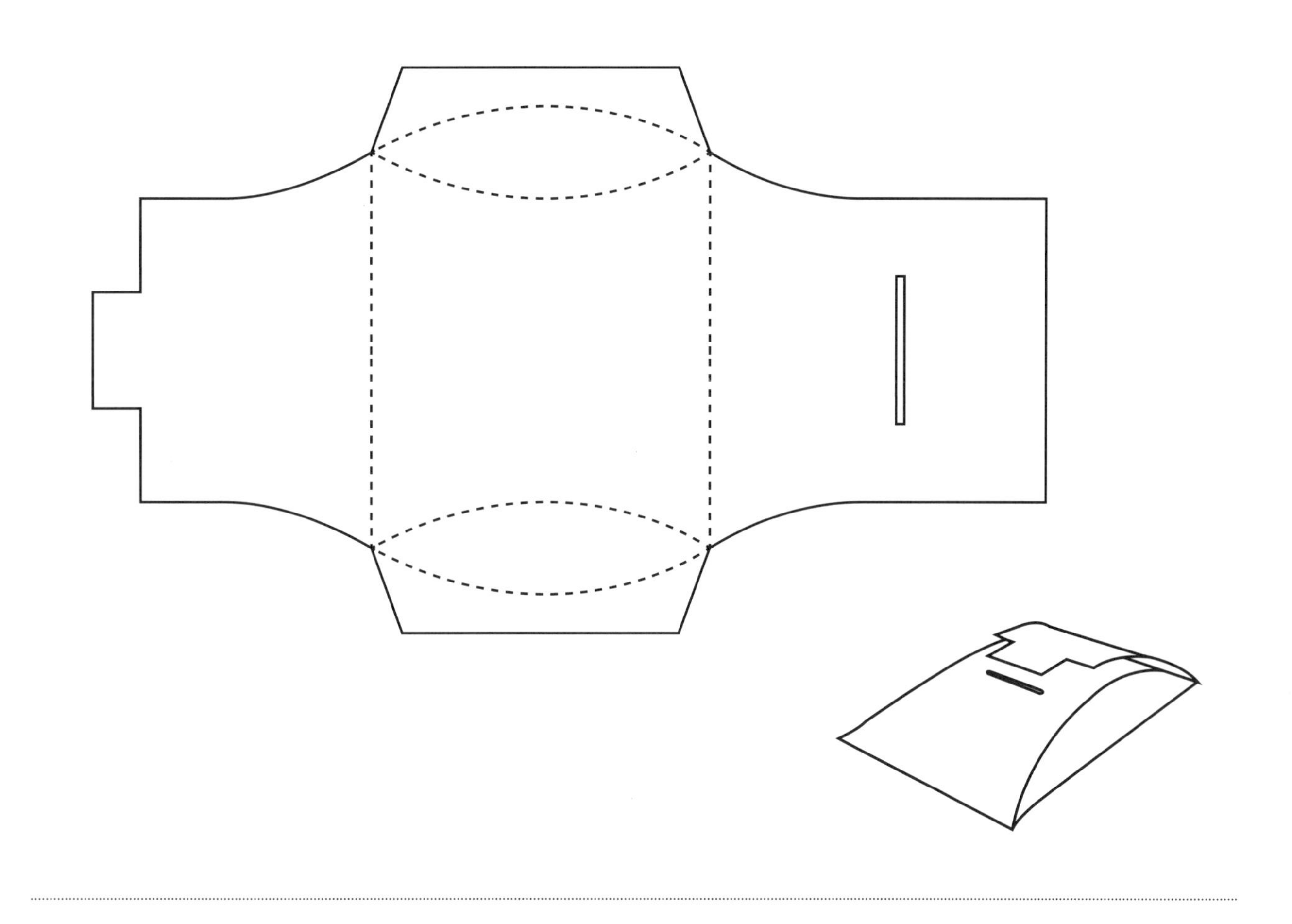

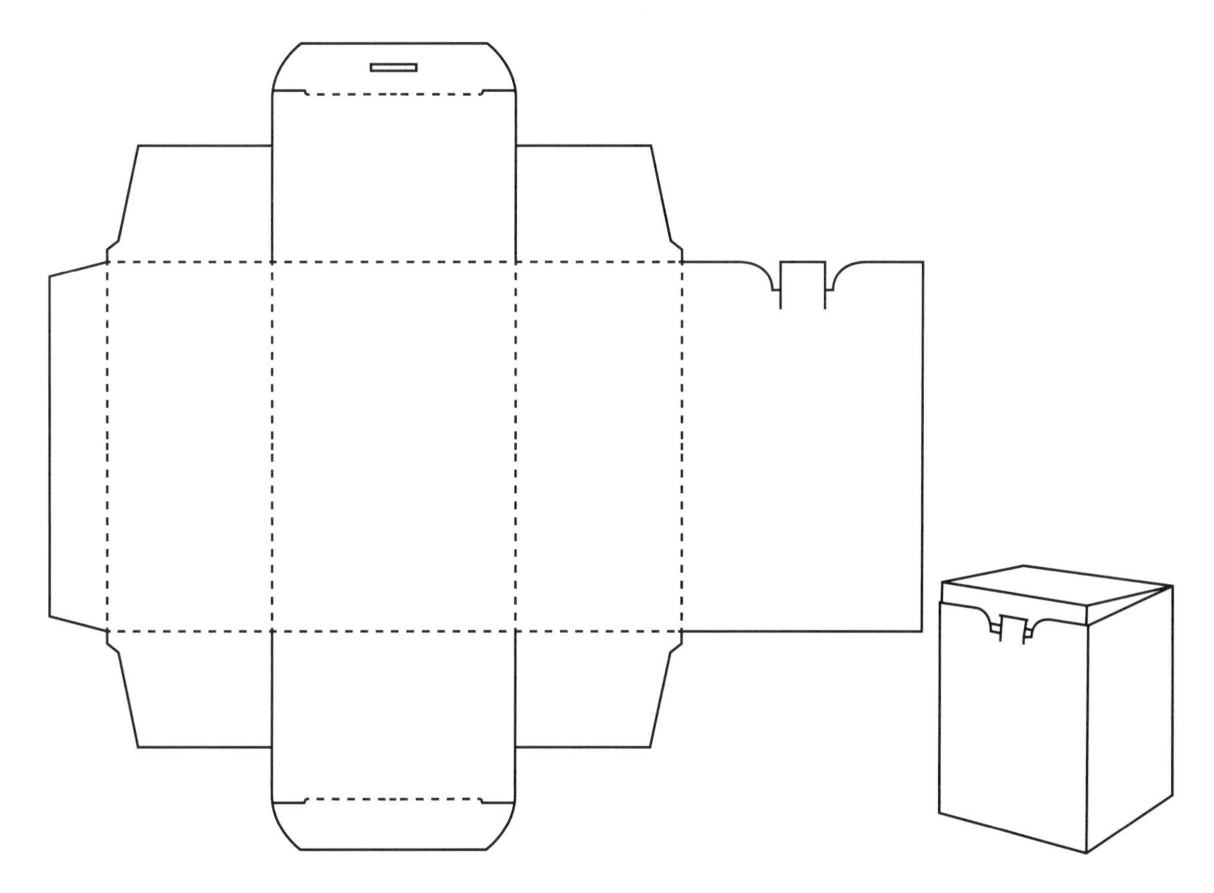

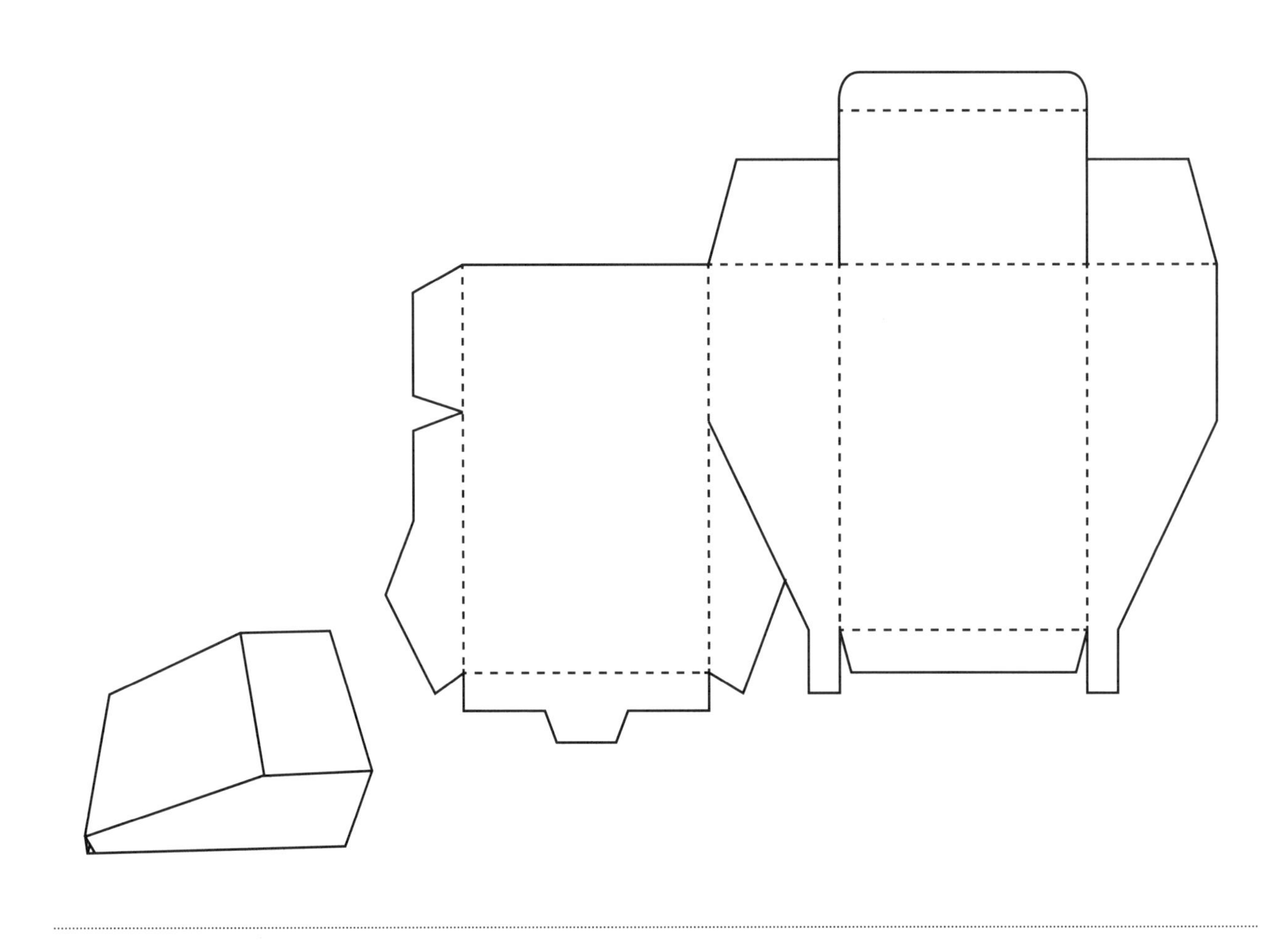

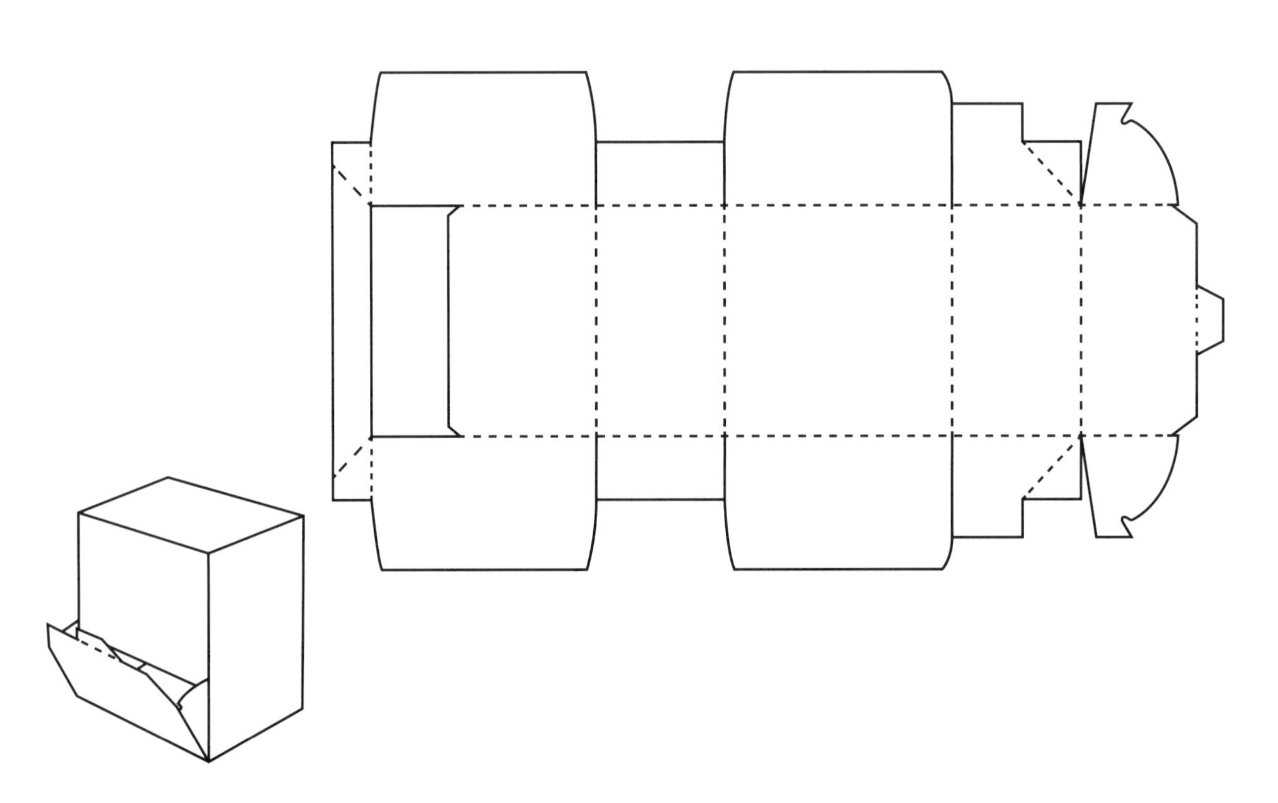

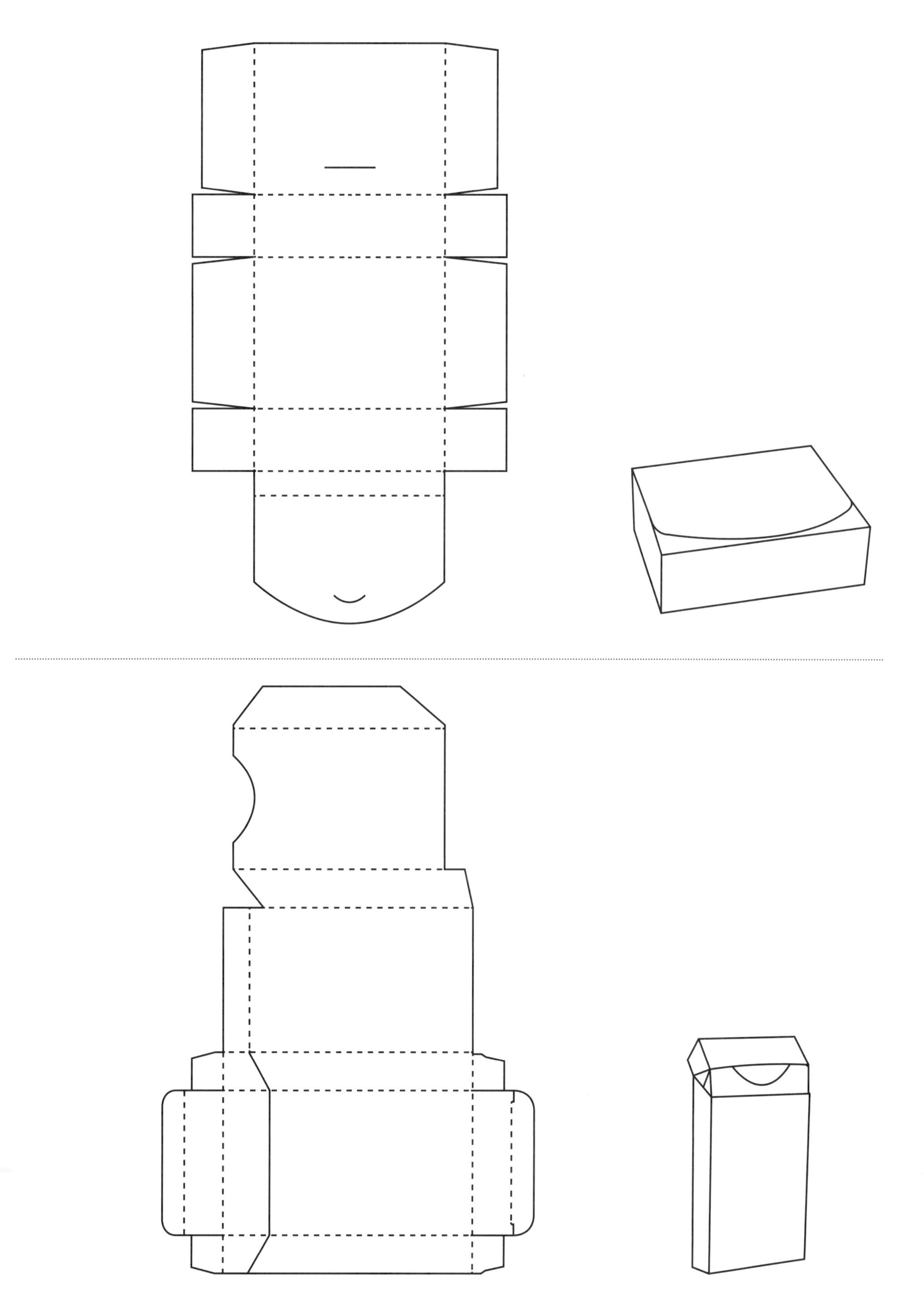

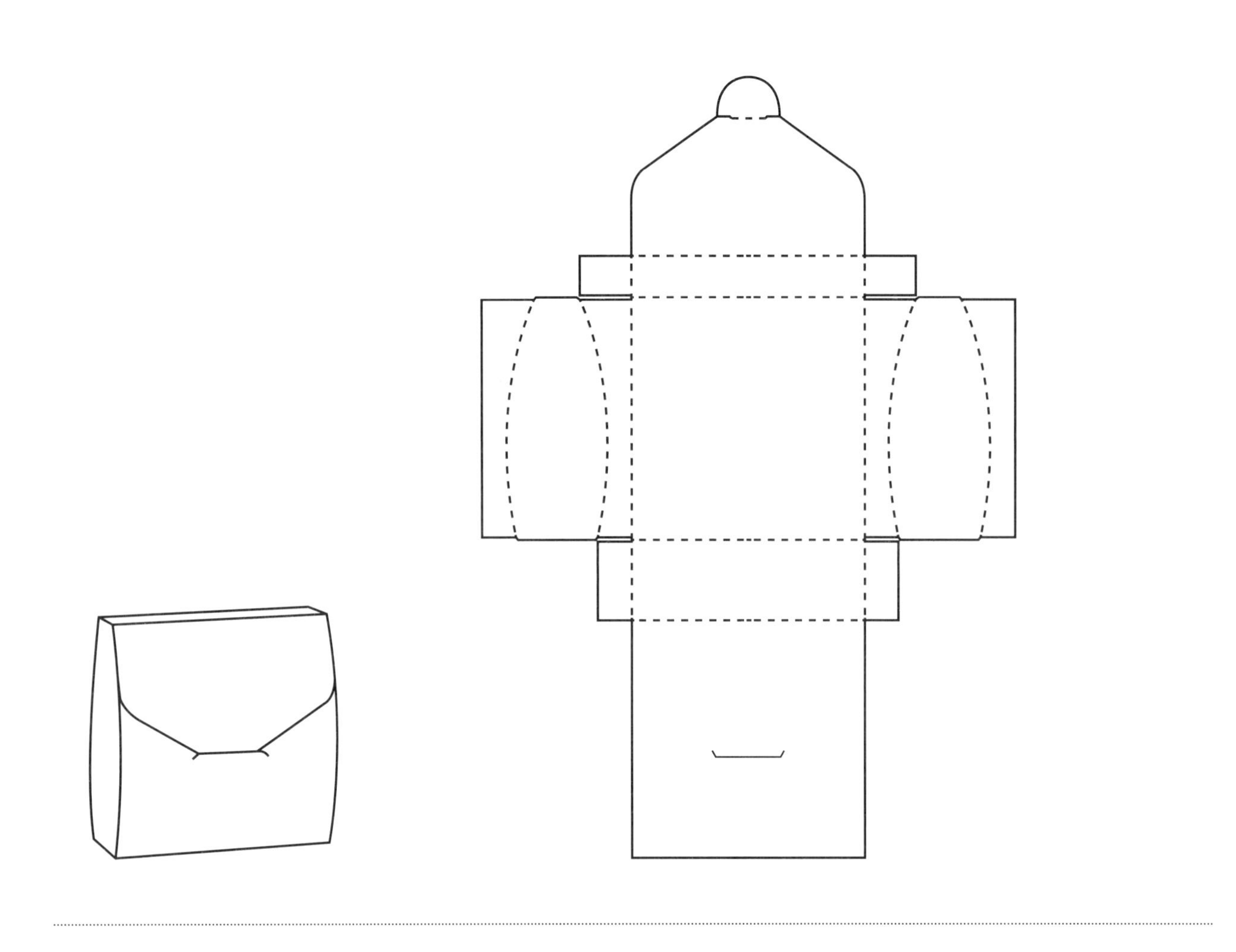

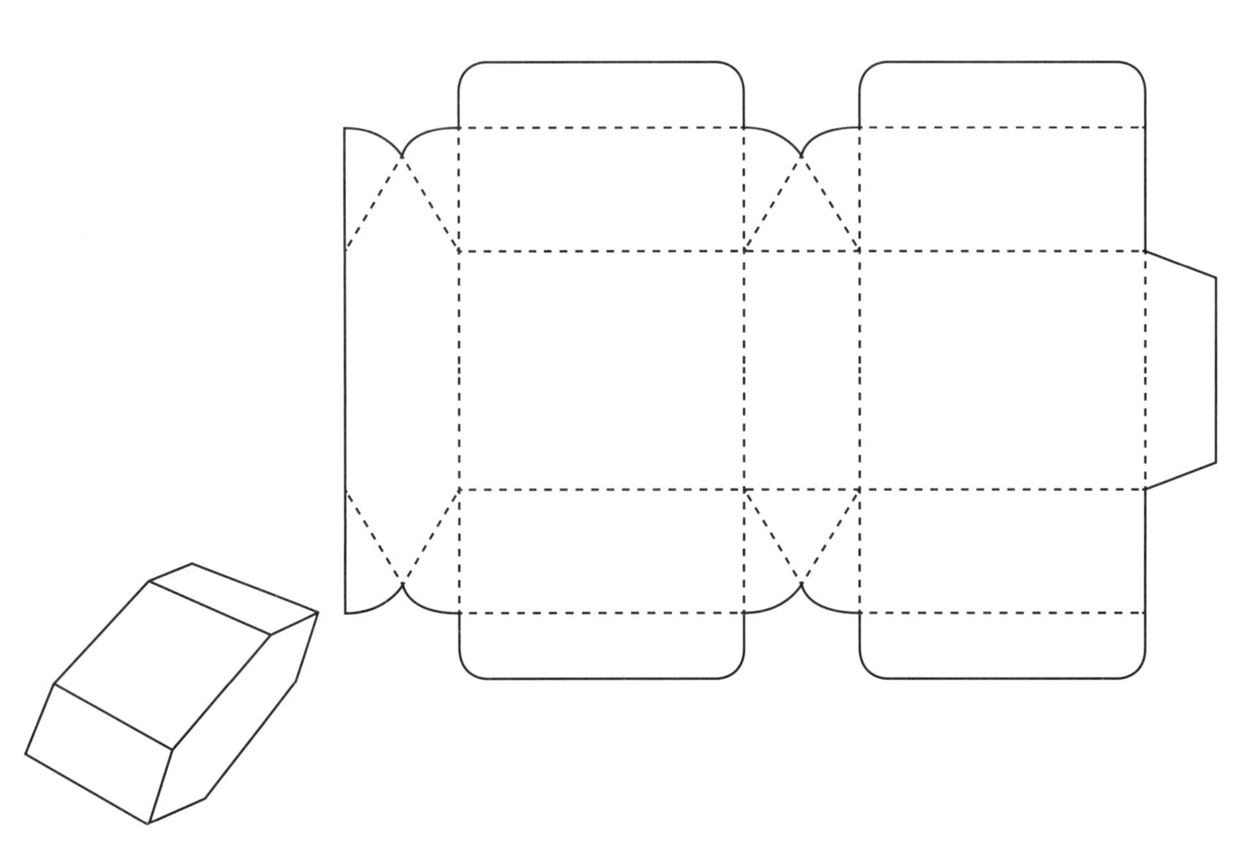

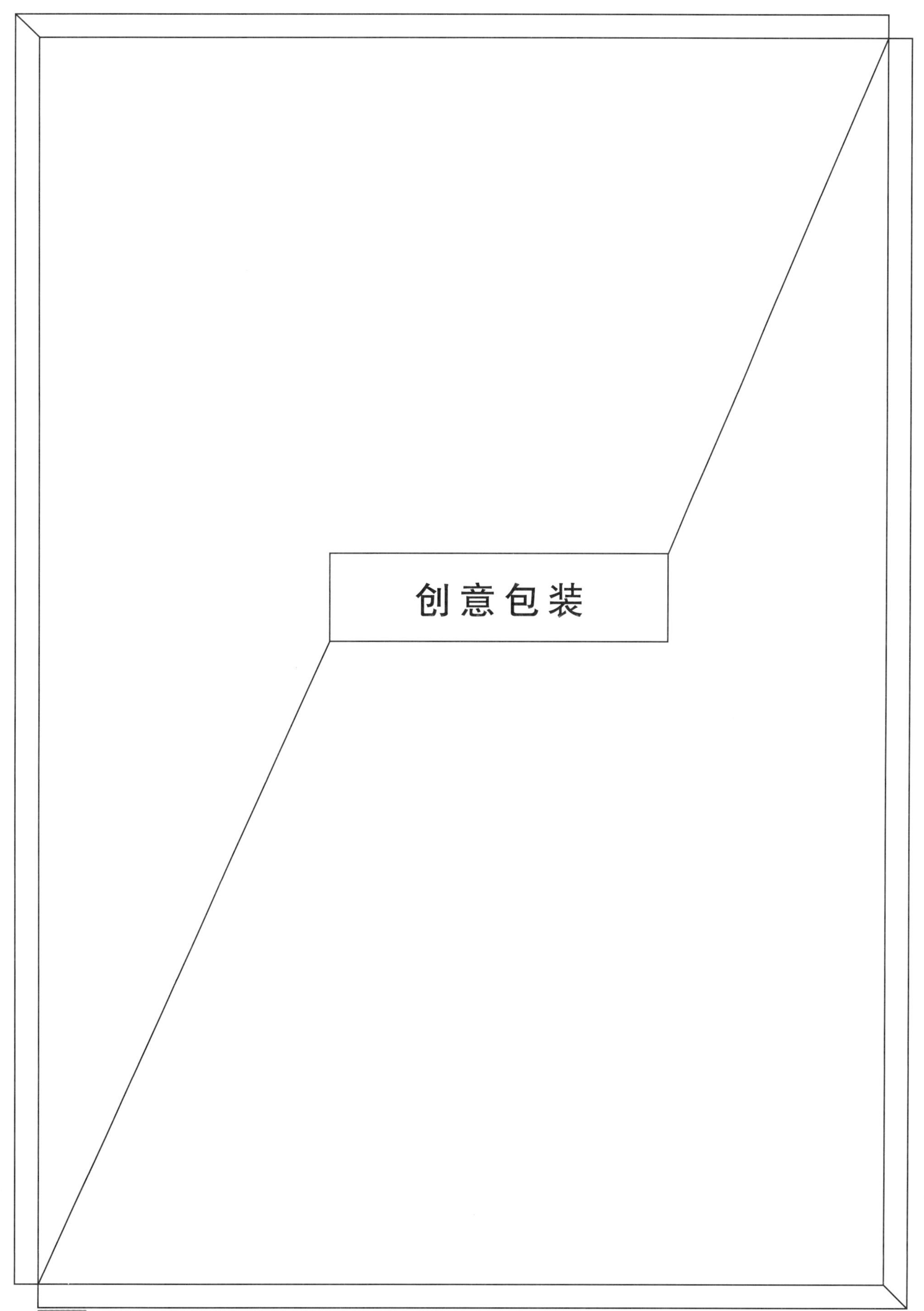

创意包装

Eúpinos 茶叶包装

该作品旨在重新设计一款可以放置四种不同茶叶的包装，圆筒形的设计精致漂亮。当把每一种茶的茶包摆放在一起时，恰好组成一个圆形，一朵完整的花或一片完整的叶子的形象便呈现于眼前。

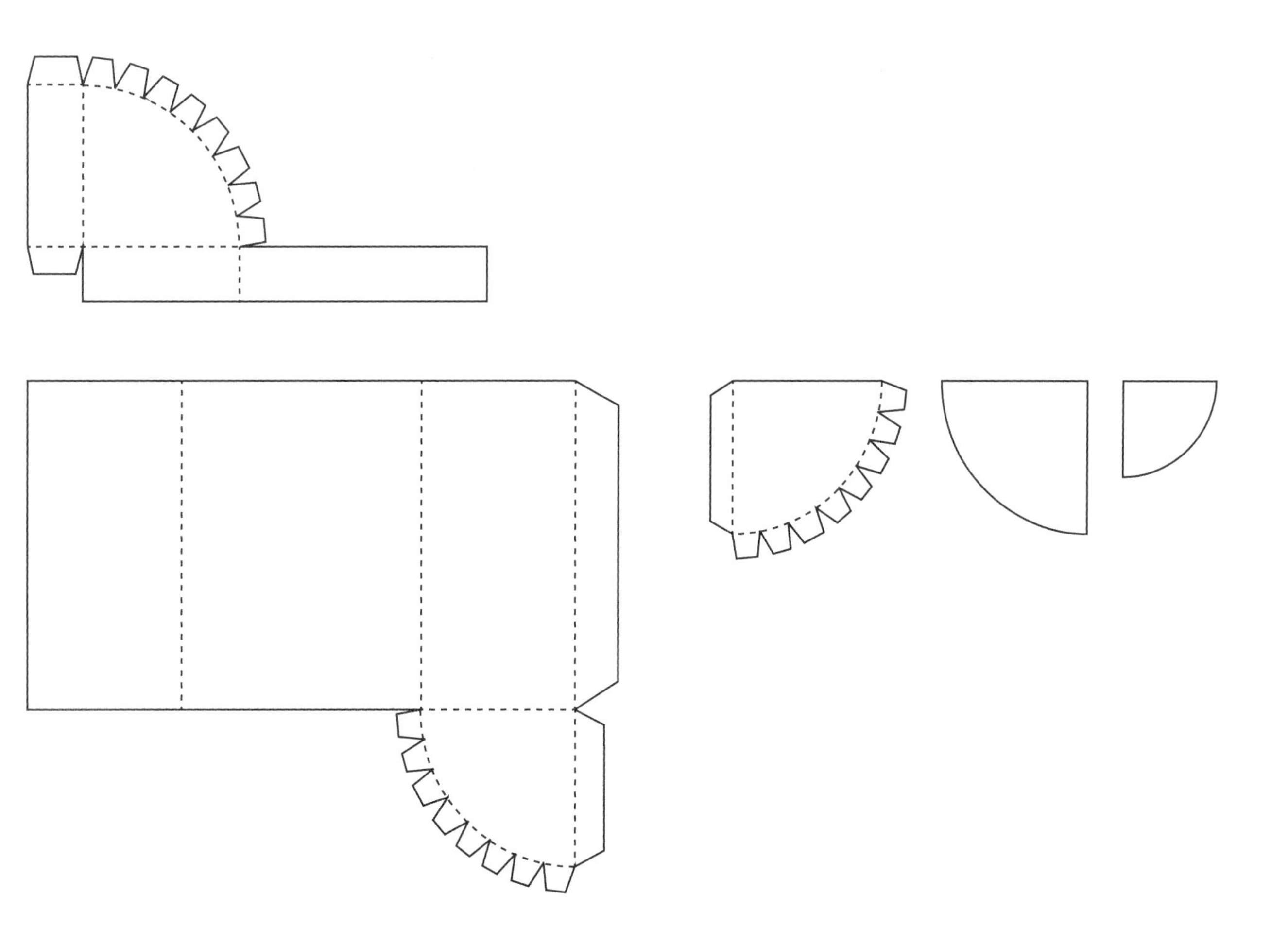

设计师 = Tina Touli

彩色铅笔 + 蜡笔包装

该作品是 Eye Music 包装系列的一部分，旨在探索视觉传播与音乐之间的关系。把蜡笔包装盒置于彩色铅笔包装盒的间隙中，就会形成一个钢琴键盘。每个盒子只装 7 种颜色的铅笔或蜡笔，分别对应 7 个音符，每个音符的频率与一种特定颜色的波长对应。

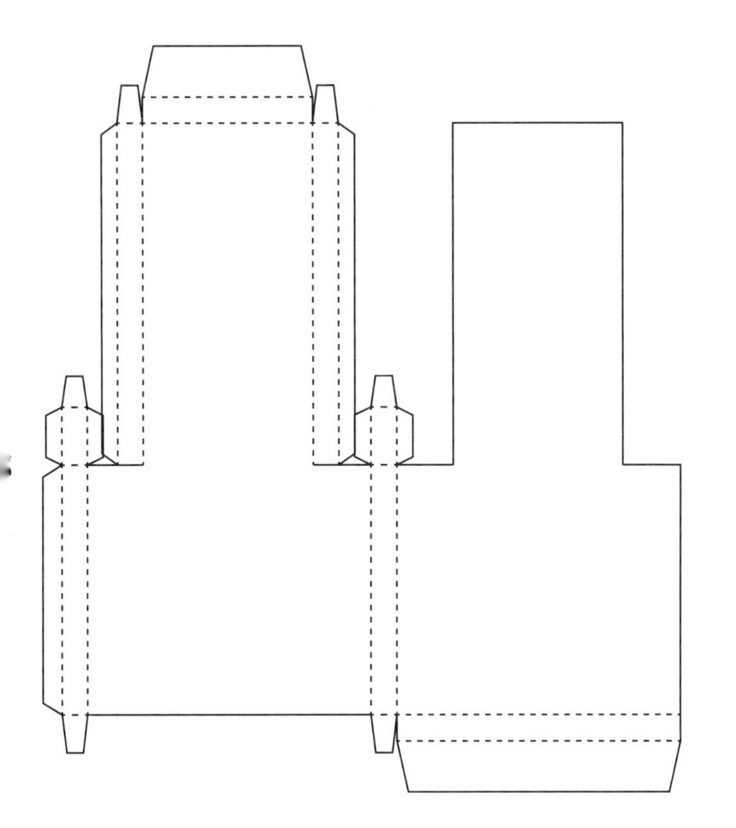

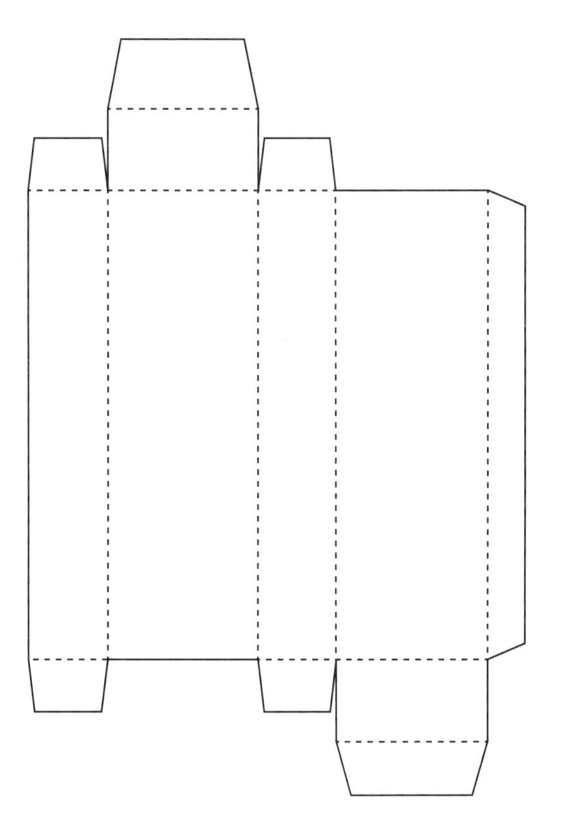

设计师 = Tina Touli

Brazilian Delights 糖果包装

EMBARÉ，意为“美味树”，是巴西当地一家有名的食品企业。Brazilian Delights 焦糖糖果包含 6 种水果口味，有巴西莓、芒果、巴西红果、古布阿苏果、番荔枝和木瓜。包装的图案描绘了当地居民代代相传的关于这些水果的有趣故事，充满了浓郁而鲜活的热带气息，从而展现了巴西文化的起源。

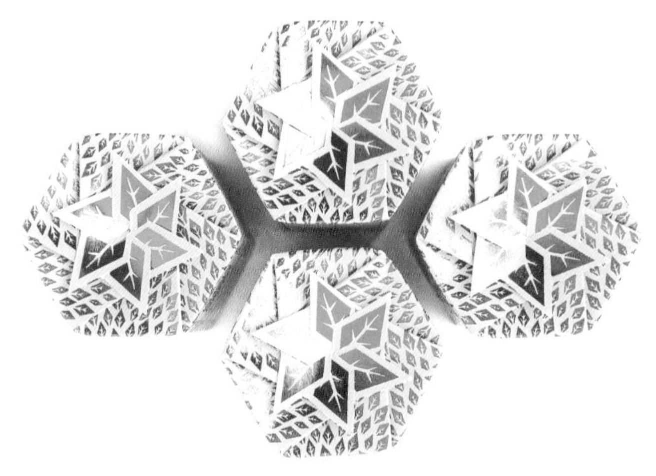

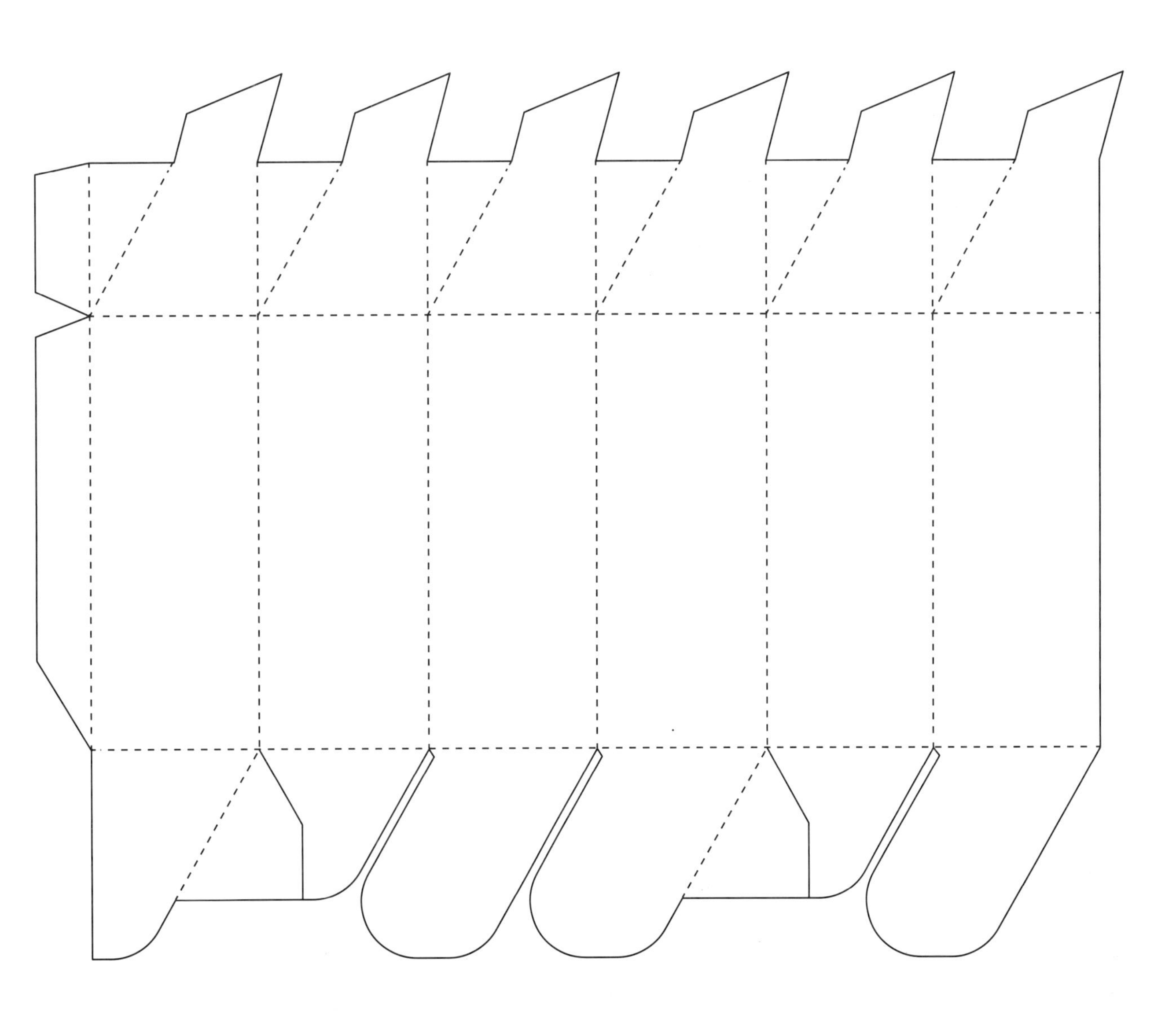

设计师 = Gustavo Greco, Tidé, Leonardo Freitas, Lorena Marinho, Flávia Siqueira, Cláudio Carneiro, Laura Scofield, Alexandre Fonseca, Marden Diniz

CATARSIS 花卉休闲品包装

来自墨西哥的 CATARSIS 主打用天然花卉制作的休闲产品。该系列包装旨在展示品牌理念，并通过这些简单的设计带来独特的体验，对男女顾客都有一定的吸引力。

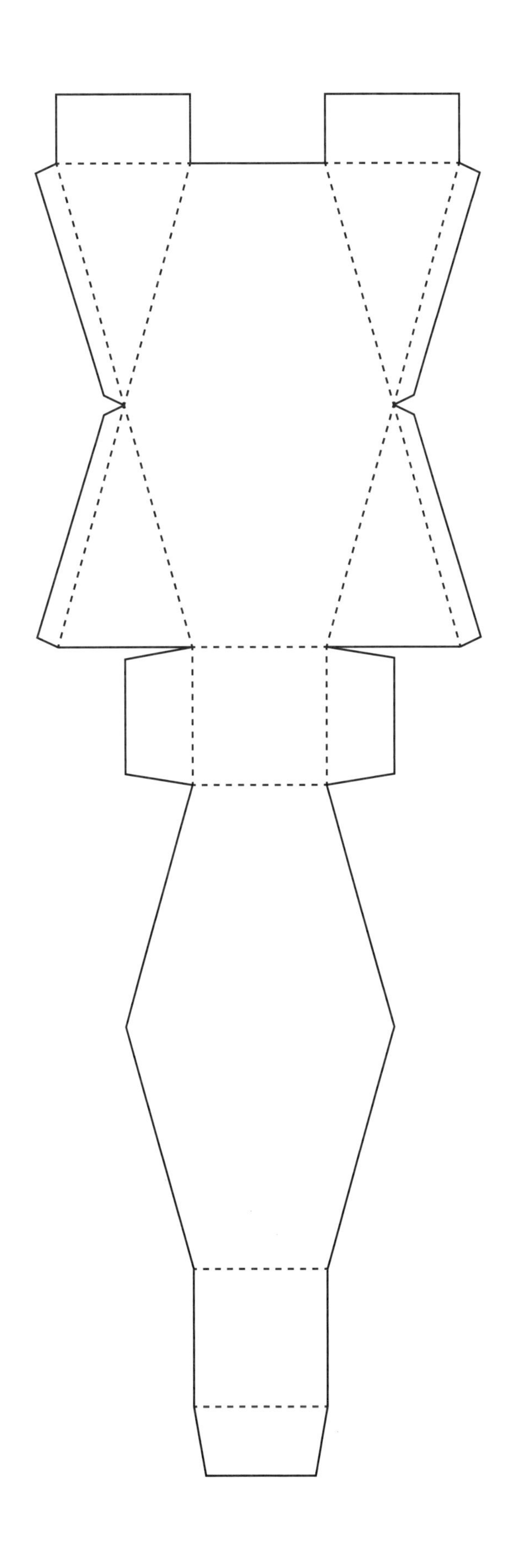

设计师 = Mau Silva

茉莉花精油包装

作为一家专门设计包装和研发包装材料的设计工作室，他们在新年来临之际推陈出新，为顾客送上了一款含有茉莉花精油的香水。香水瓶放置于一个独立的盒子里，盒子的形状宛如天使，顶端的纸花瓣则形似茉莉。银白色的包装纸和水钻更是增添了必不可少的节日气氛。

设计师 = Loli Stavroula, Christoforidou Caterine

FØLE 有机护肤品包装

FØLE 在挪威语中意为“感受”。FØLE 是一条虚构的产品线，主打奢华的有机护肤产品。瓶子的人体工学造型源于石器，瓶身及盒子上的盲文则方便视觉障碍人士使用。颇具质感的材料和打开纸盒的过程丰富了用户体验。

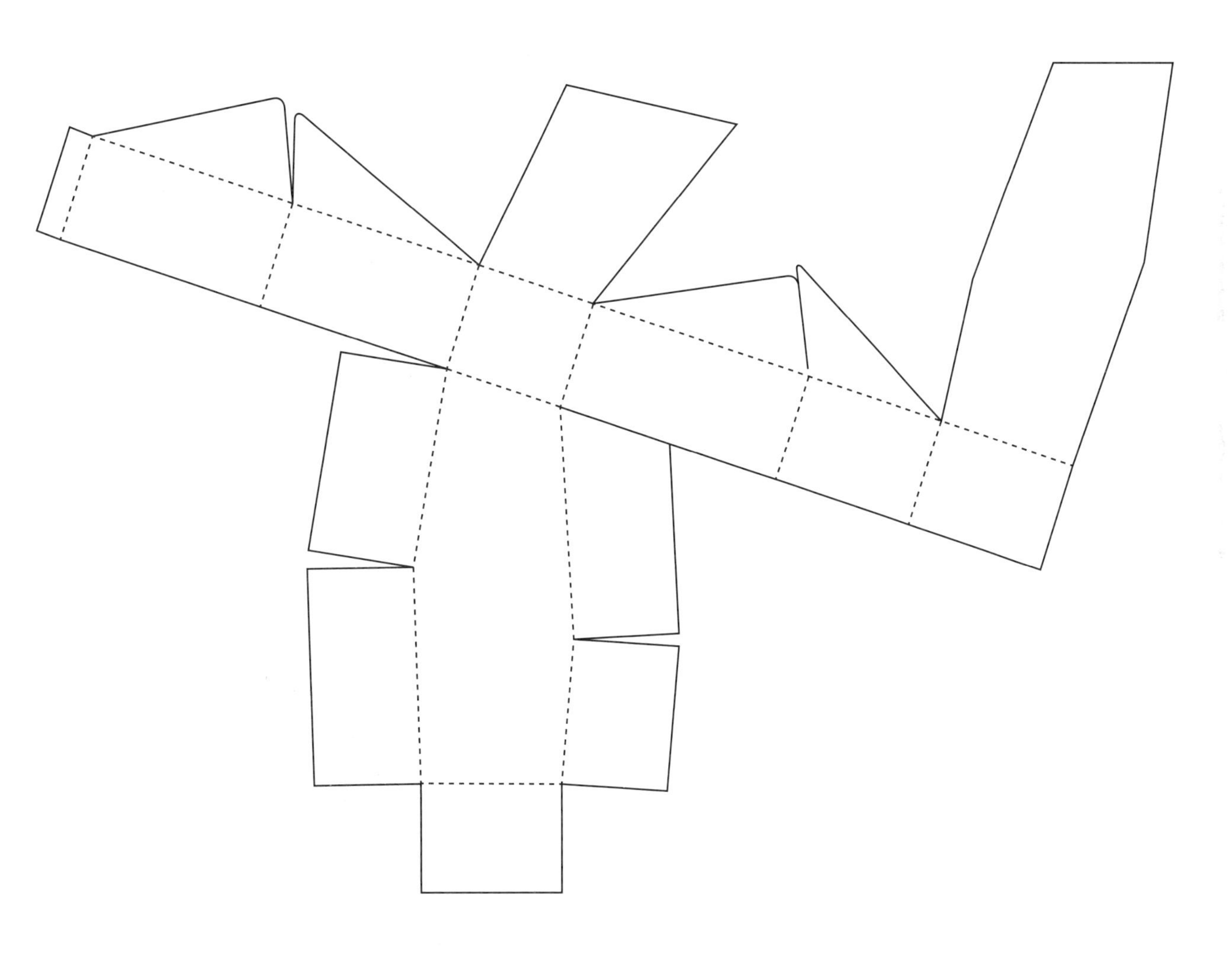

设计师 = Saana Hellsten

Goji Serum 护肤品包装

Goji Serum 是希腊的一款创新性的护肤产品。自 2015 年起，它经过改良的产品开始在俄罗斯销售。该设计的目的在于呈现一款看起来像珠宝又可以方便携带的包装。精美的纸张采用烫金工艺，点缀着反白的文字和枸杞图案，不落俗套的棱镜形式的包装透露出产品的奢华品质。

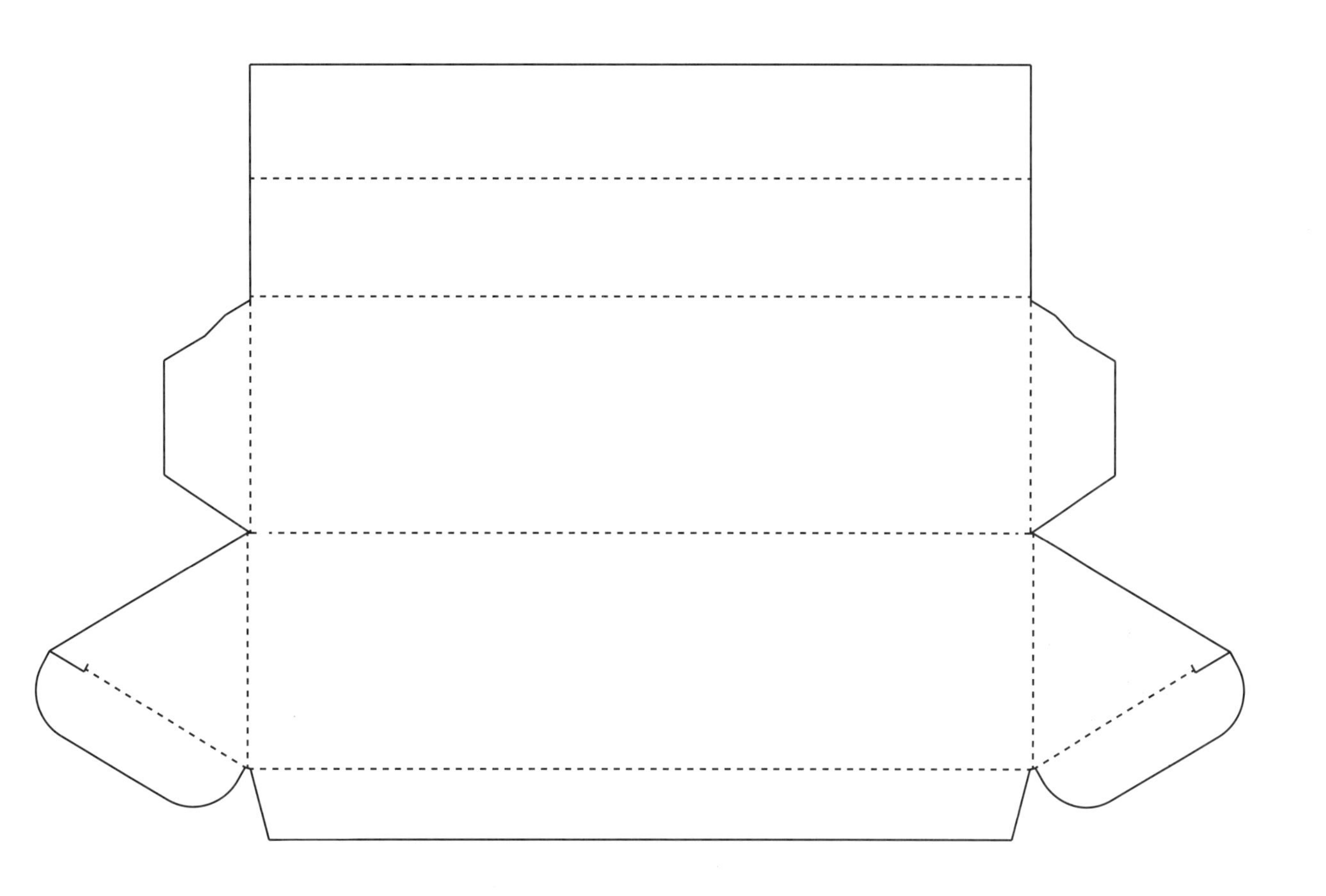

设计师 = Loli Stavroula, Christoforidou Caterine

GOLDEN SPIKE 巧克力包装

该作品旨在设计一款美观大方的包装，既可以保护盒子里的巧克力，又能够方便打包和存储。盒子的设计从品牌名称 GOLDEN SPIKE 中汲取灵感，呈一个倒立的尖峰形态，可以把盒子往上堆放，以节省存储空间。

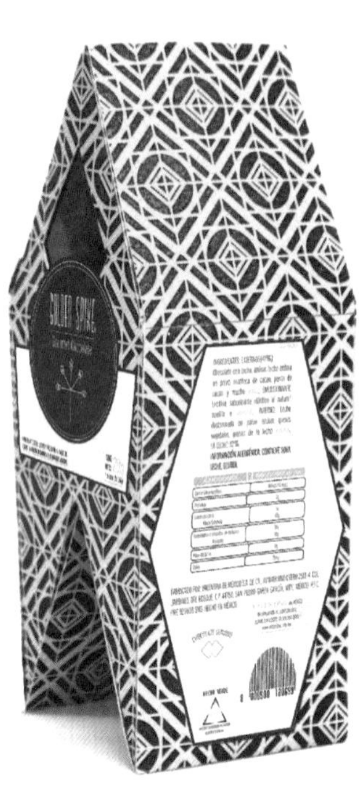

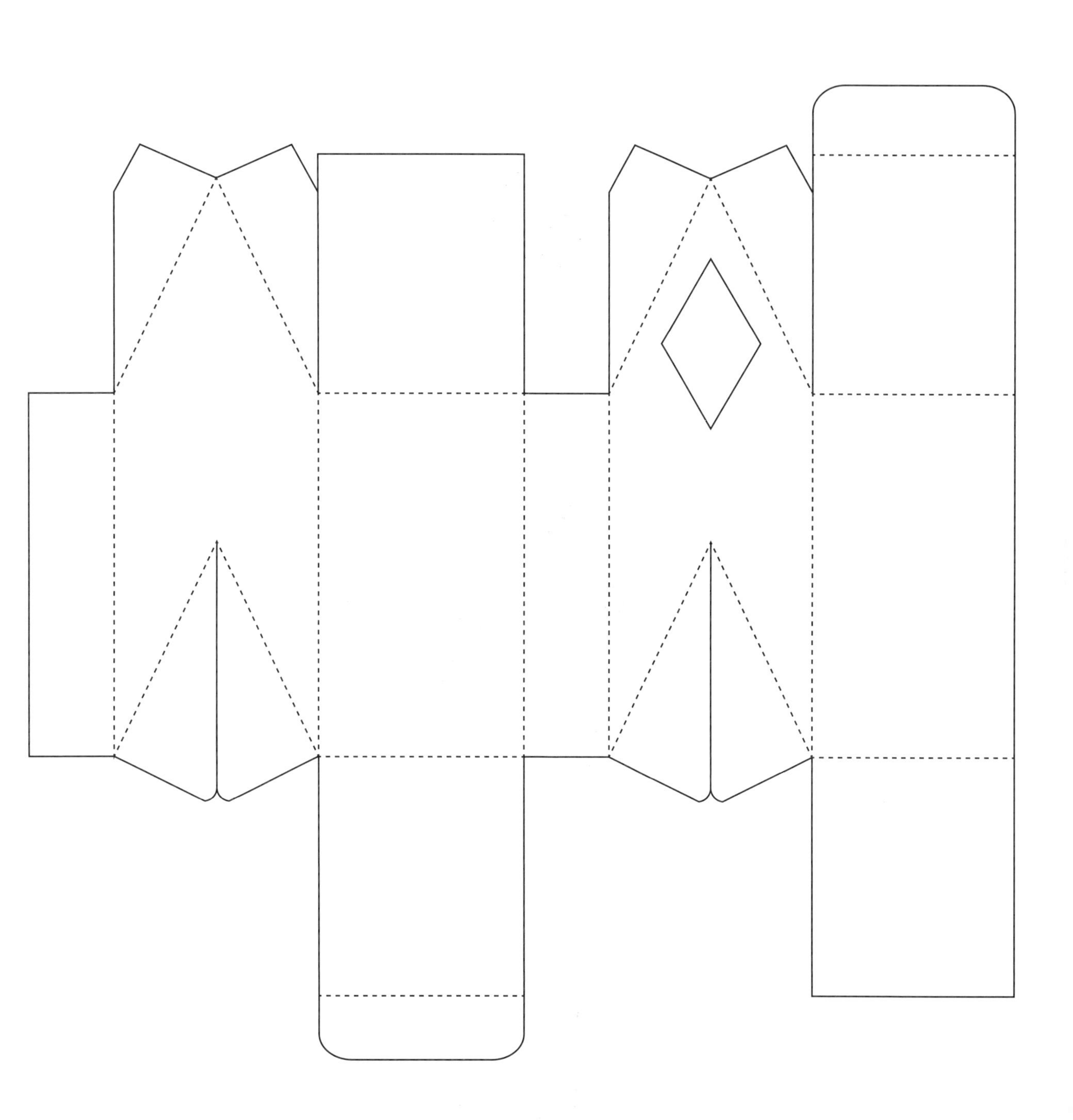

设计师 = Mau Silva

美味糕点包装

这款别出心裁的包装设计让平日常见的糕点显得与众不同。打开盒子的过程就是一种享受，让人如同打开礼物般对里面的美味充满期待。无需胶水，仅一张硬纸板便构成了环保包装的主体。

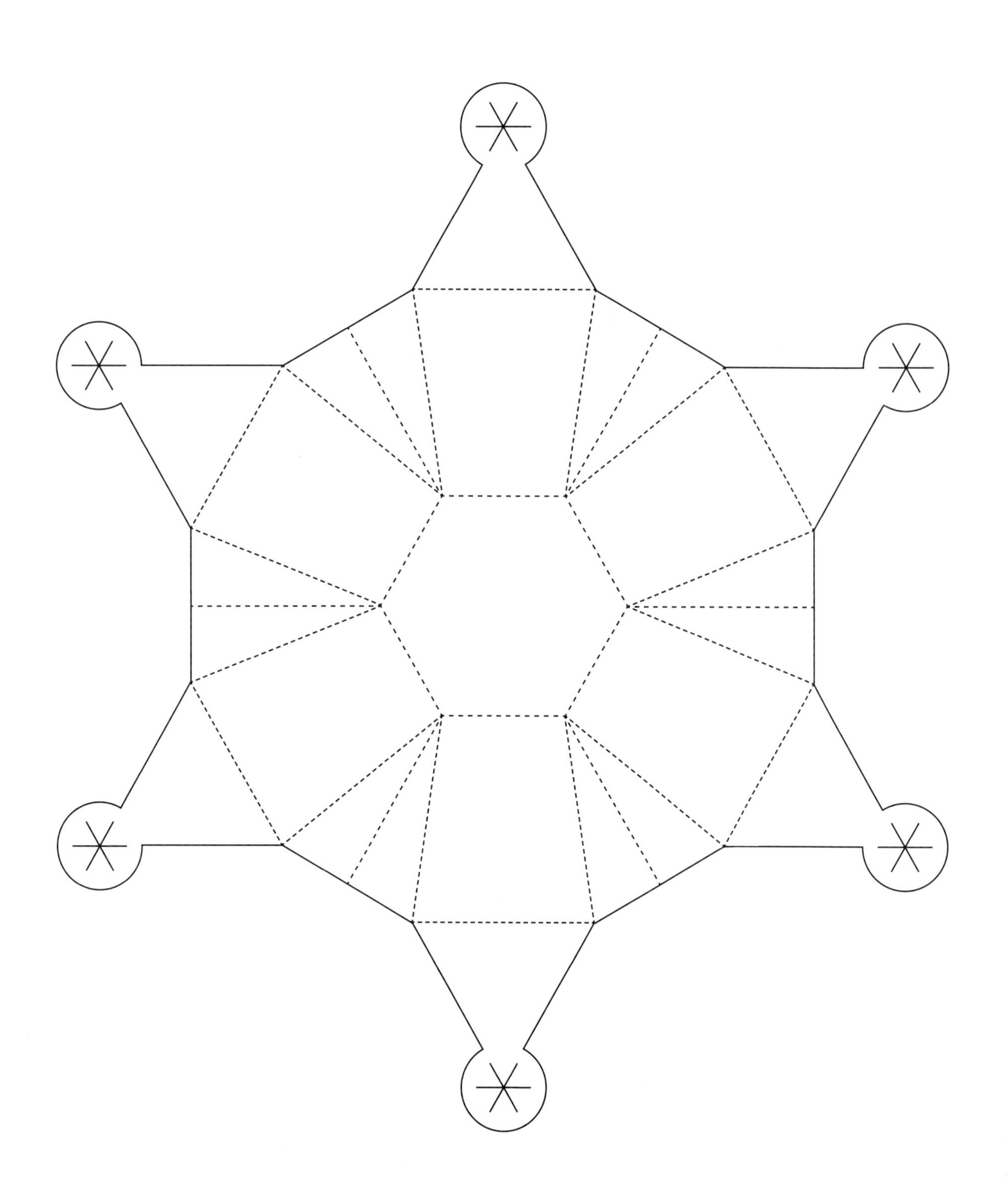

设计师 = Dan Stark

ÖRFLÖGUR MICROCHIPS 薯片包装

ÖRFLÖGUR MICROCHIPS 是一款低脂的健康薯片。用可回收纸张制成的小盒子在展开后便成了一个纸碗，方便分享美食。当吃完所有的薯片后，盒子内部的图案便会映入眼帘。那是一幅冰岛地图，上面还有一些关于土豆的有趣知识。

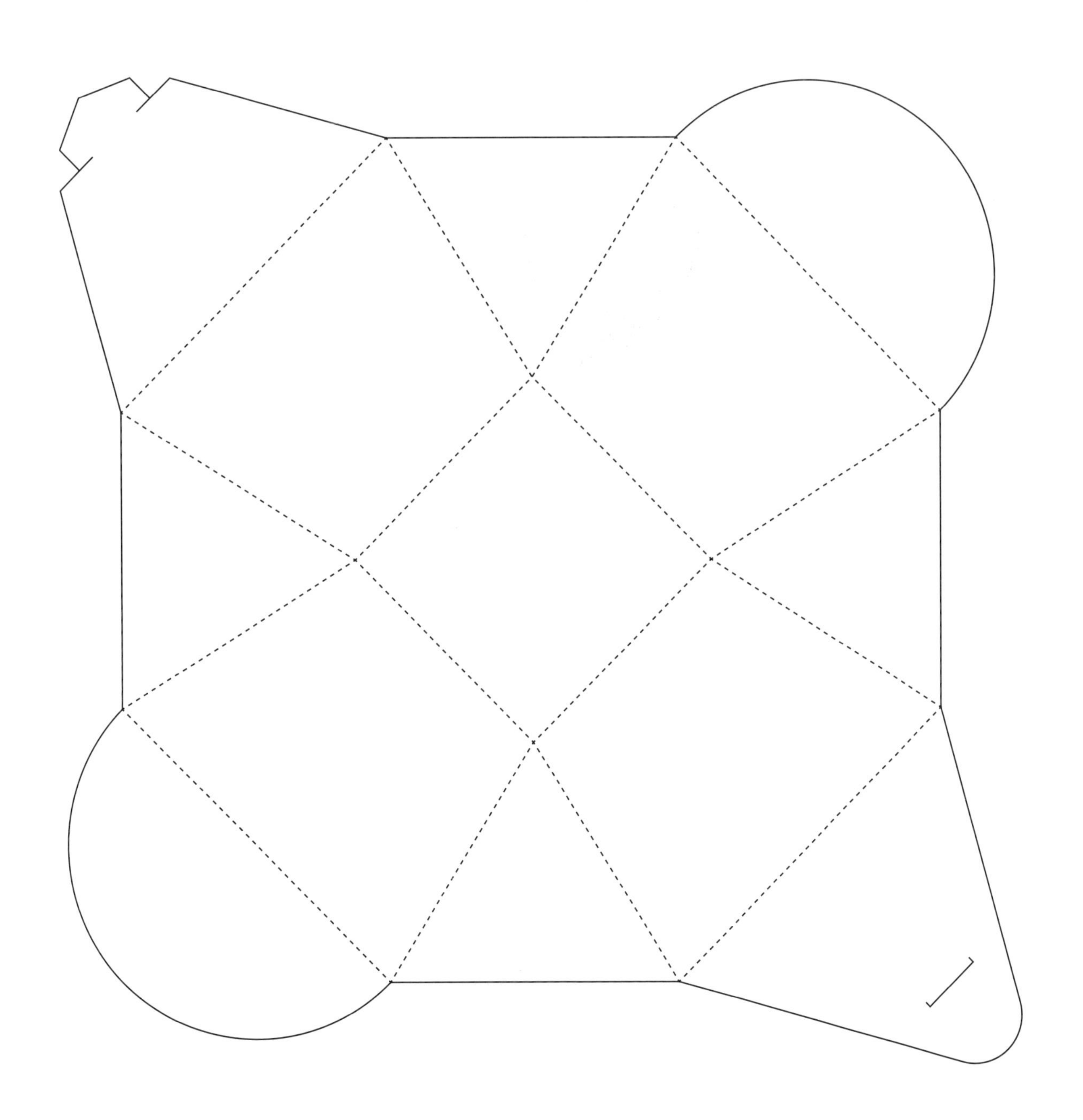

设计师 = Edda Gylfadottir, Gudrun Hjorleifsdottir, Helga Bjorg Jonasardottir

水果糖包装

这款水果糖的纸盒设计从折纸工艺中汲取了灵感。易于回收、美观得体的包装采用了水果糖的形状，使人想保留纸盒以便再次使用。

设计师 = Camila Peralta Wieland

The Body Shop-ELEMENTS 美容产品包装

The Body Shop 因其高质量的天然美容产品而享誉全球。这款设计是其 ELEMENTS 系列产品的新包装，旨在重新确立该品牌的五个核心价值、产品包装与上架产品的呈现形态之间的联系。

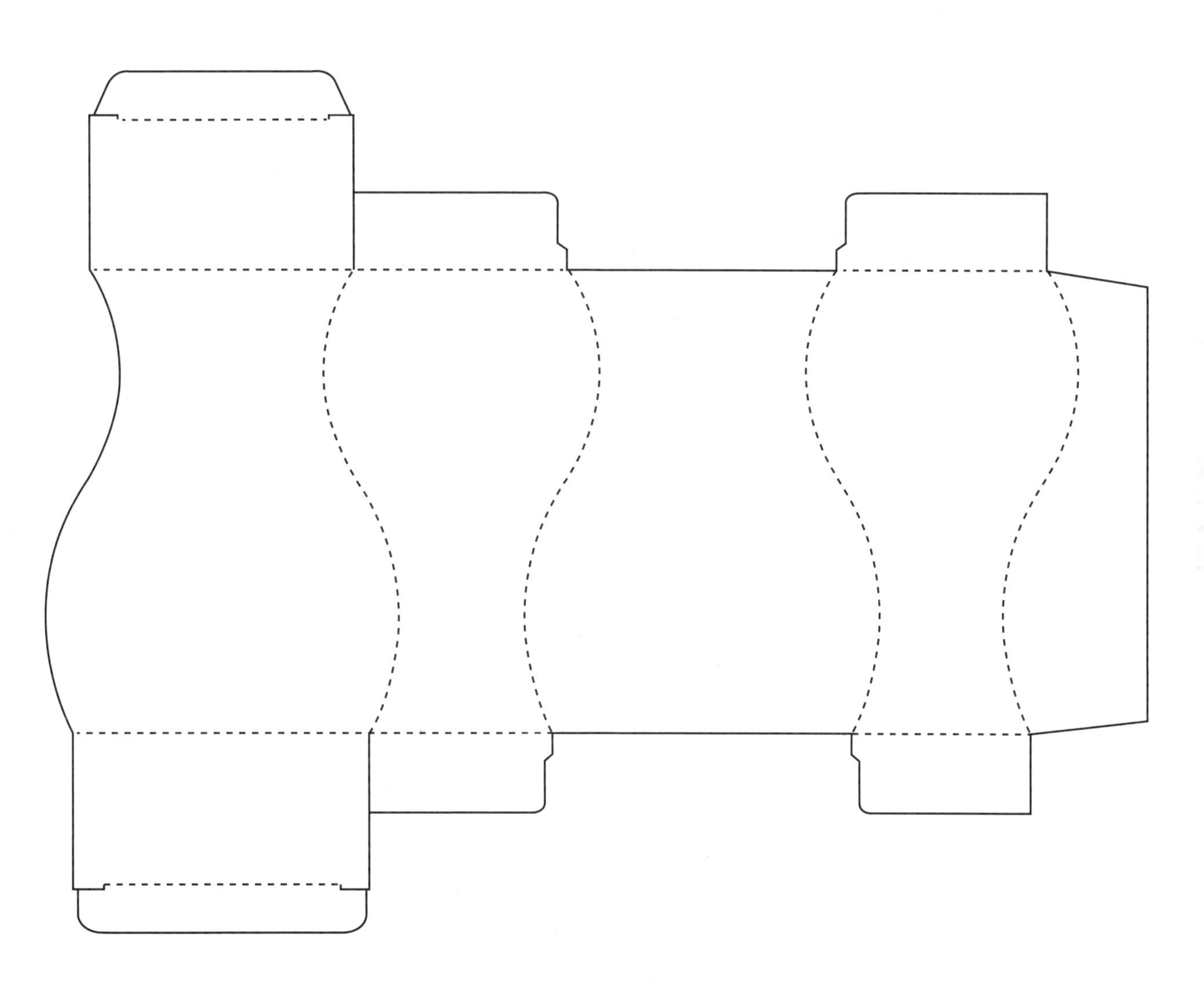

设计师 = Christopher Downer

Bon Bons 儿童糖果包装

英国的 Watershed 影院每周六都会为儿童举办活动。这款 Bon Bons 系列糖果的包装是其最新设计，盒子上卡通人物的眼珠、舌头和牙齿可以随意移动，让孩子们自娱自乐。此外，盒子可以循环利用，用来装一些小玩意儿。

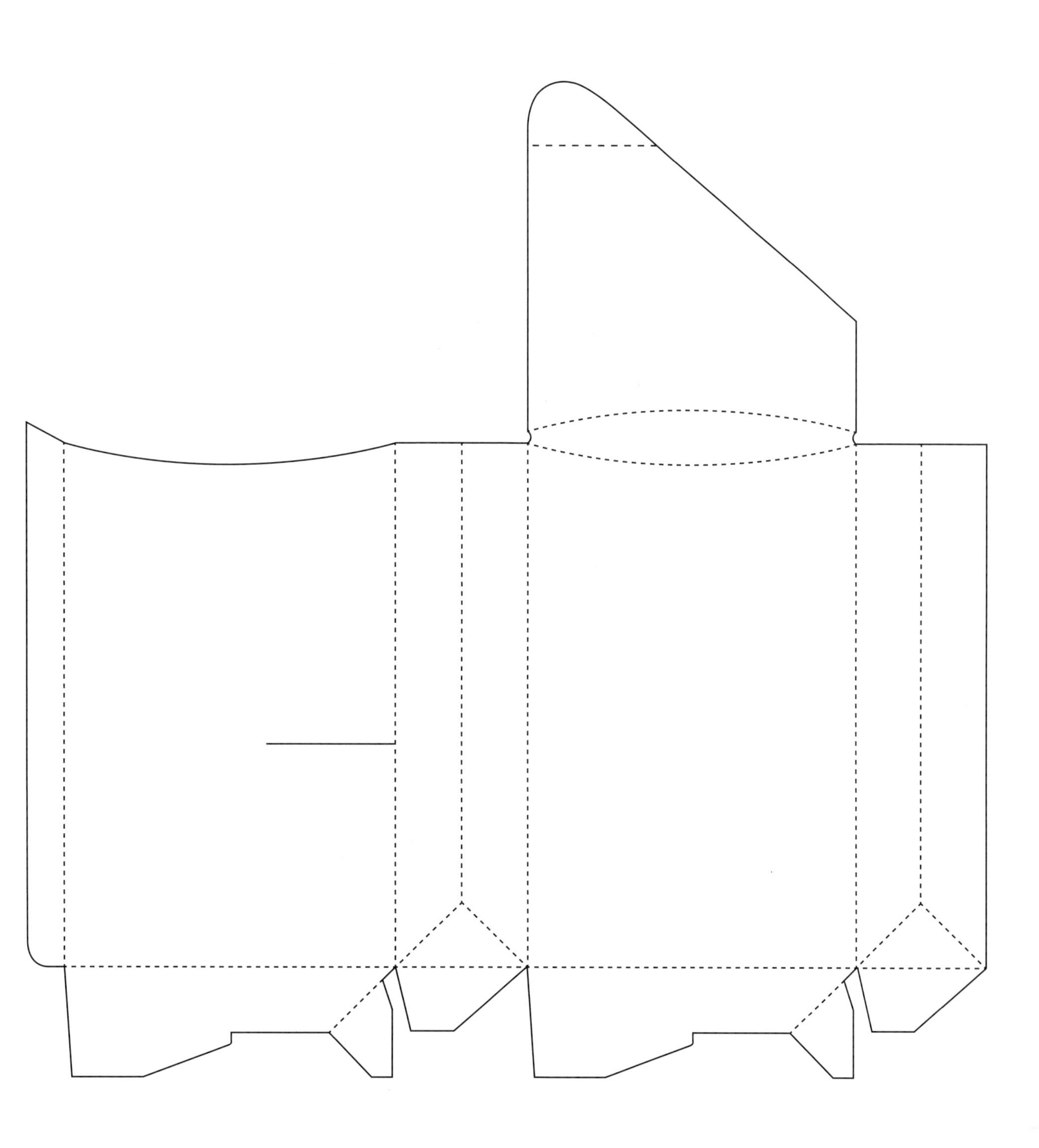

设计师 = Christopher Downer

马卡龙包装

Rannou Métivier 是一个历经五代家族经营的甜点品牌，致力于打造一个简单、年轻、有活力的品牌形象。这款为马卡龙设计的新包装主要从法式粉盒的形状中汲取灵感。

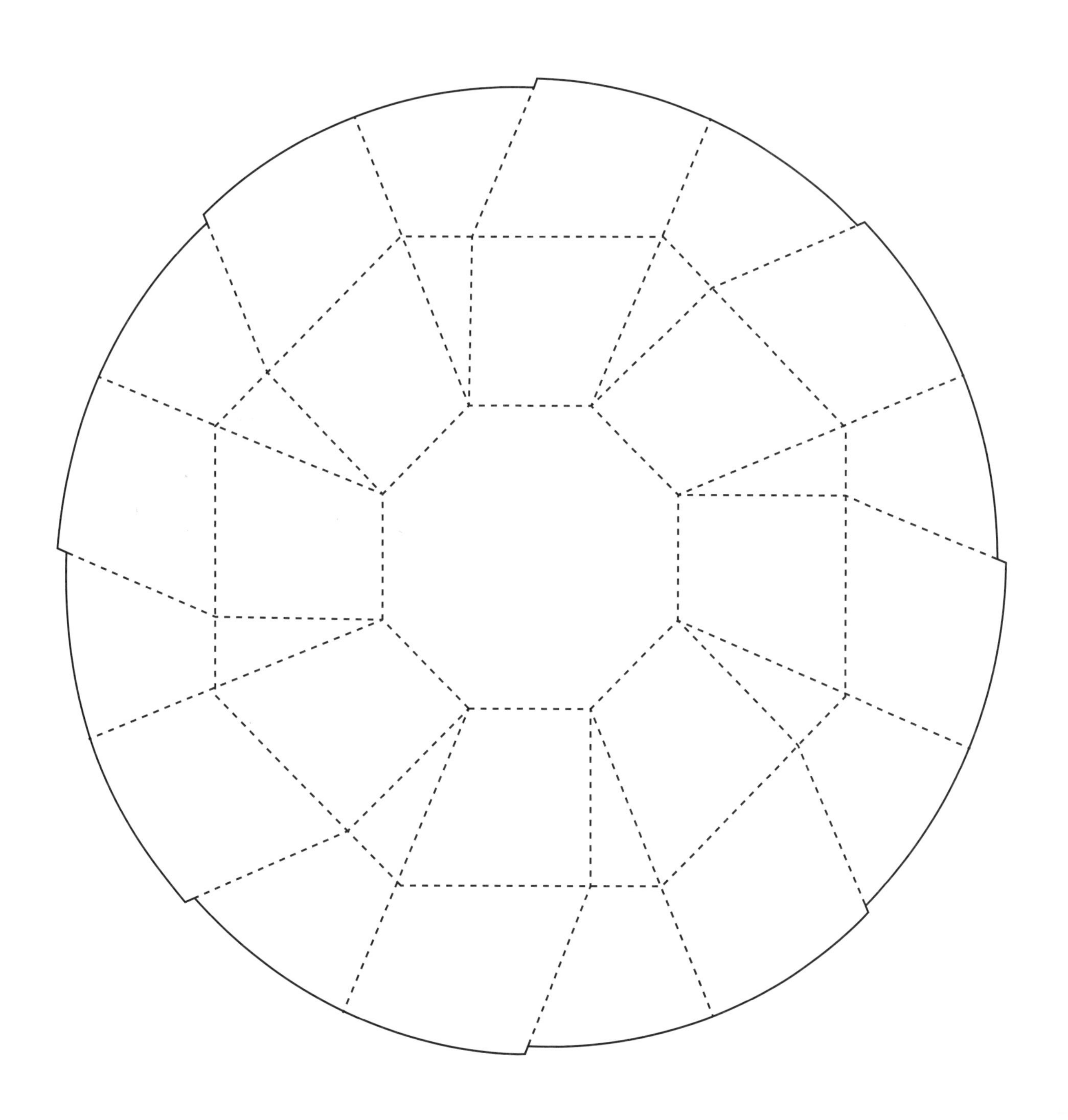

设计师 = Elsa Deprun

限量版鸡蛋盒

这是一款专为法国连锁超市 Le Bon Marché 设计的限量版鸡蛋盒。简单新颖的纸盒可以给鸡蛋双重保护，并可以重复使用。包装的内层可以拆卸、清洗，也可作为放置鸡蛋的杯子。

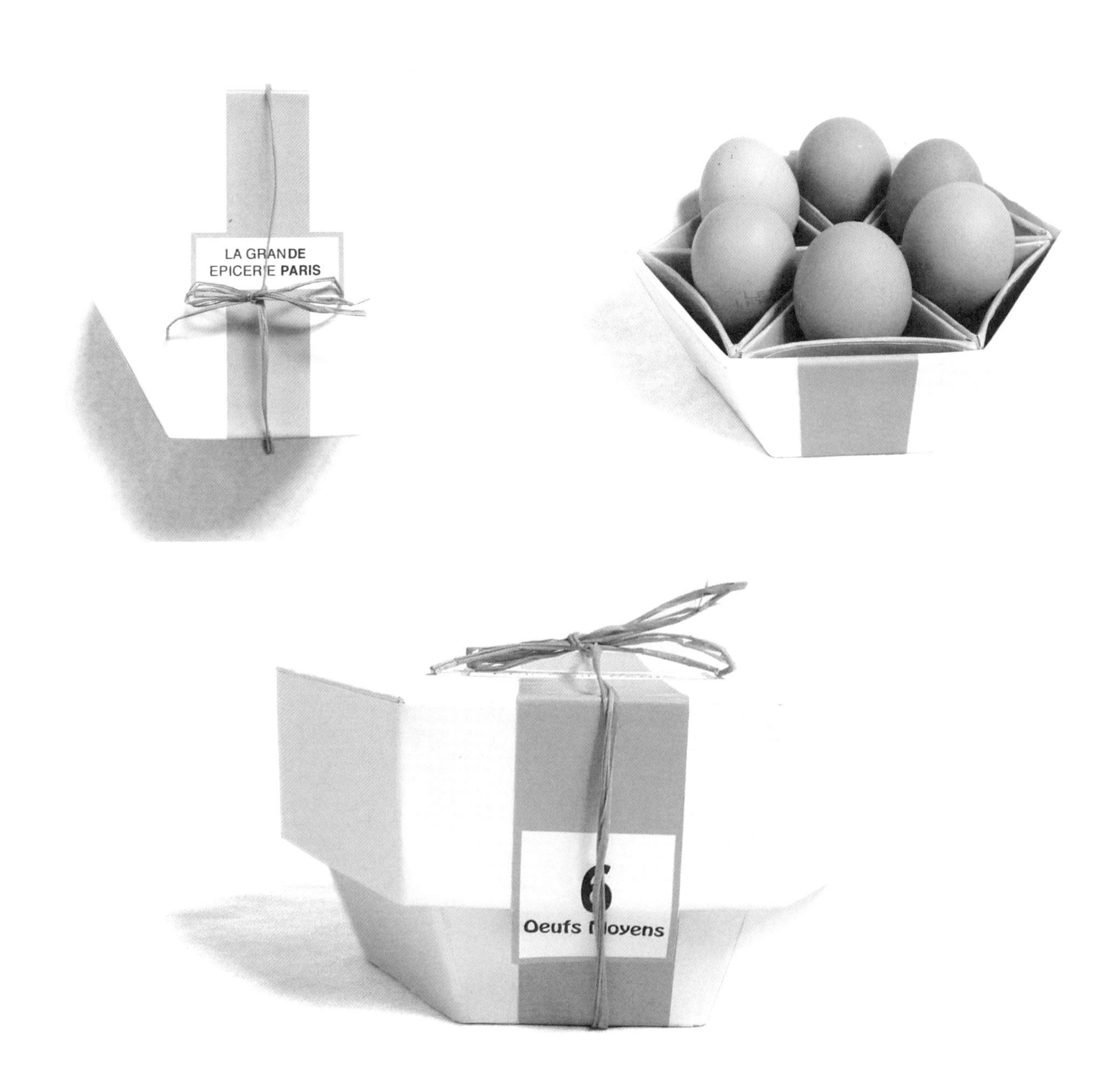

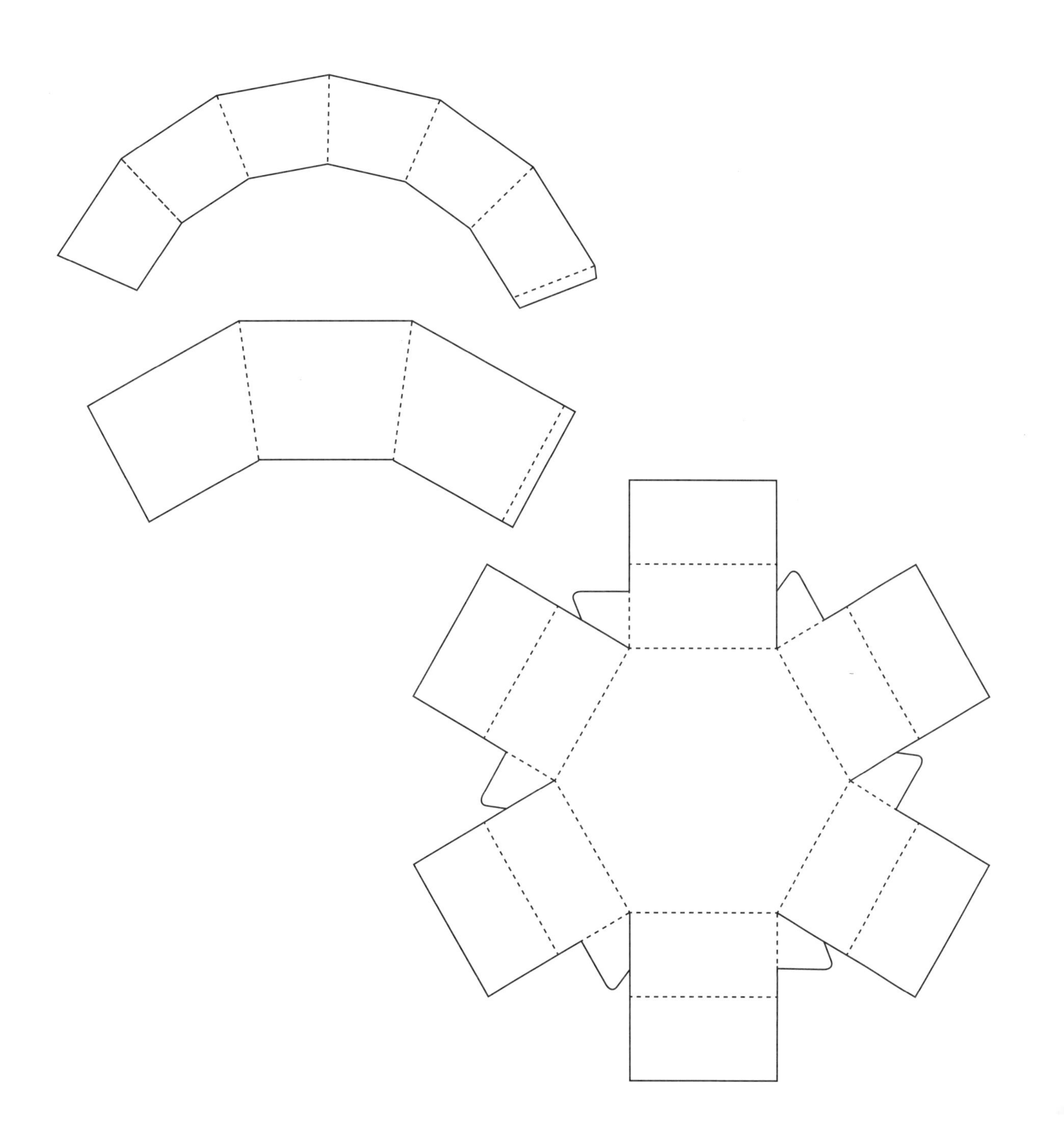

设计师 = Elsa Deprun

儿童午餐盒

这款包装的设计创意在于让消费者在用餐的过程中与午餐盒互动。“满意”午餐盒会摇身一变成为晚餐餐桌上昂贵精致的瓷器、餐巾纸和酒杯；“健康”午餐盒上的绿草和飞盘会让人联想到自己正在野餐；“儿童”午餐盒则把场景设置在有彩色水桶和小铲的沙滩。

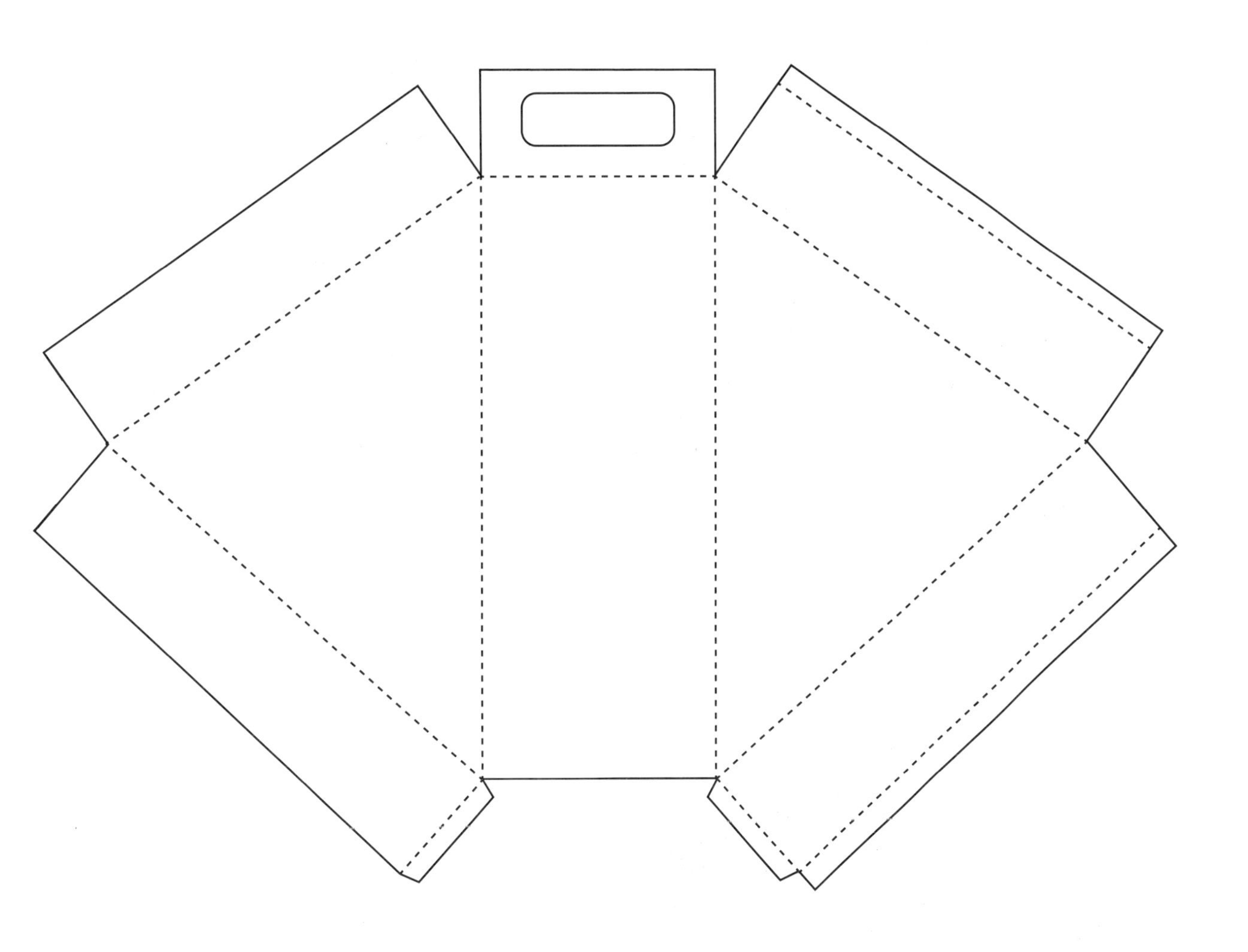

设计师 = Emma Smart

Rannou Métivier 巧克力包装

Rannou Métivier 是一个历经五代家族经营的甜点品牌。这款巧克力的包装设计充分建立在该品牌悠久的历史上，盒子打开的过程宛如花朵绽放的样子。盒子的设计从古式粉盒中获取灵感，金色和粉红色则奠定了一种精致、复古的基调。

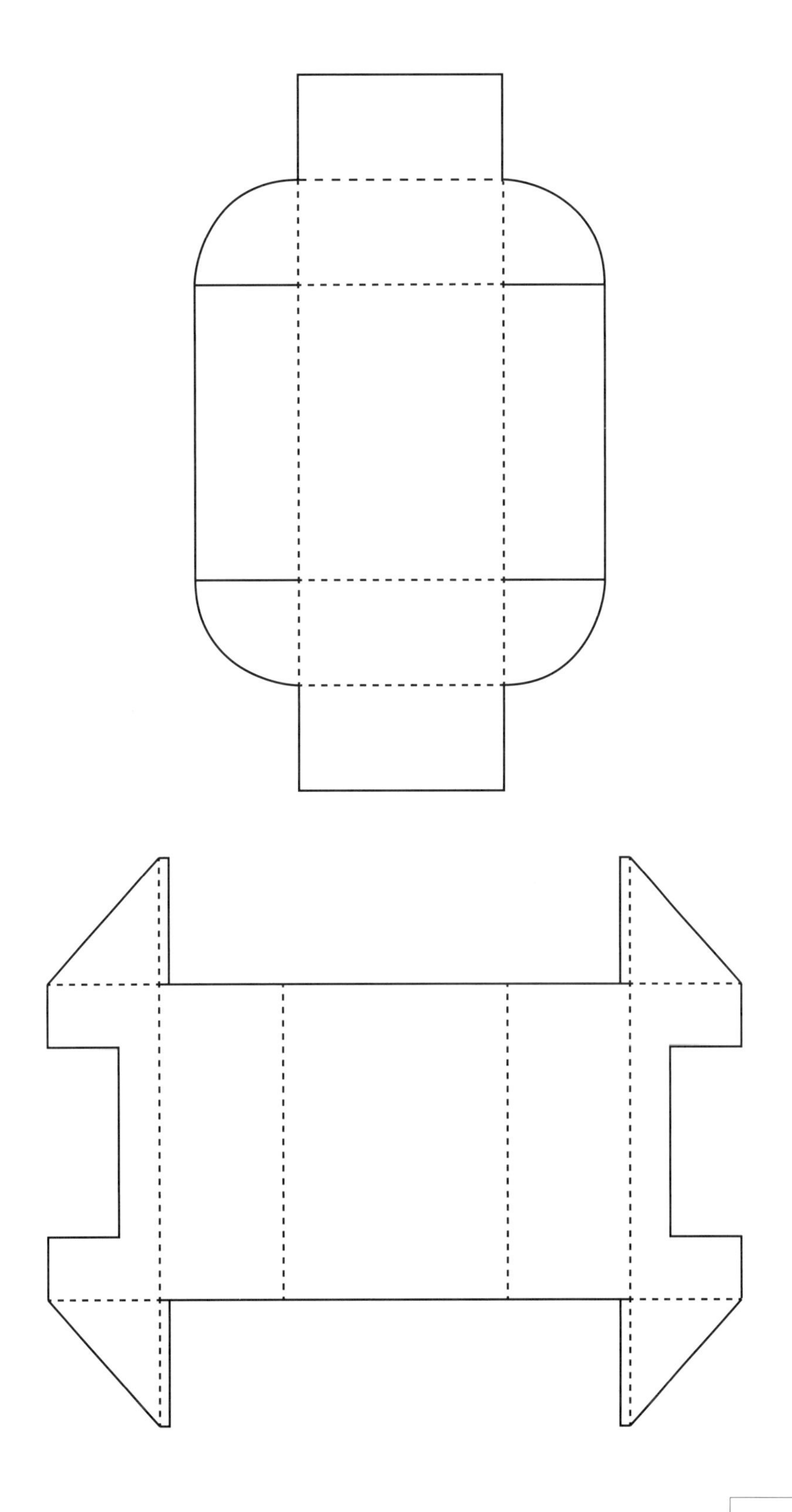

设计师 = Elsa Deprun

*Brodofino 星形面包装

这款包装的设计理念是让顾客从儿童最喜爱的面食——星形面中获取乐趣。开口在金字塔形盒身的顶端，而且还可用密封盖封住。在金字塔的每一个侧面都有一种用星形面堆砌而成的表情。

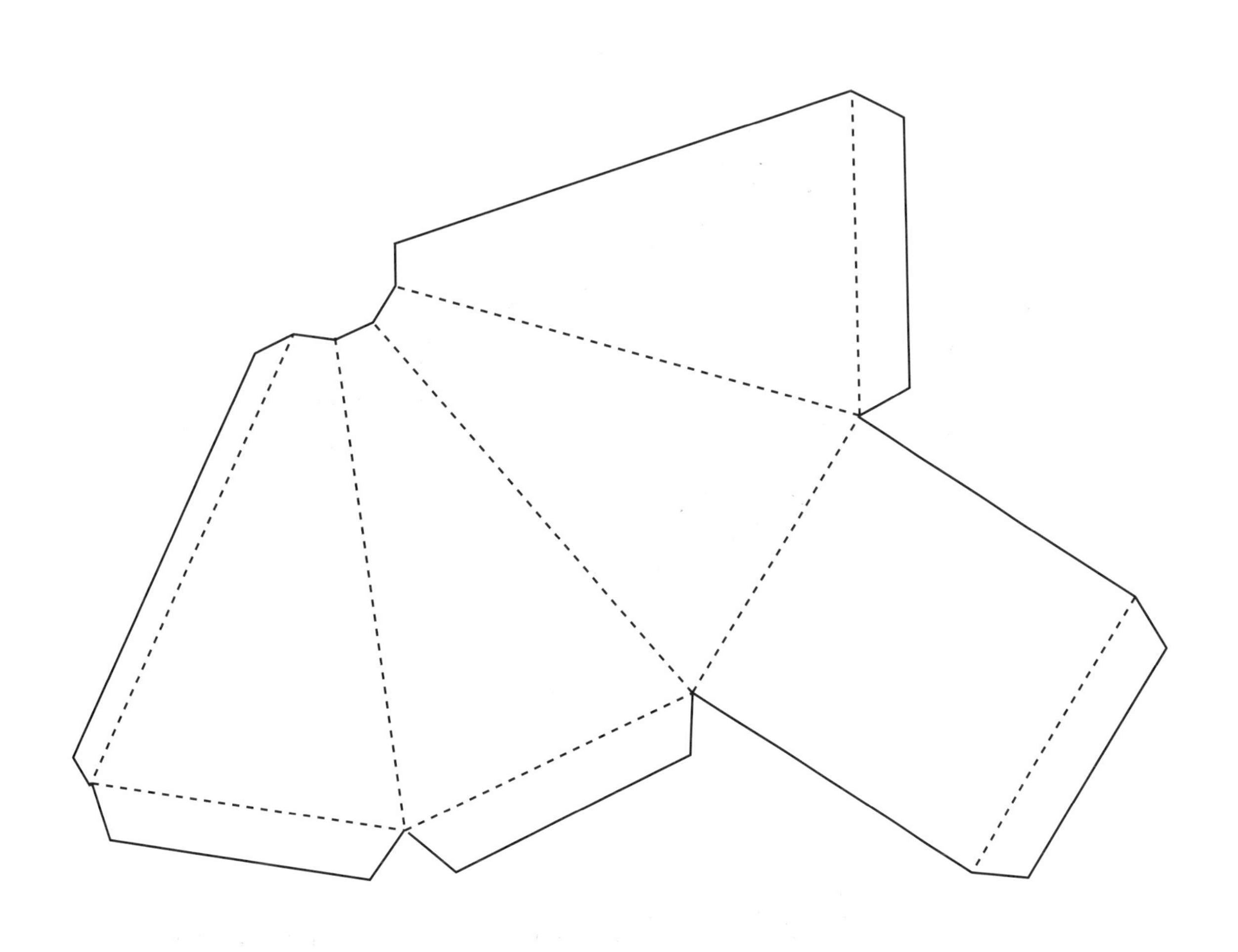

设计师 = Fabio Bernardi

Gauthier 巧克力包装

为迎接新年，Gauthier 为顾客精心准备了一盒特别的巧克力。包装盒由硬纸板制成，并以有机形态呈现，色彩是柔和的棕色，且盒内附有杯垫。这是 Gauthier 与 Production JG 以及巧克力制造商 Gourmet Privilèges 联袂推出的产品。

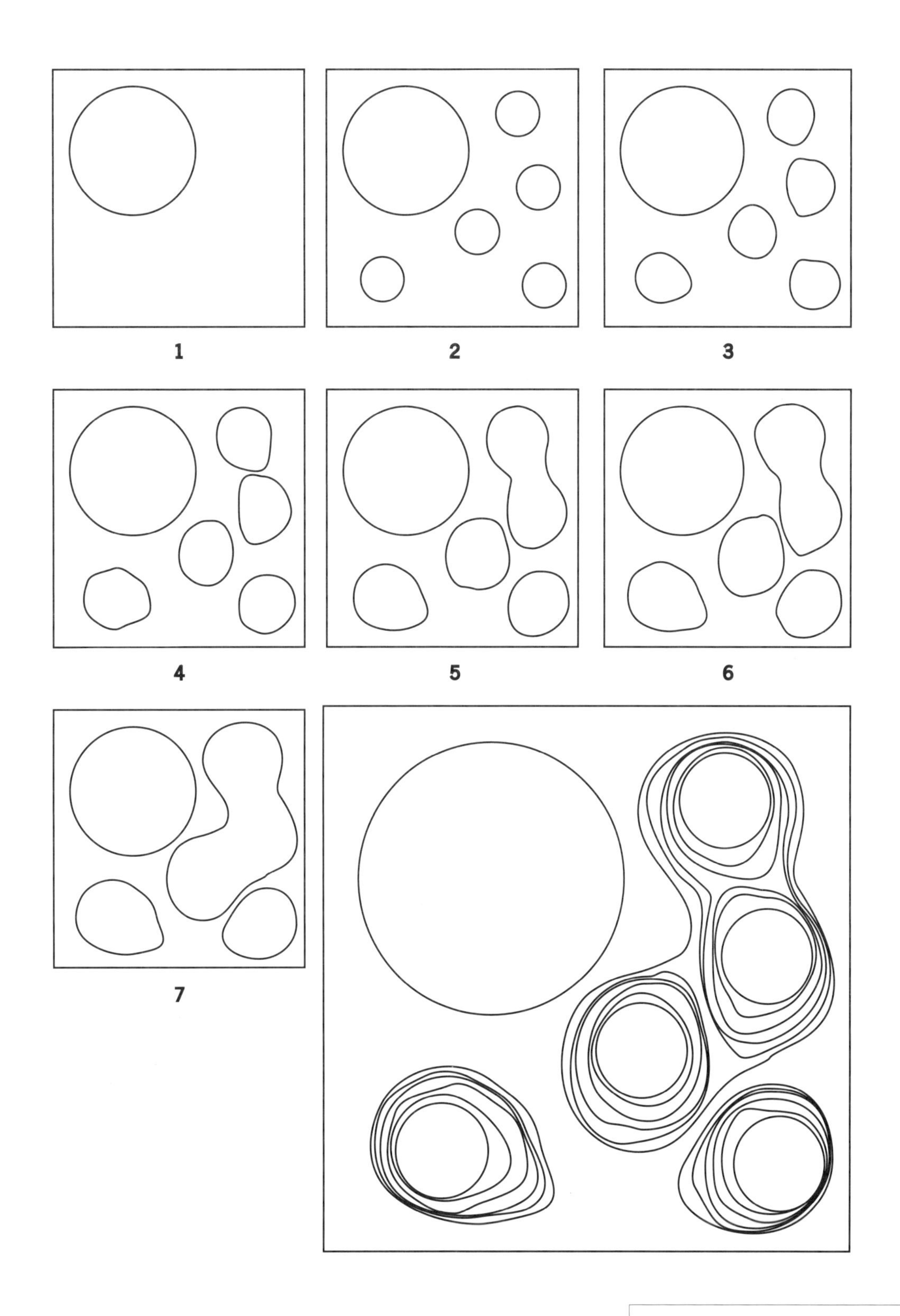

设计师 = Mathilde Fortier, Geneviève Soucy

玻璃瓶包装

新年来临之际，Gauthier 为顾客的新年礼物提供了一个新选择——玻璃瓶。简洁大方的白色盒子将极具革命性的环保口号“让我们减少使用塑料瓶，举杯庆祝玻璃的力量”隐藏起来。打开瓶塞后盒子就会自动解体；把纸板往下折，里面的文字就会显现出来。

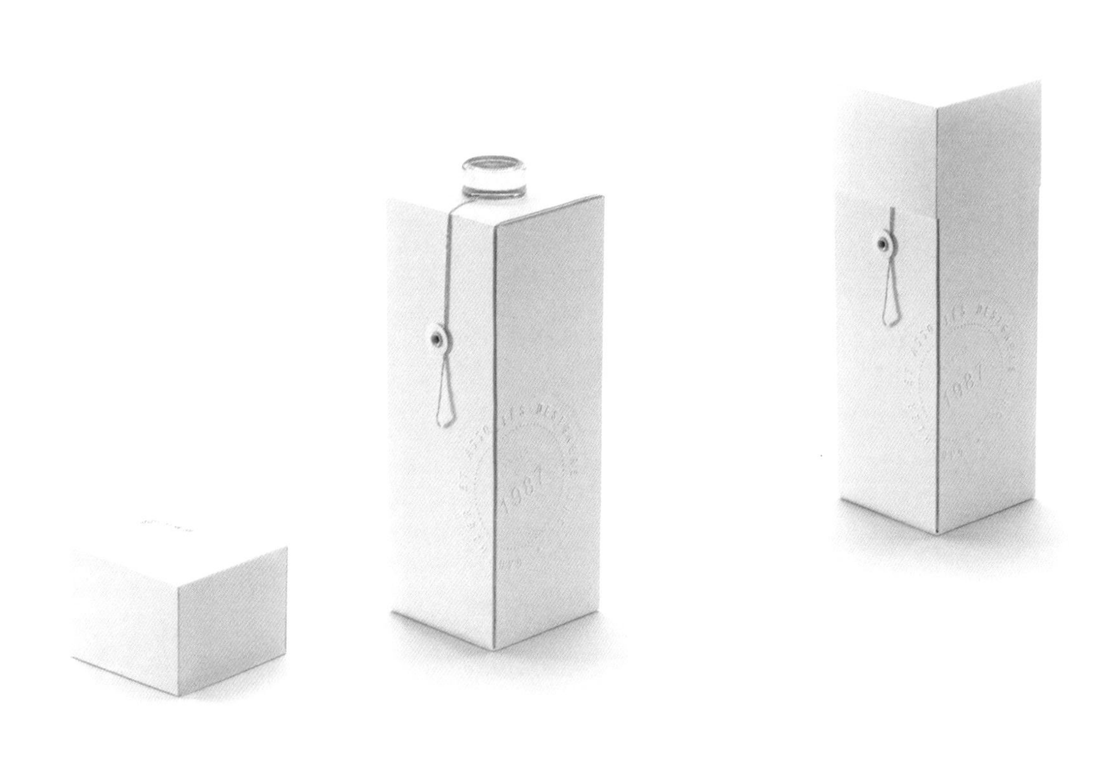

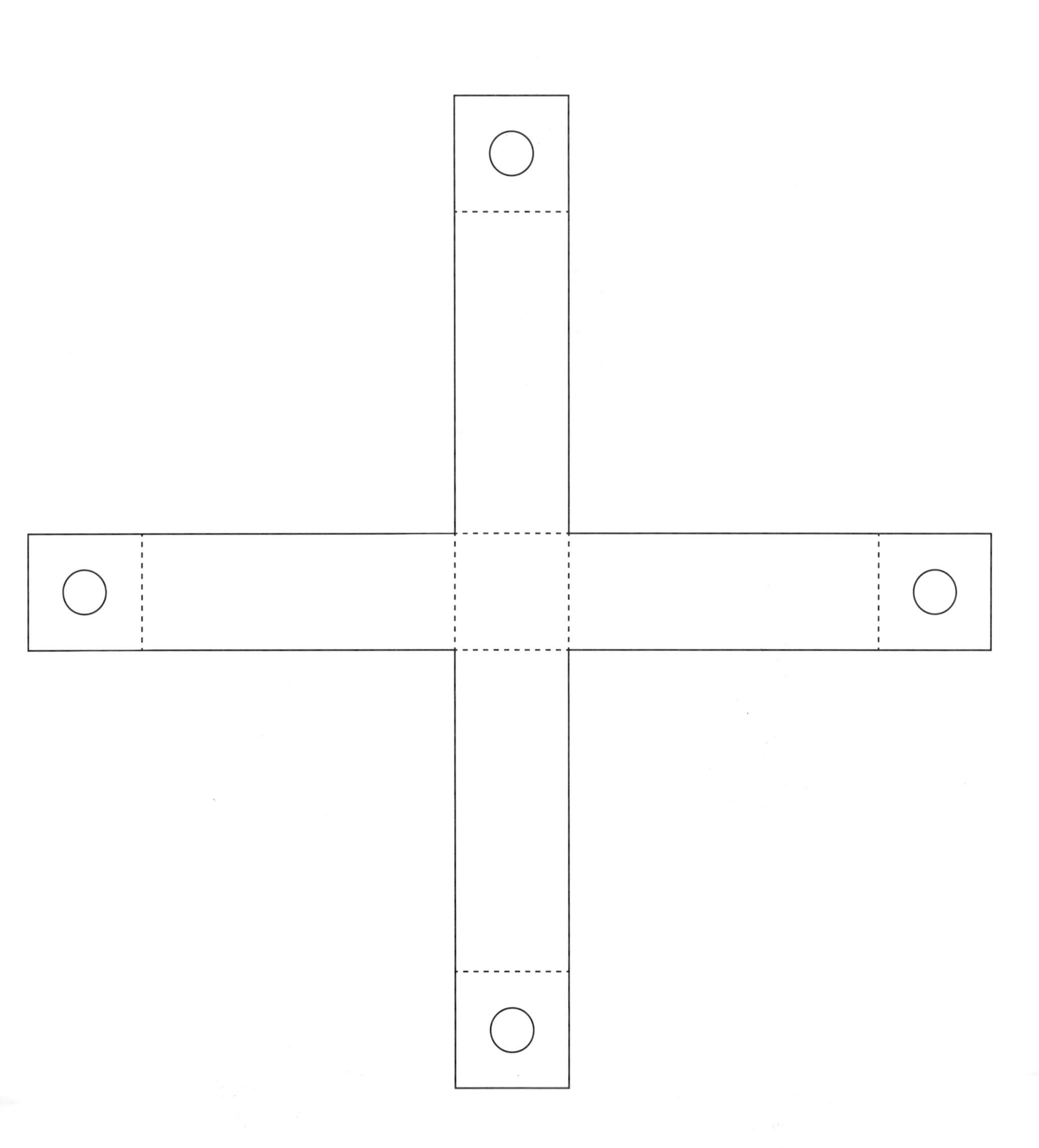

设计师 = Mathilde Fortier, Sébastien Legault

Kid Robot 玩偶包装

这款特别版的 Kid Robot 玩偶及包装的设计灵感源于著名的文身艺术家 Kat Von D。该设计吸收了她独特的哥特式优雅风格，这种风格在她的时尚和化妆品系列产品中随处可见。纯粹的黑色使外包装显得更加精致优雅，而精细的激光切割和镂空花纹则凸显了文身的元素。

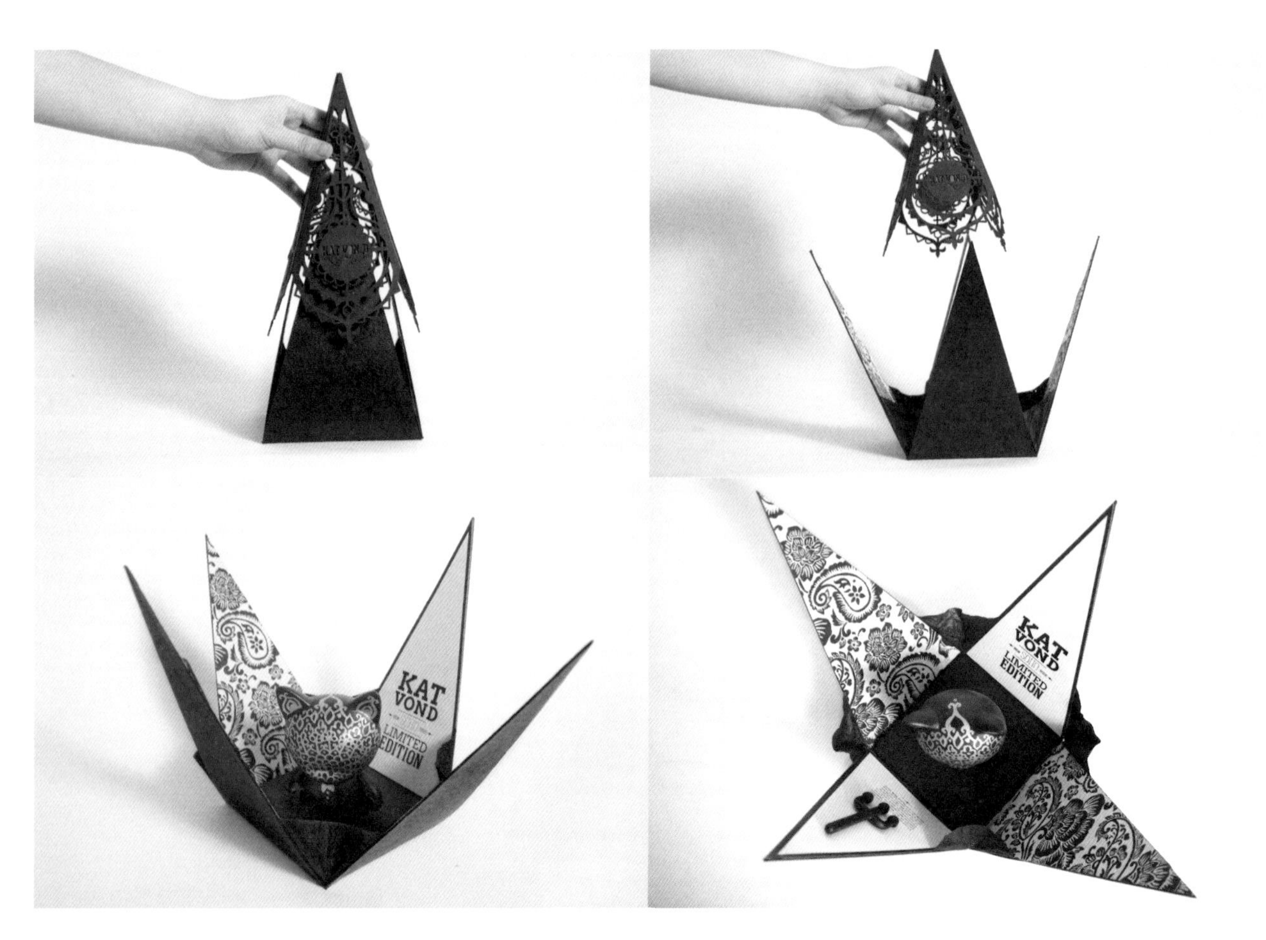

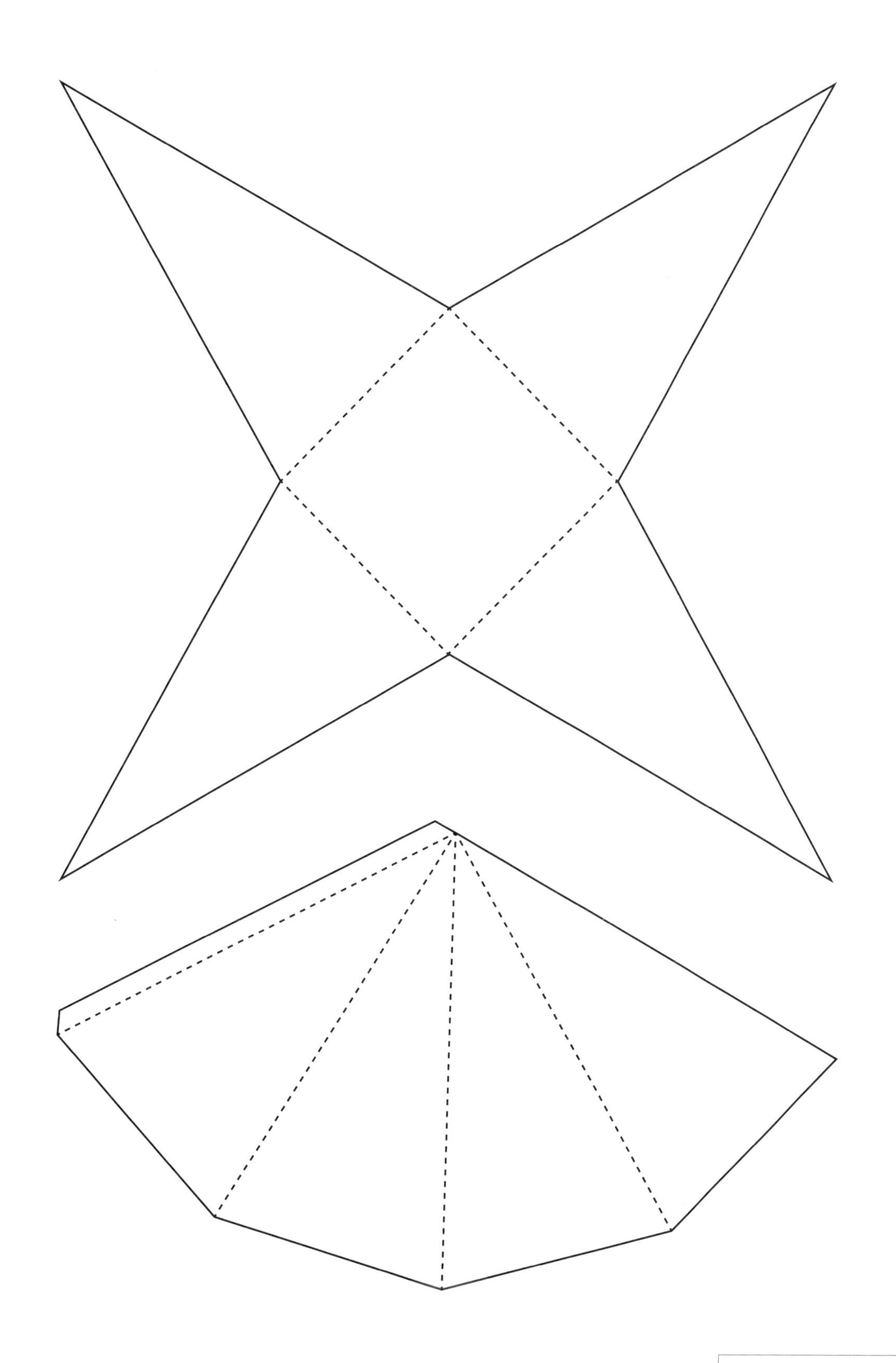

设计师 = Mei Cheng Wang

环保外卖盒

典型的美式外卖盒一般是发泡胶盒，会产生大量不能生物降解的垃圾。这款概念包装设计采用环保的材料，以减少使用塑料袋。分隔板粘在盒子的底部，可以让盒子嵌套起来，方便运送和存放。

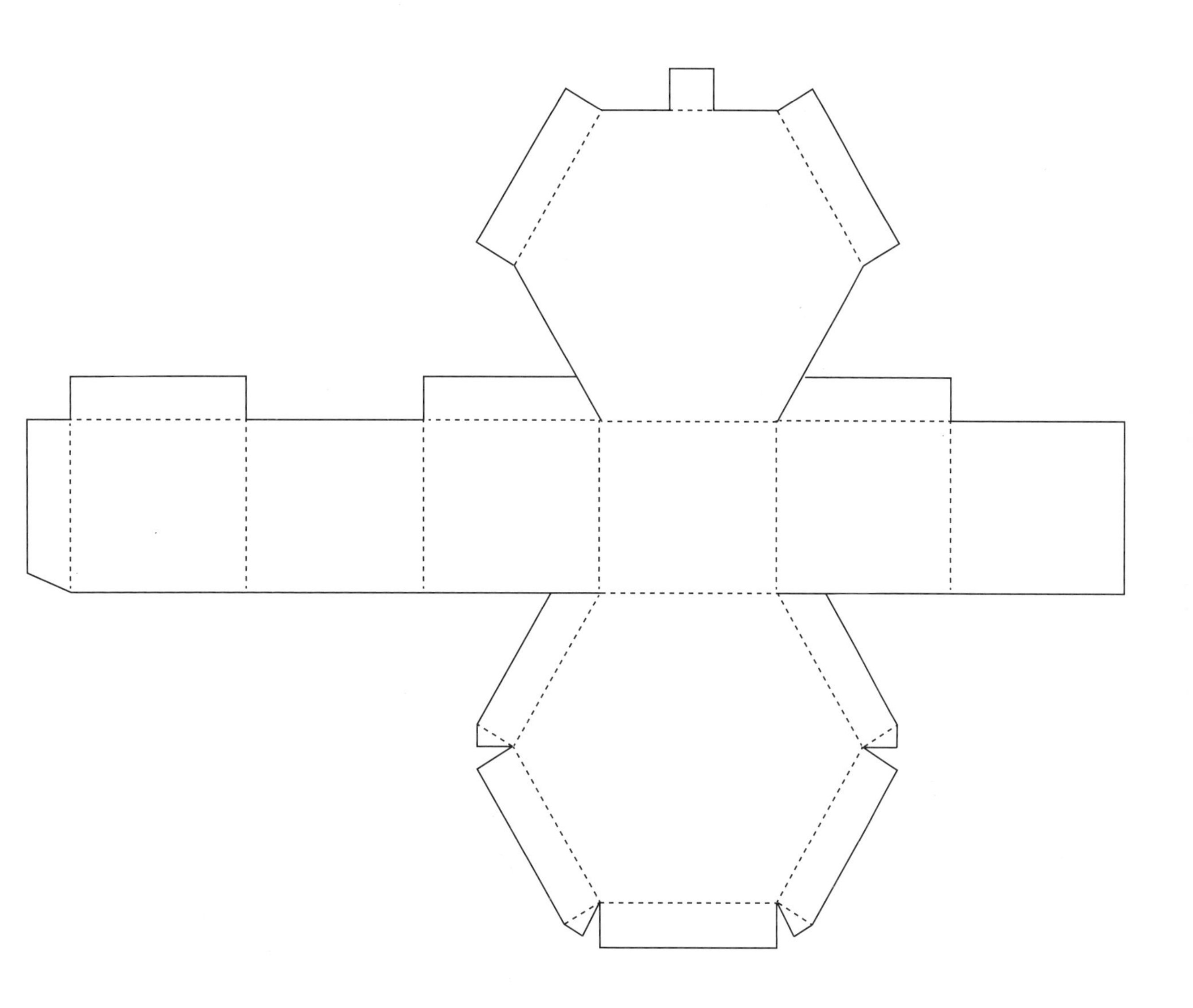

设计师 = JoAnn Arello

Einem 巧克力包装

这是俄罗斯甜点品牌 Einem 的巧克力包装设计，每一个包装盒上的动物图腾对应一种动物精神。包装的设计取材于哥伦布发现新大陆之前的美洲文化中关于巧克力的起源，风格化的图案和简单轻巧的无衬线字体则体现了设计的现代化根源。

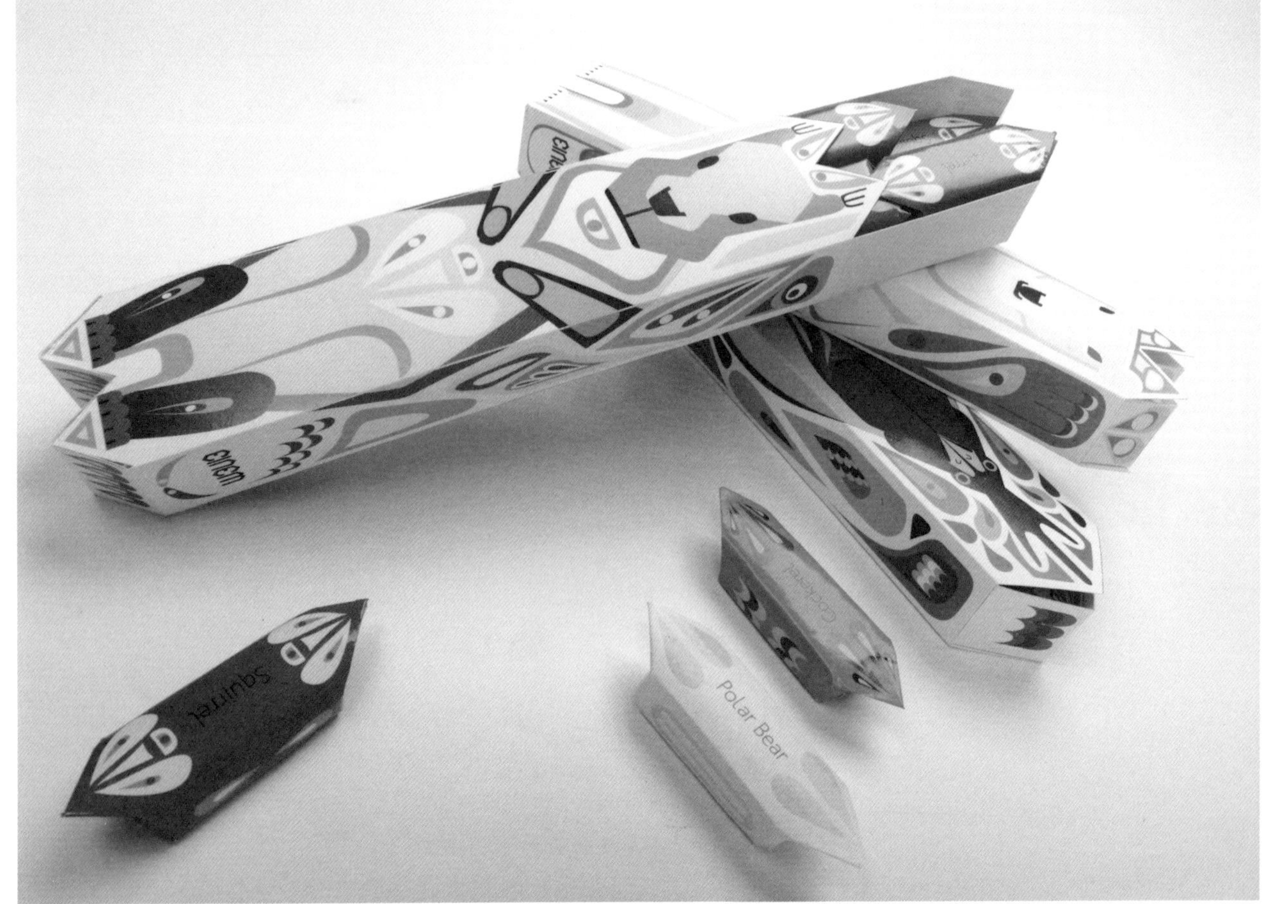

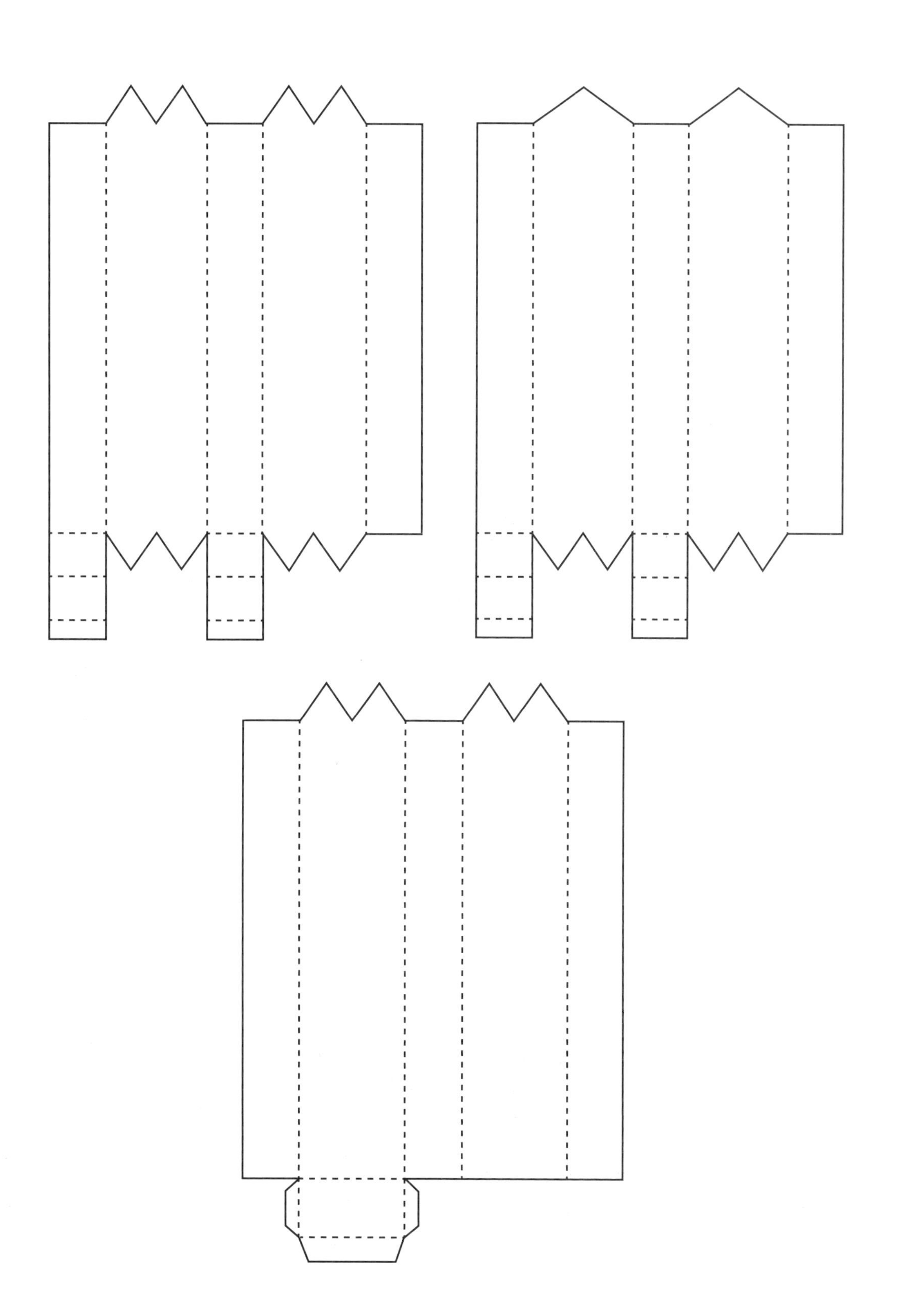

设计师 = Julia Agisheva

NOO DEL! 食用面条包装

该作品的目的在于设计一款可循环使用的包装。NOO DEL! 包装是一款摆在货架上就能夺人眼球的新奇有趣的包装。艺伎图案以及将筷子巧妙用作发髻的创意都深深折射出食物的文化根源。该包装易于携带，而且可以在食用前同面条一起直接放进微波炉中加热。

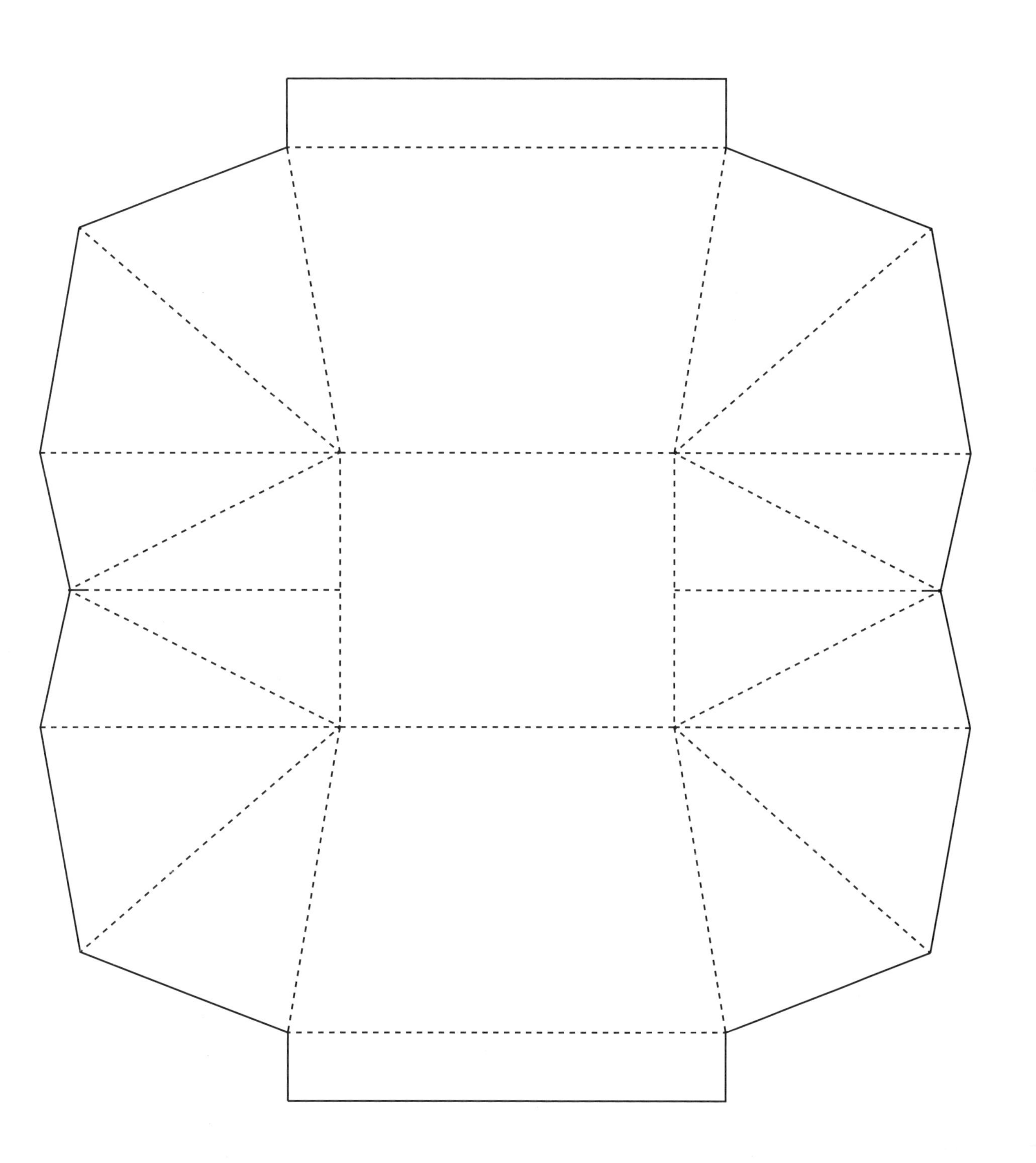

设计师 = Helen Maria Bäckström

源和酱油礼品盒

这款既奢华又时尚的包装是中国台湾源和特制酱油礼品盒的新设计。所采用的瓦楞纸板表达了对产品的高品质追求，而瓶子的设计和手工包装则反映了对传统精神的传承。

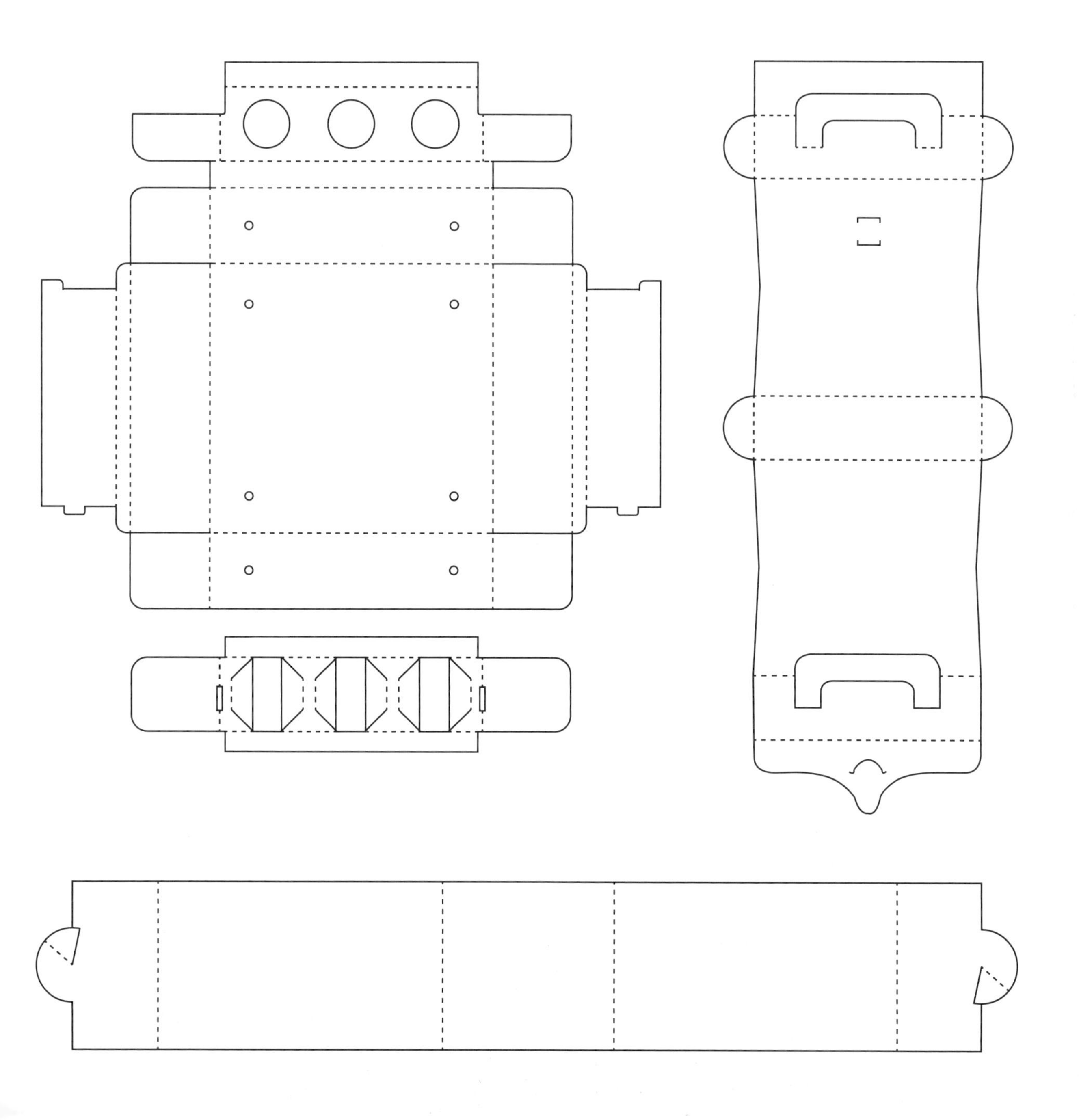

设计师 = Su HaoMin

天然肥皂包装

该作品旨在帮助台湾农民使用剩余的水果作物以及通过生产周边产品寻找新商机。这是一款天然肥皂的包装，盒子上的图形设计运用了植物图案及书法元素，营造了一种自然而精美的感觉。

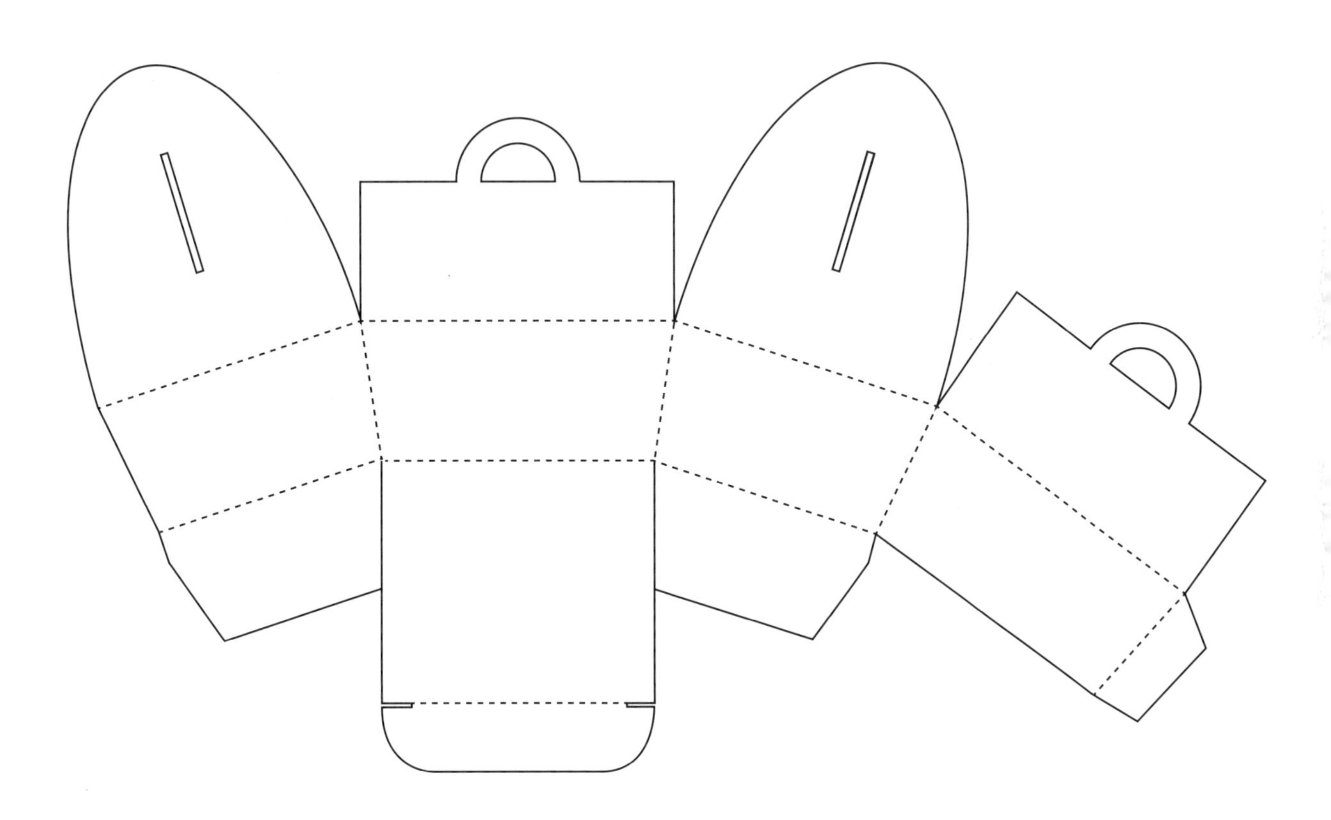

设计师 = Su HaoMin

OBAMITAS 饼干包装

希望、乐趣、欢乐，这就是饼干品牌 OBAMITAS 的理念，商家希望能用最低的成本在相关媒体上推出并宣传其产品。奥巴马在总统竞选中成功运用社交网络媒体，受此启发，OBAMITAS（在西班牙语中意为"小奥巴马"）饼干希望通过在网上进行推广和销售给顾客带来微笑。

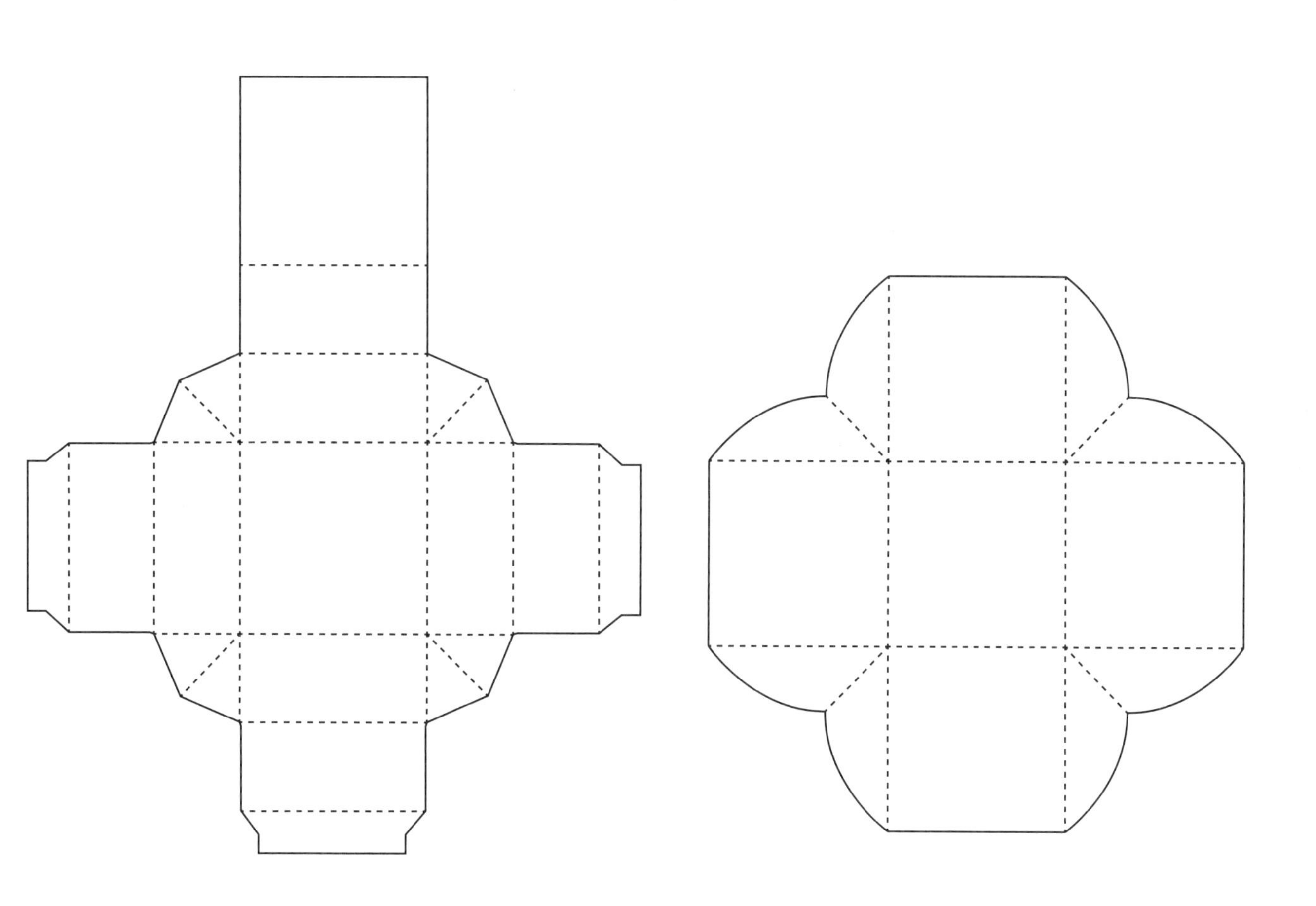

设计师 = Susana Castillo, Fidel Castro

陶瓷品包装

该作品是一个既美观又坚固的礼品盒，用来放置瓷制的茶杯和茶托。不过灵活的设计使该包装也适合放置其他产品。有趣的外观设计的灵感源于实用性极强的内部结构，可以将产品牢牢固定住。外盒易于打开。盒子的图案由荷兰著名摄影师 Theo Alers 设计。

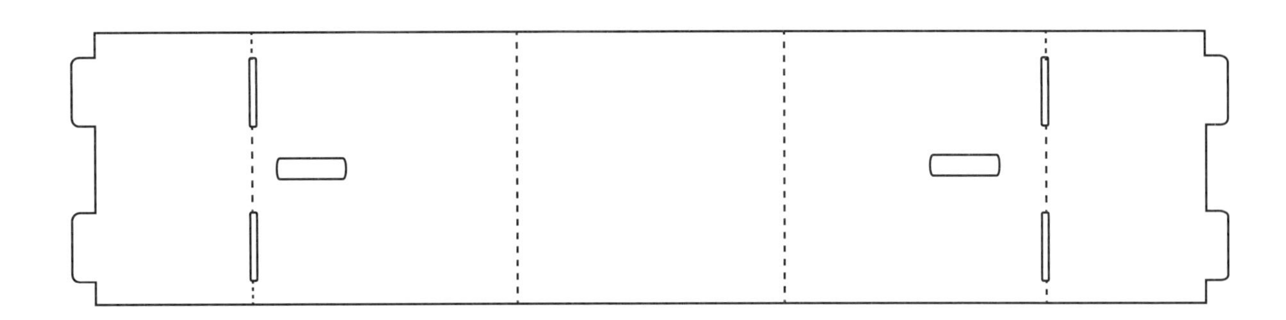

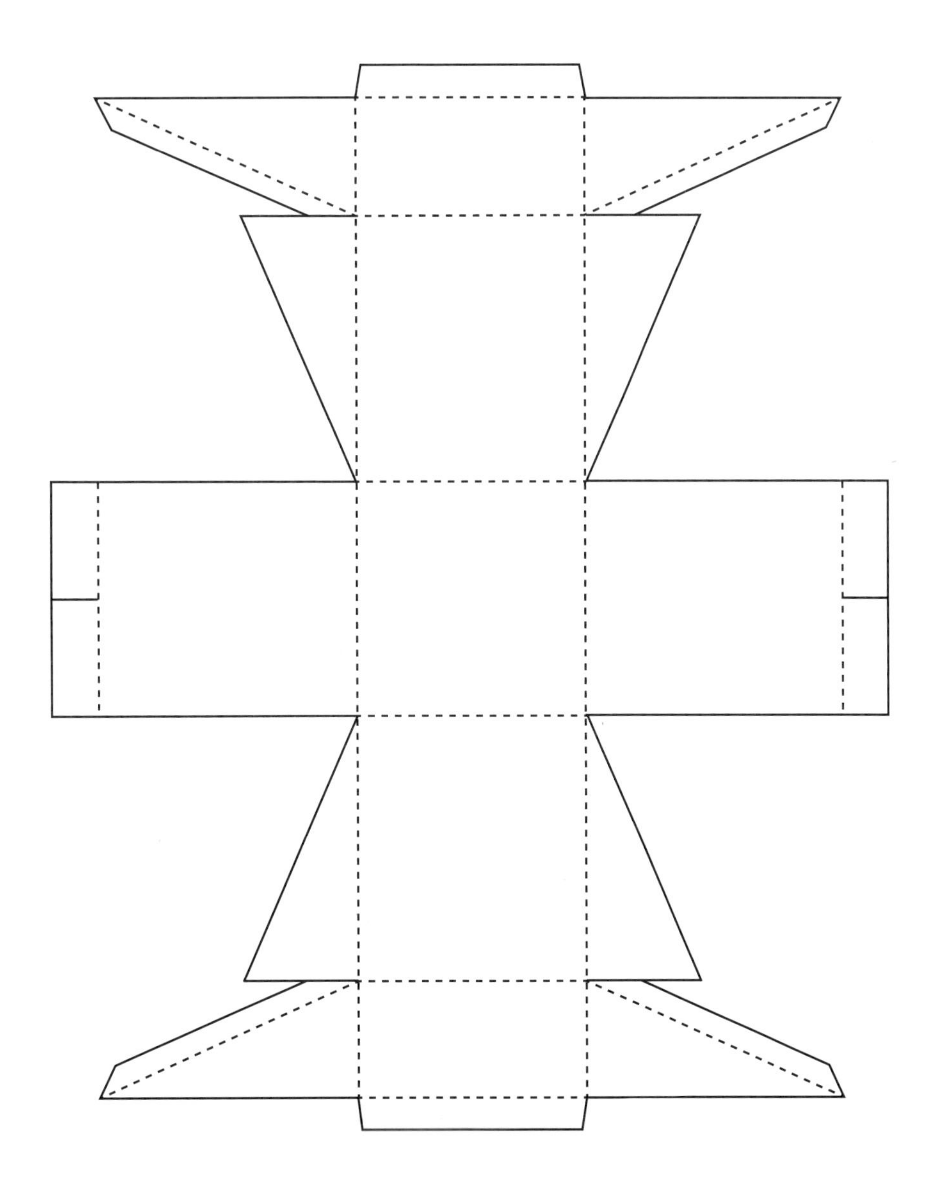

设计师 = Phil Wareing

手工香皂包装

设计师从复古风格以及手工制作的香皂本身汲取灵感，香皂的成分通过包装上幽默有趣的图案展示出来。这款设计便于包装和运输，有利于公司促进销售。

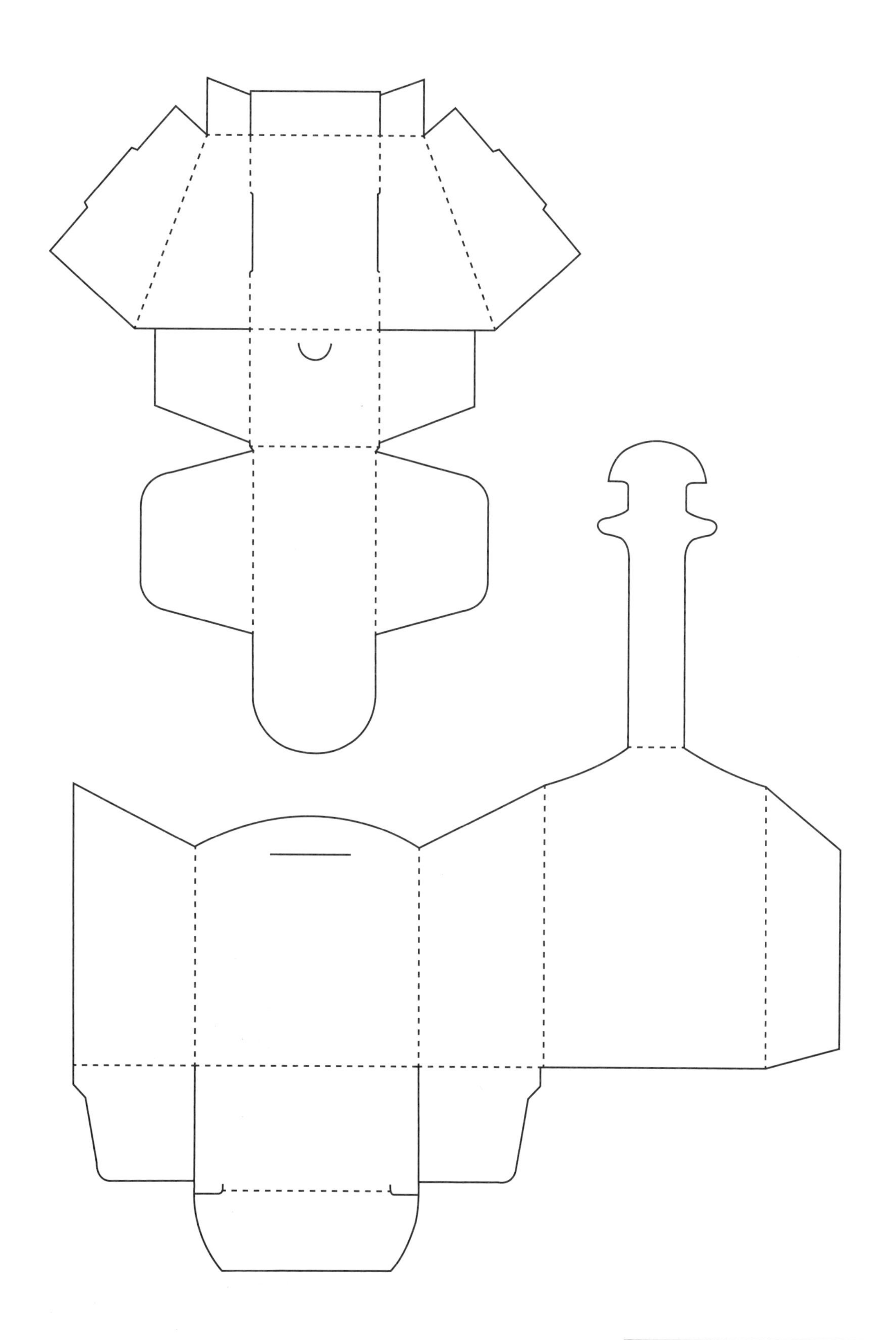

设计师 = Taja Dockendorf, Sara Rosario

LUMBER 多功能衬衫包装

该包装的设计灵感源自木材的形状，并通过运用木材实用性这个概念建立纸张消耗和生产的主张。这些包装最独特的地方在于它们可以转变成衣架、杯托、存钱罐或者储物罐。衣架和杯托这两个物件均刻有品牌标志，而且当两枚纸片合并在一起形成一个杯托时，一个漂亮的年轮图案便清晰可见。

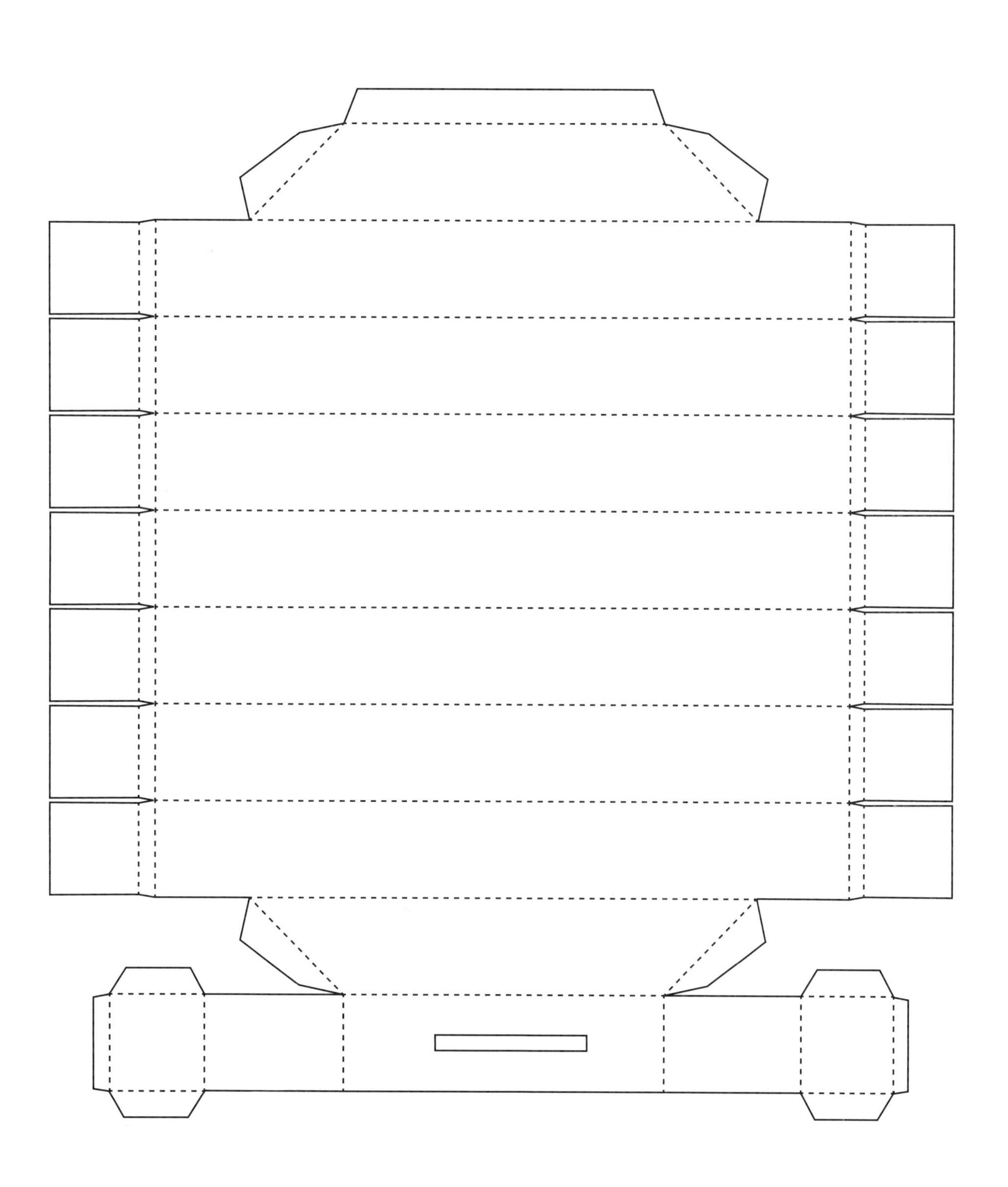

设计师 = Sandra Elizondo

日本糖果包装

这是一款糖果包装，精心挑选的纸质材料模仿风吕敷（一种传统的日式便当包裹布）效果。空的包装盒可以展平，便于存储。当将糖果放进盒子后，可以用封条固定。

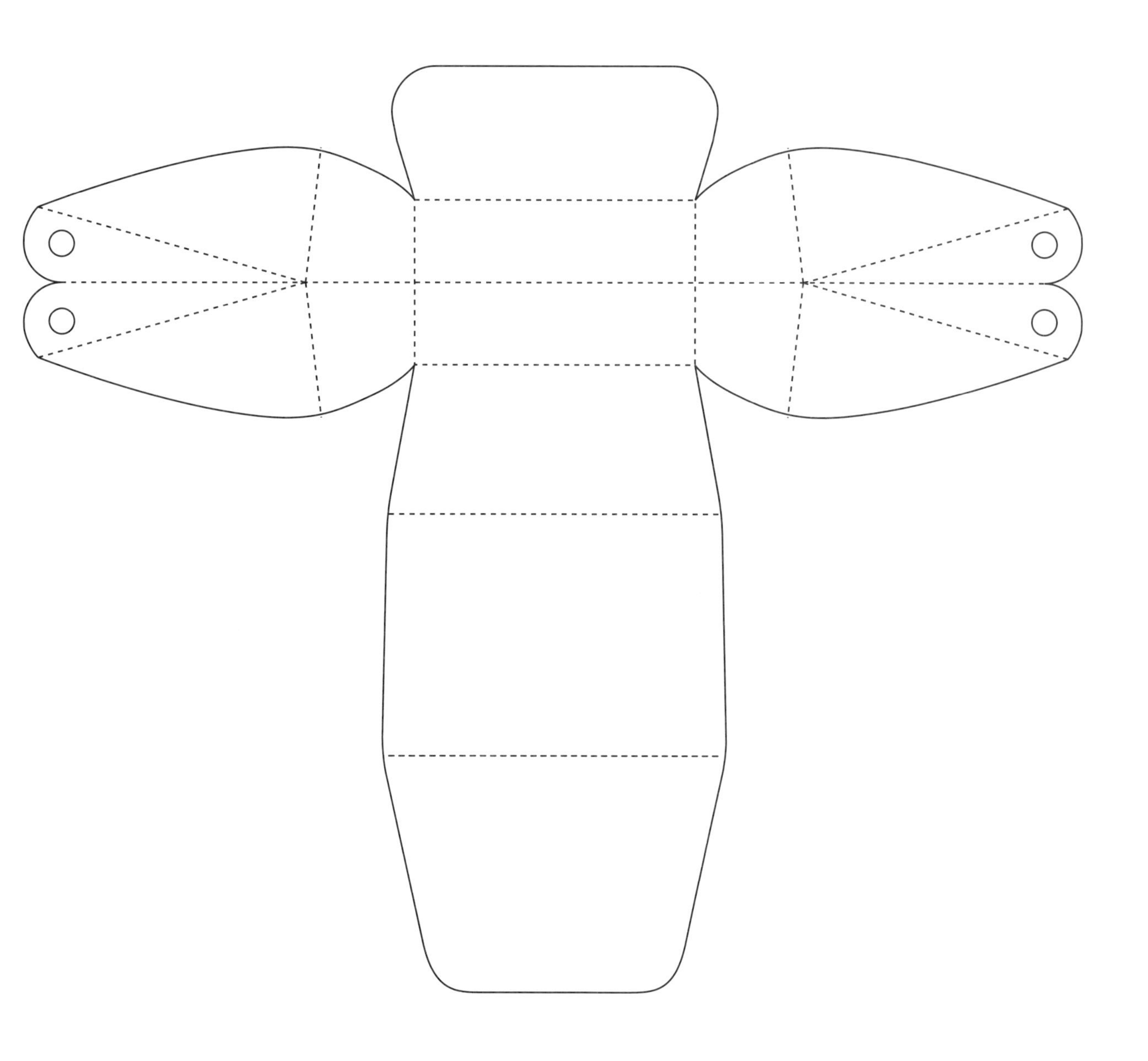

设计师 = Hada Tomoko

niobe 护肤品包装

该作品旨在为一款彩妆产品设计品牌形象和包装。手提袋般的包装设计突出了该品牌细腻柔和的女性特征。

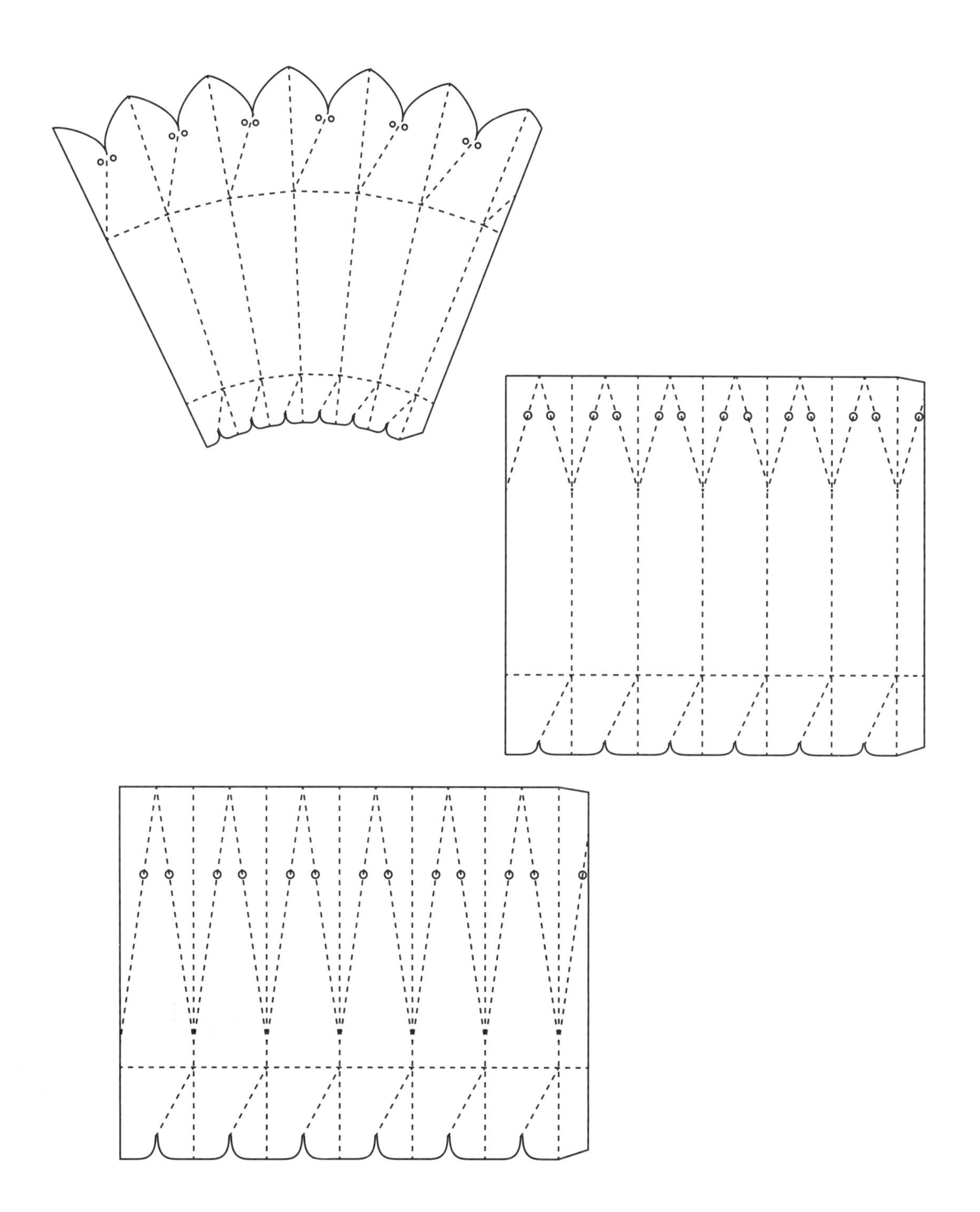

设计师 = Yana Carstens

kiwi 礼品包装

kiwi 是一个礼品品牌，主要制作与众不同、色彩缤纷的礼物。此款包装需要符合产品的精神，并能凸显公司对每个产品的独具匠心。另外，包装也达到了可以运送纸型（papier-mâché）动物的要求，这需要包装足够坚硬，并且有一些可以让空气流通的小孔，使产品能够干透。

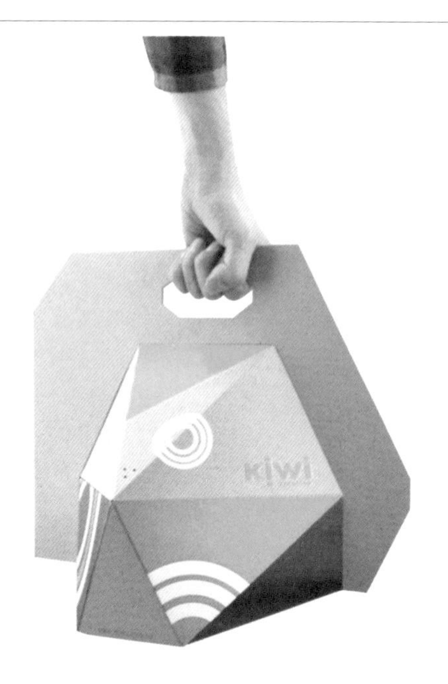

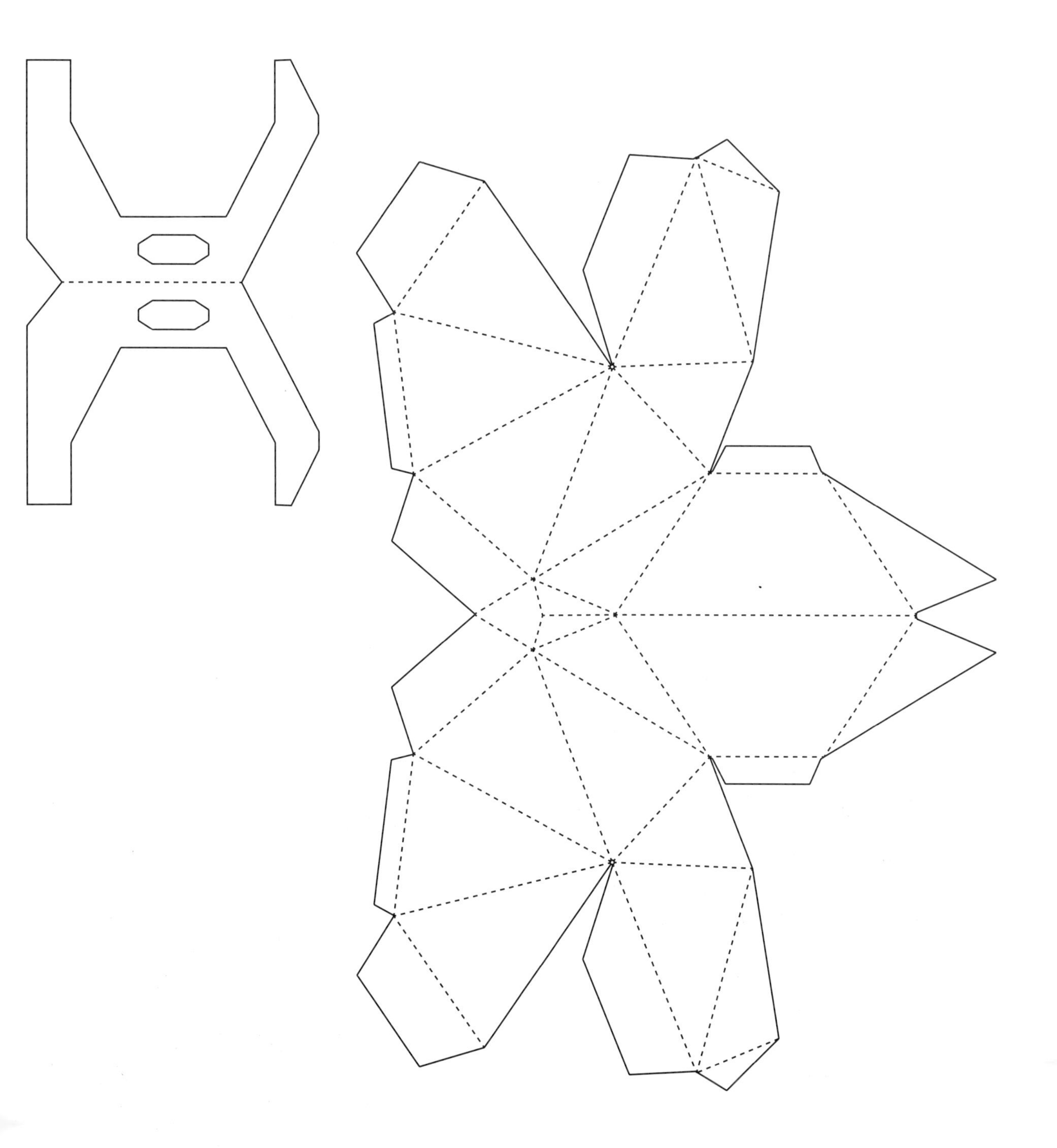

设计师 = Rezo Gamrekelidze

NIKE 眼镜包装

创新的眼镜技术需要创新的包装设计。这款包装的核心价值在用户打开盒子的一瞬间就能体验。当把内盒从外盒中抽出，露出放在里面的眼镜盒以及配件时，盒子顶部的打孔处就会交替隐藏和显现绿色矩形条。

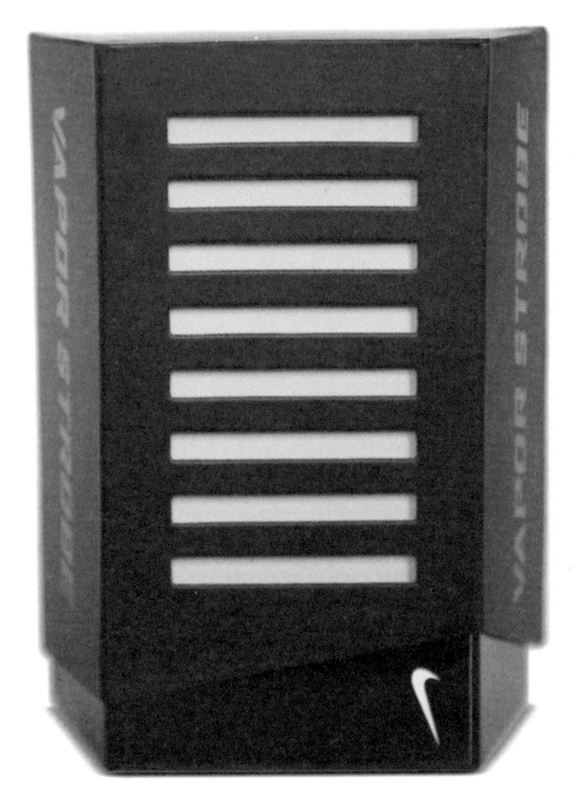

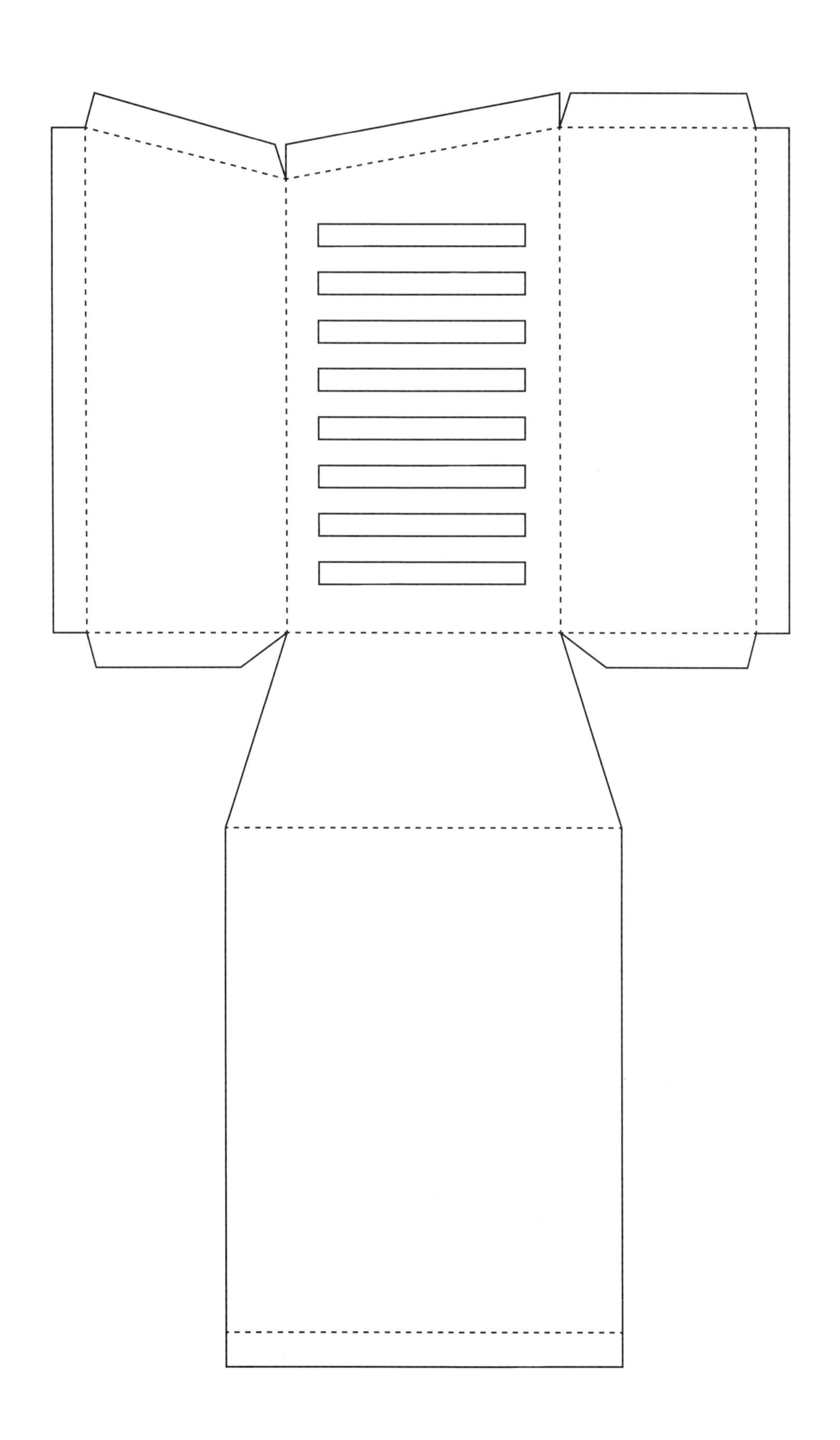

设计师 = James Owen Design

Paulin's 五金物品包装

这款包装是 Paulin's 五金紧固件的概念再设计，这些五金紧固件都采用了百分之百可循环使用的材料。盒子的美感在于融合了个性、功能性和重复使用性。多个盒子互相连接可形成一个仿佛定制的储存器，每个盒子也可以内外翻转，变成一个可以在家中使用的纯色容器。盒子由一张纸构成，没有使用任何黏合剂，且便于运输或平放。

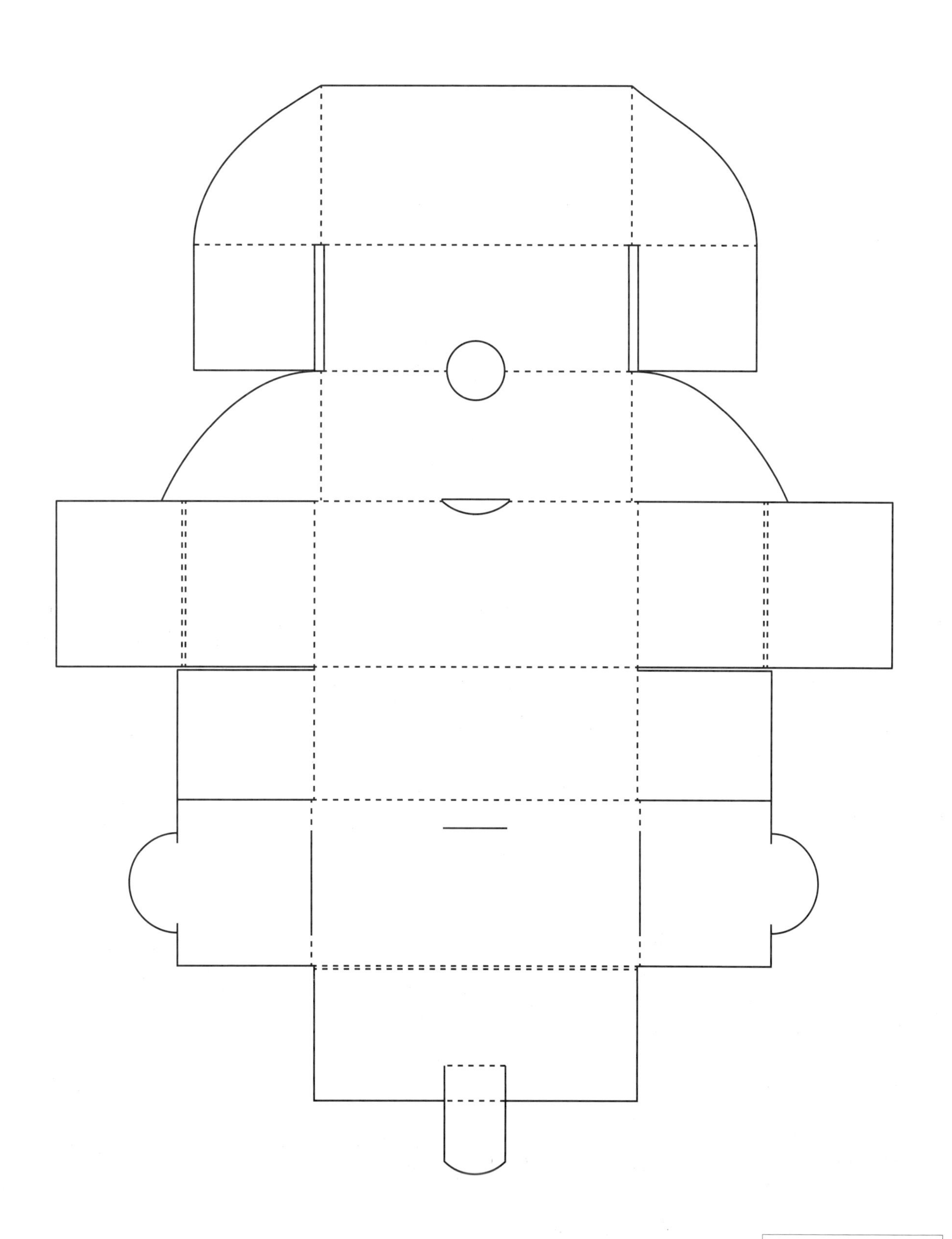

设计师 = Man Wai Wong

葡萄酒包装

此款包装设计的初衷是为了凸显酒瓶而不是把它藏在盒子里。另外，设计师也希望该包装可以增加手提功能而省去手提袋的使用。此款包装所使用的材料十分经济，其形式简洁大方，而且它将储存、展示和携带葡萄酒变得更加方便。

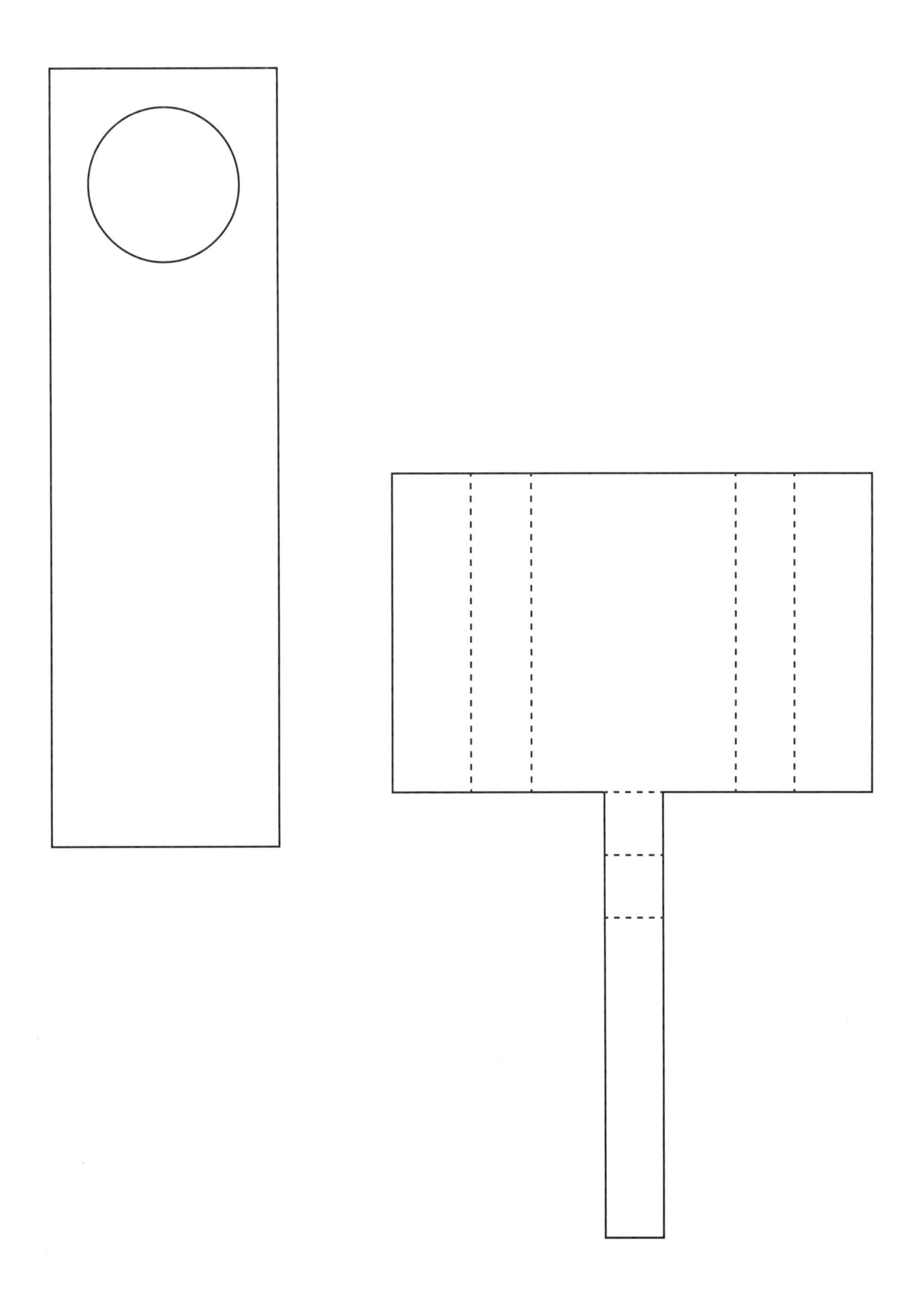

设计师 = Marin Balaic, Boris Matesic, Tanja Topolovec

pa, oli i sucre 特色小吃包装

这款加入了现代元素的新包装旨在改造这个传统的加泰罗尼亚小吃，让顾客无需打开包装就可以看到美食，并且在路上奔走时也能轻松品尝。无需任何黏合剂的一体式结构使包装变得经济环保。

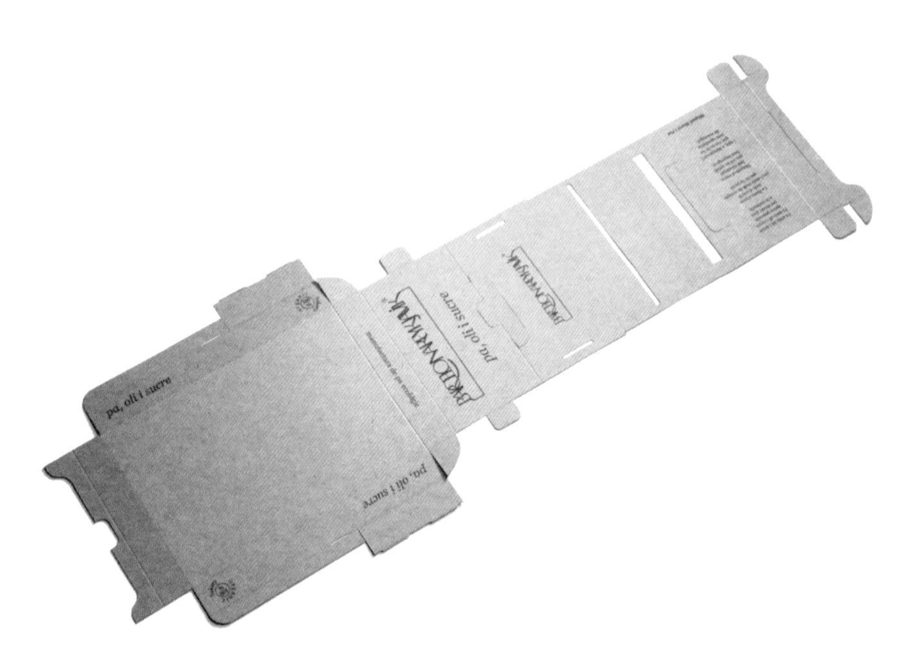

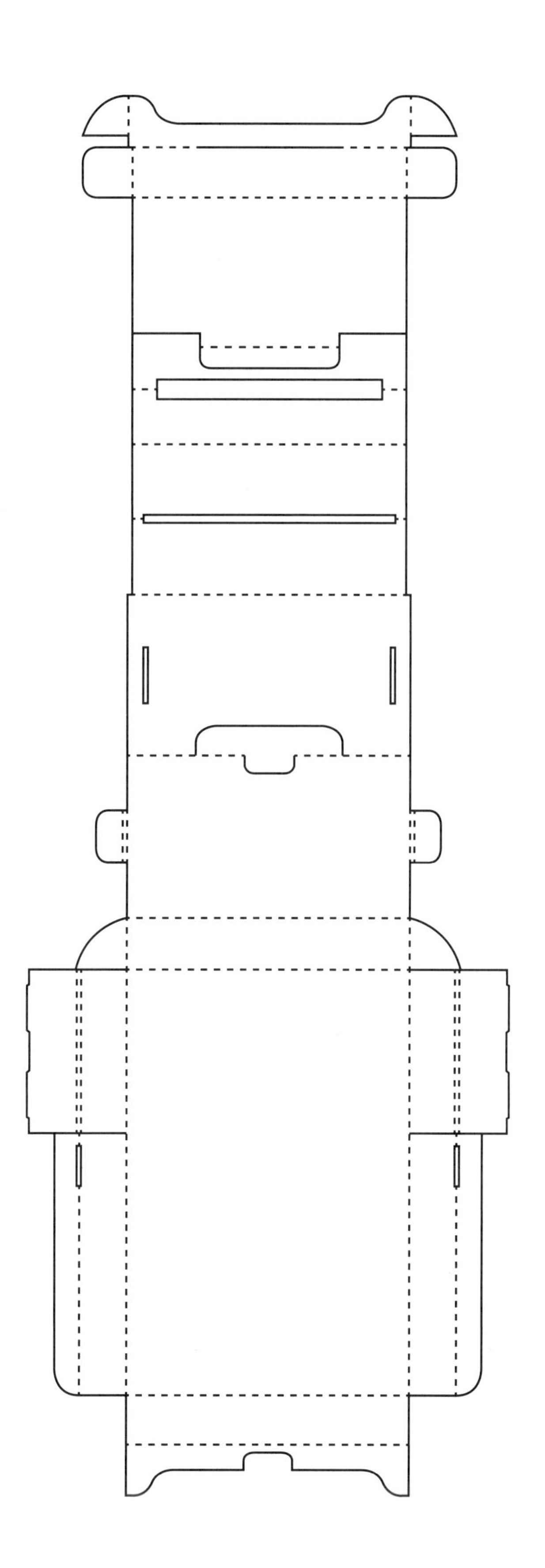

设计师 = Sergio Ortiz Ruiz, Lluís Puig Camps

花束包装

一张纸可能是包扎花束最简单的材料了。该包装采用一张具有防水性能的纸，表面是棕色的，上面印有品牌名，里面则是白色的，印有一些如何照料鲜花的贴士。这样看来，这也算是商家与顾客的一种交流。

设计师 = Helena Gyllensvärd

Vinkara 气泡酒包装

一般来说，全世界的香槟和气泡酒主要由法国最受欢迎的白葡萄和深色葡萄酿制而成。但土耳其酿酒商 Vinkara 决定独树一帜，用他们自家庄园生产的 Kalecik Karası 葡萄酿制 YAŞASIN 气泡酒。这款形态优雅、结构灵活的包装也彰显出了将传统与非常规思维完美融合的特点。

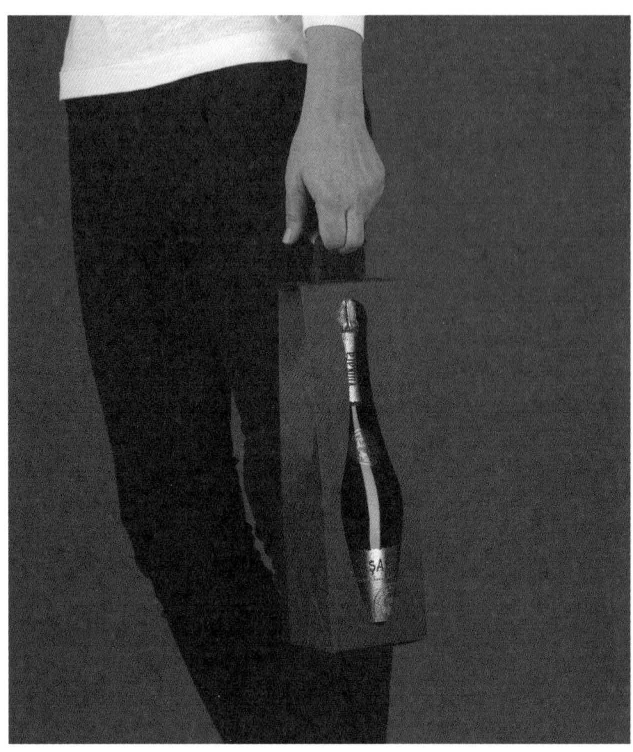

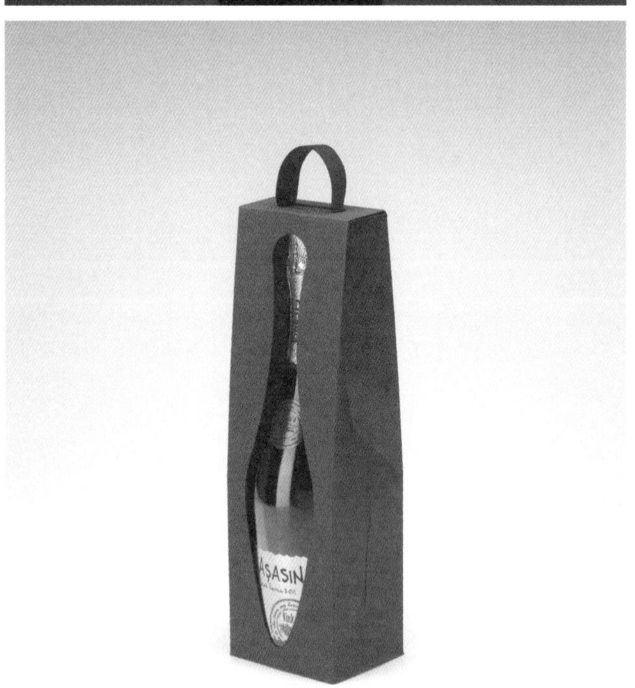

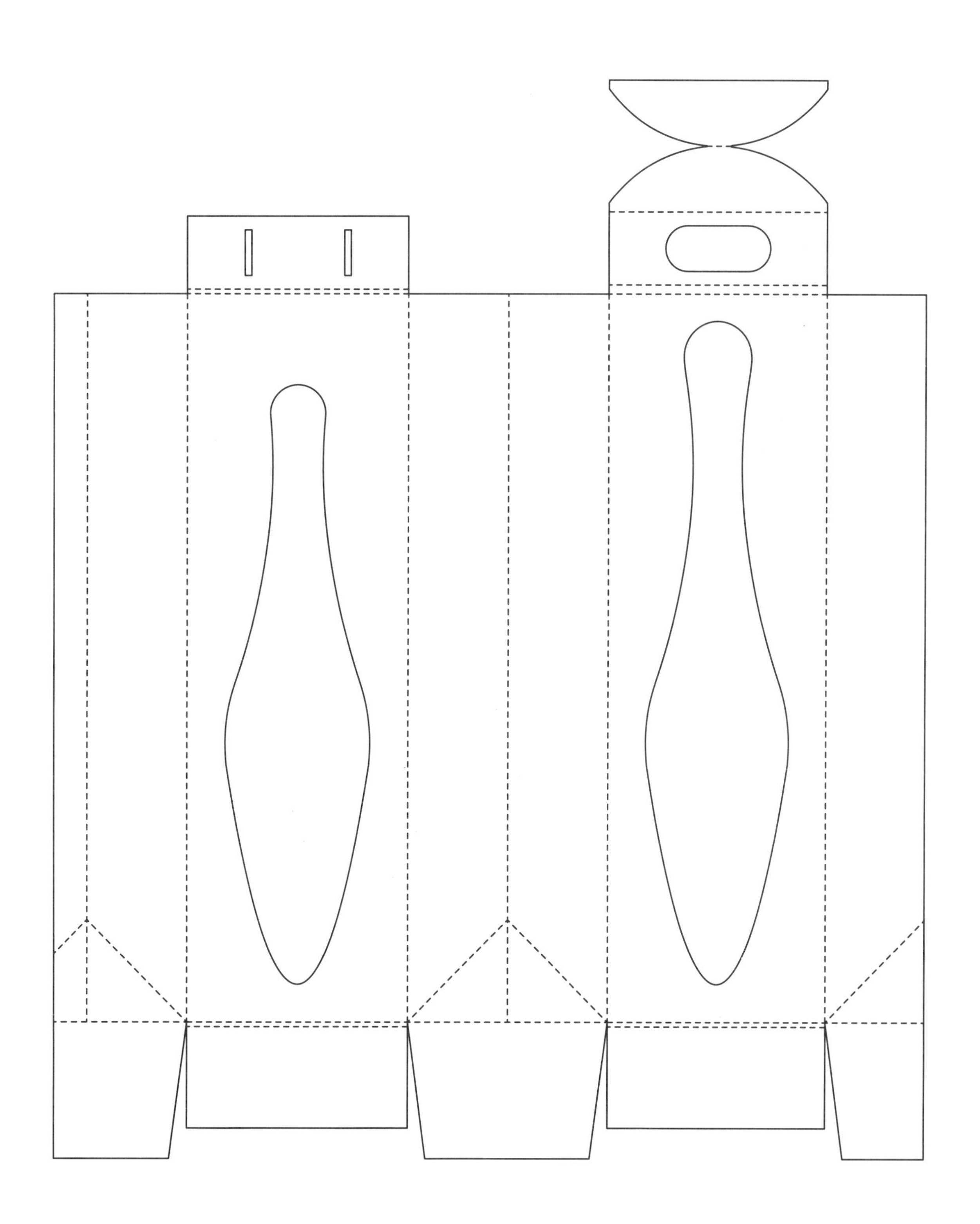

设计师 = Ye im Bakırküre

牛皮纸鸡蛋盒

这是一款鸡蛋包装设计，其设计灵感源自蜂箱的结构。由于六边形结构和其他结构相比能更好地承受重量，因此大大地提高了盒子的强韧度。盒子由未经加工、韧性极强的牛皮纸制成，无需胶水便可组装，十分环保。

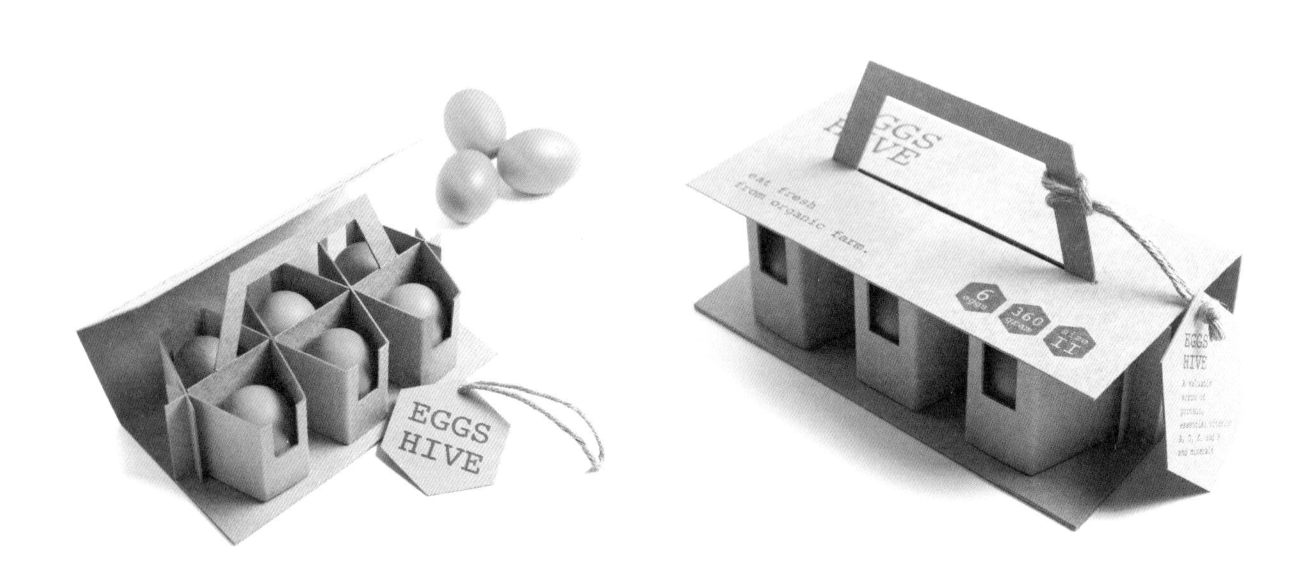

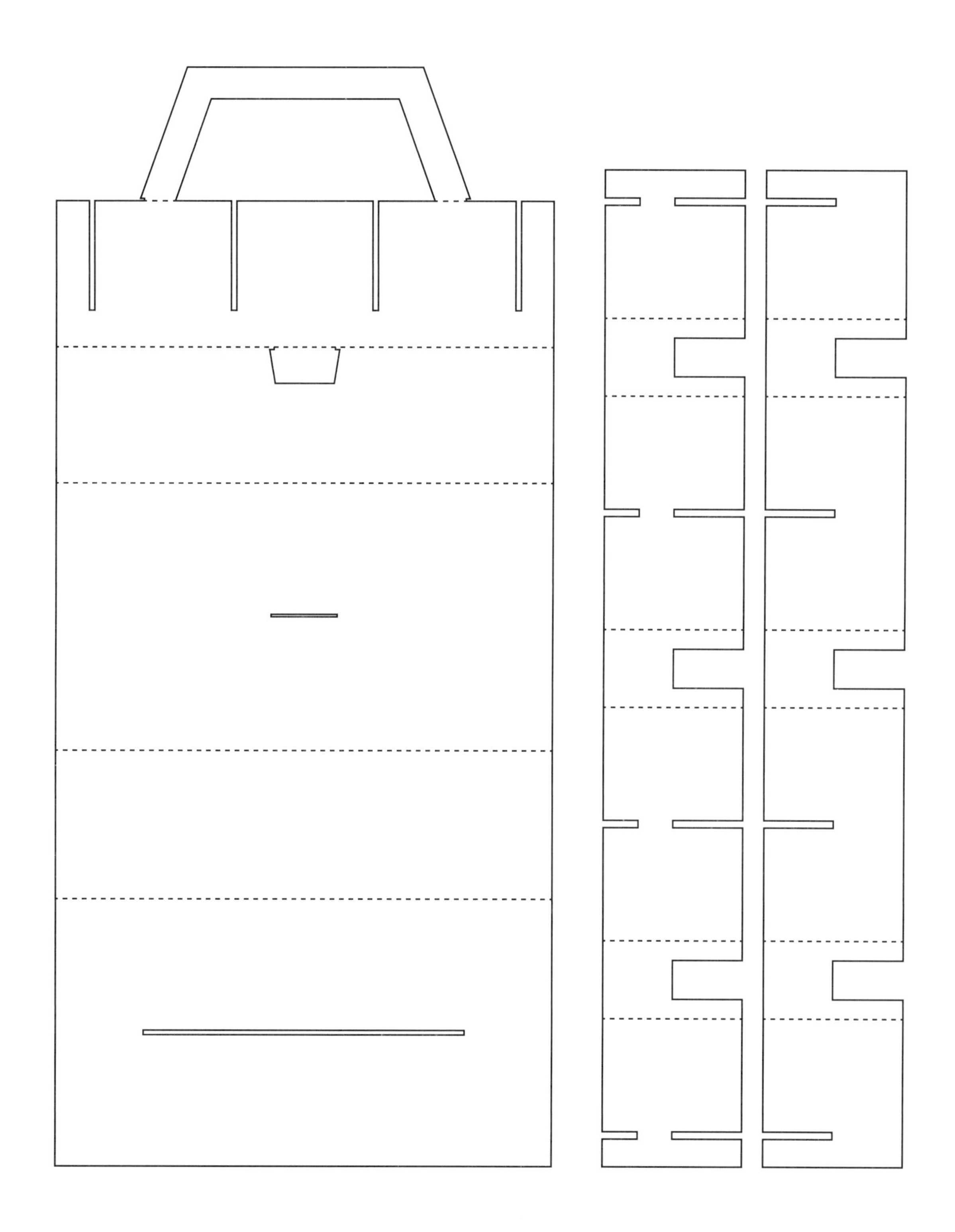

设计师 = Chaiyasit Tangprakit

鲫鱼寿司包装

这款包装设计大方得体地将日本滋贺县的传统名吃——鲫鱼寿司展现在大众面前。当袋子中装了东西后将顶部往上一拉，中间的细缝就会形成像渔网和鱼鳞的图案，也会让人想到许多鲫鱼寿司堆放在木桶里的情景。此款包装值得一提的还有像鱼鳍的提手。

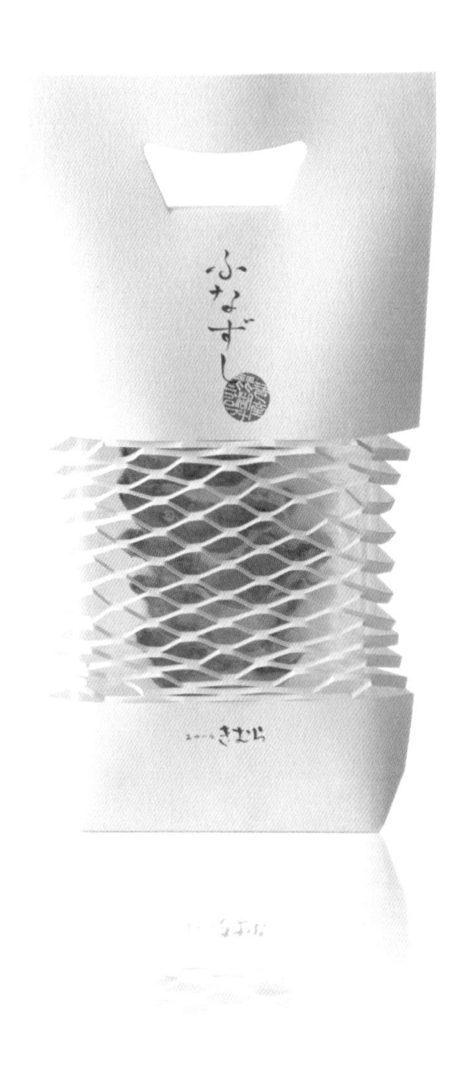

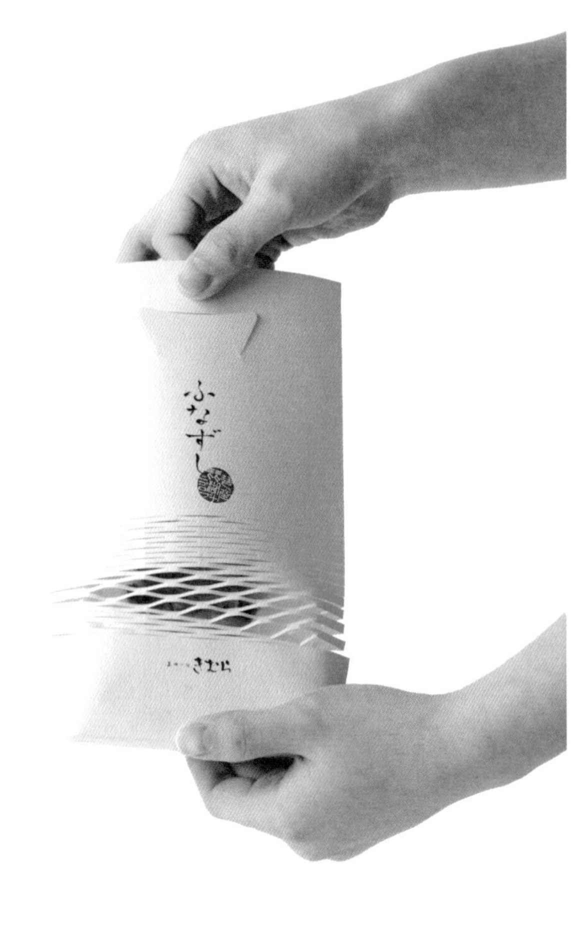

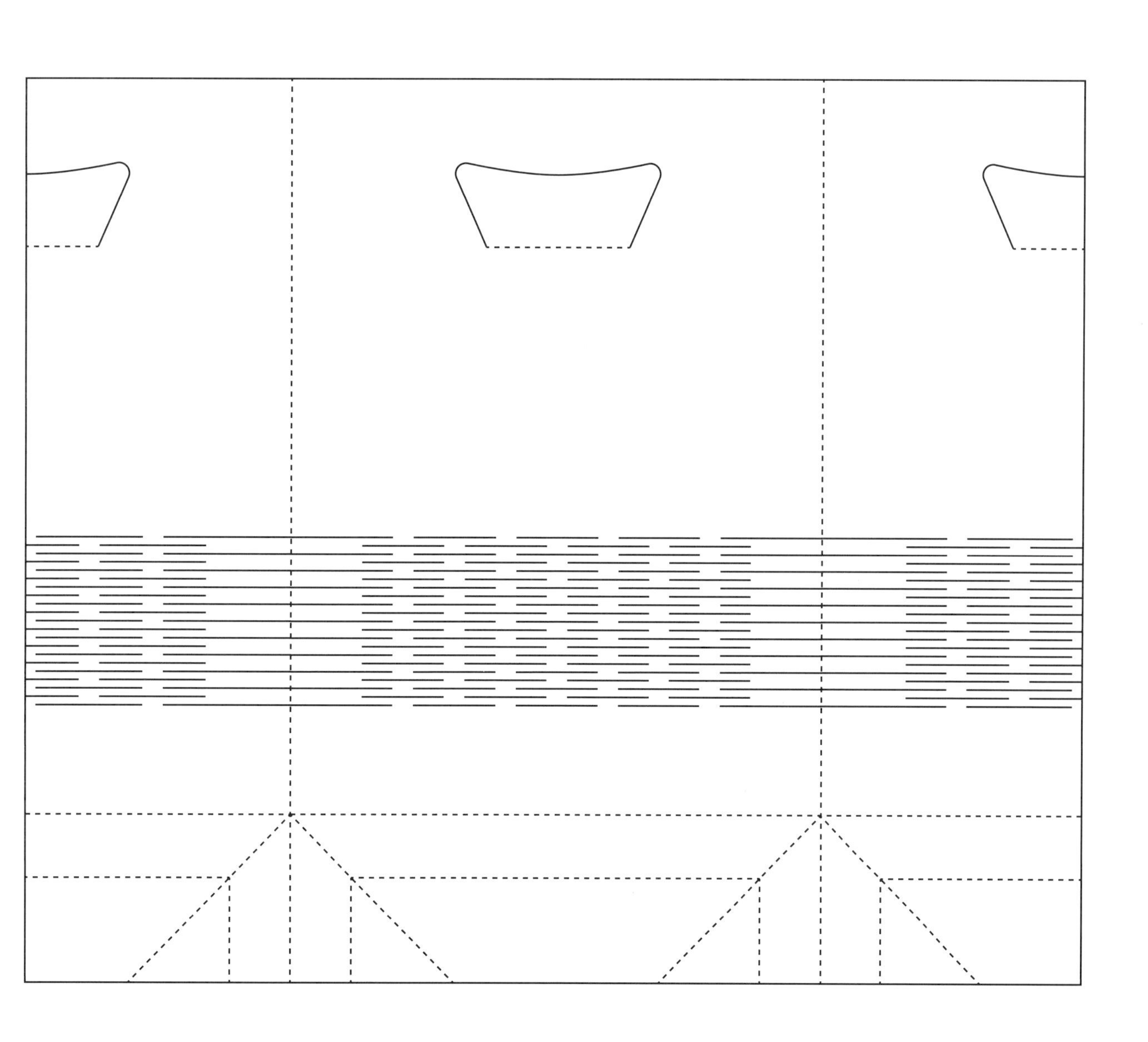

设计师 = Shuji Hikawa

MULBERRY 家居用品包装

该包装效仿了时装设计中运用的轮廓、色调和结构。盒子上的折叠效果既美观又具有实用性，可以固定放在里面的物品。这一系列家居用品包括一个茶杯、一个茶托、一个匙子和一个滤茶金属球。

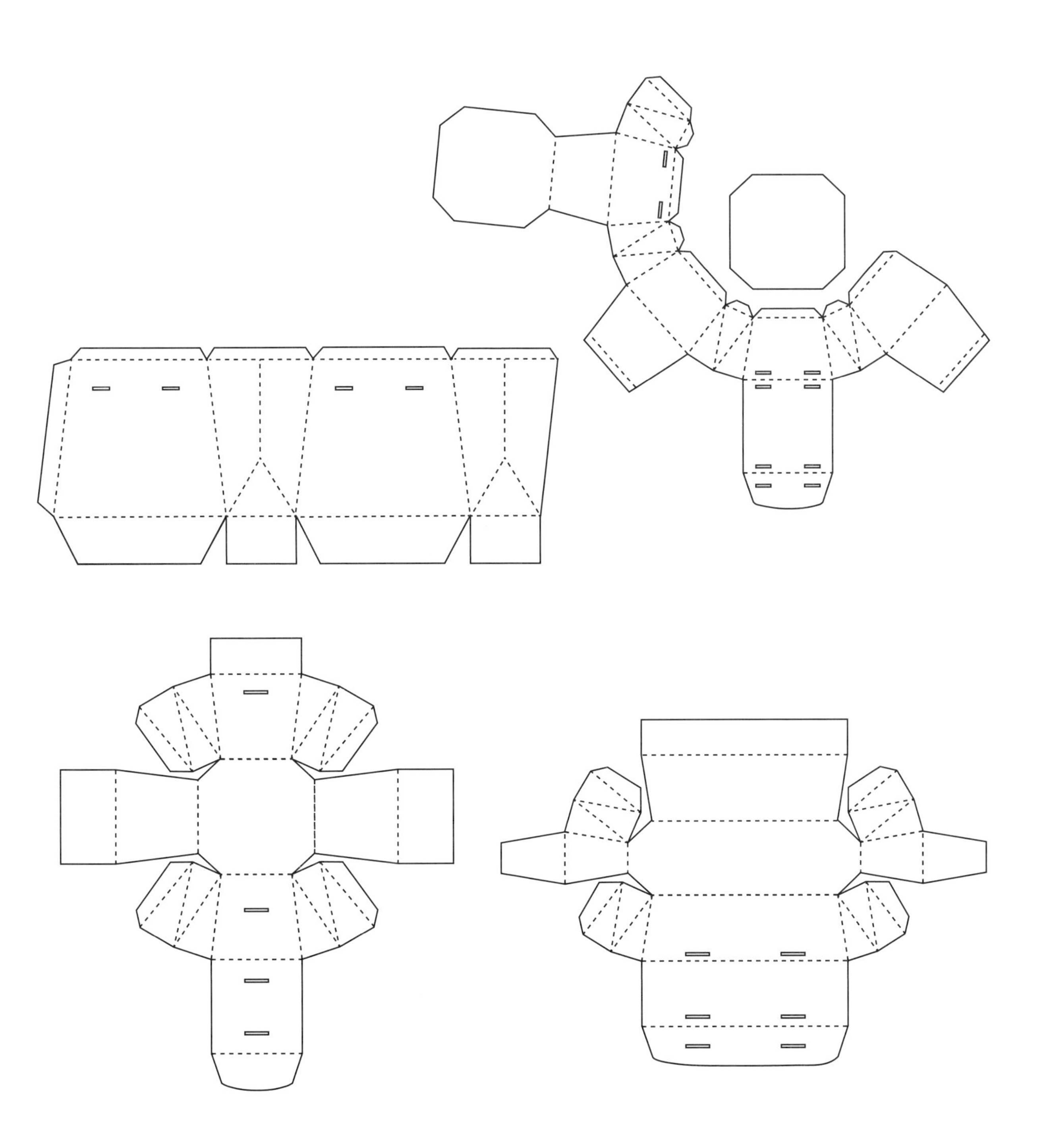

设计师 = Amanda Brennan

手工茶包装

TÉ QUIERO 在西班牙语中意为“我想喝茶”，但巧妙的是，它与西班牙语的“我爱你”读音十分相似。该包装的设计师因此顿生灵感，设计出一款可以唤起爱意并带有一种情感意味的包装。包装盒采用花蕾的样式，其形状代表茶的种类；当“开花”时，每片花瓣上手工制作的茶包便展现在顾客眼前。

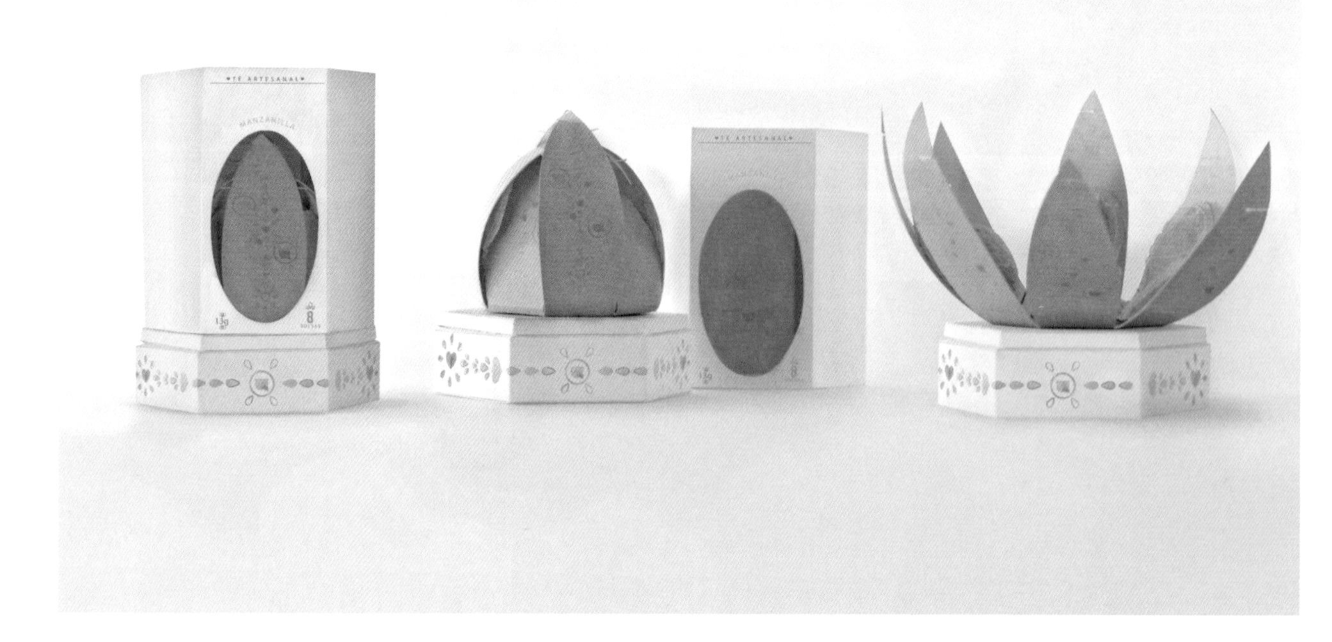

设计师 = Daniela Hurtado Caicedo

日本料理盒

该包装由四个装开胃菜和主菜的盒子、两个装甜点的盒子、木质筷子和餐巾纸组成，所用材料来自有名的美术纸生产商 Canson。设计师旨在为日本料理设计一款优雅、不落俗套的包装。

设计师 = Sergio Ortiz Ruiz

photoy 玩具包装

该作品旨在突出一款风靡 20 世纪 80 年代的玩具的信誉和质量。它由波纹纸板和荧光卡纸构成，同时也包含两个磁铁开关和一个挂钩，方便在销售时展示产品。

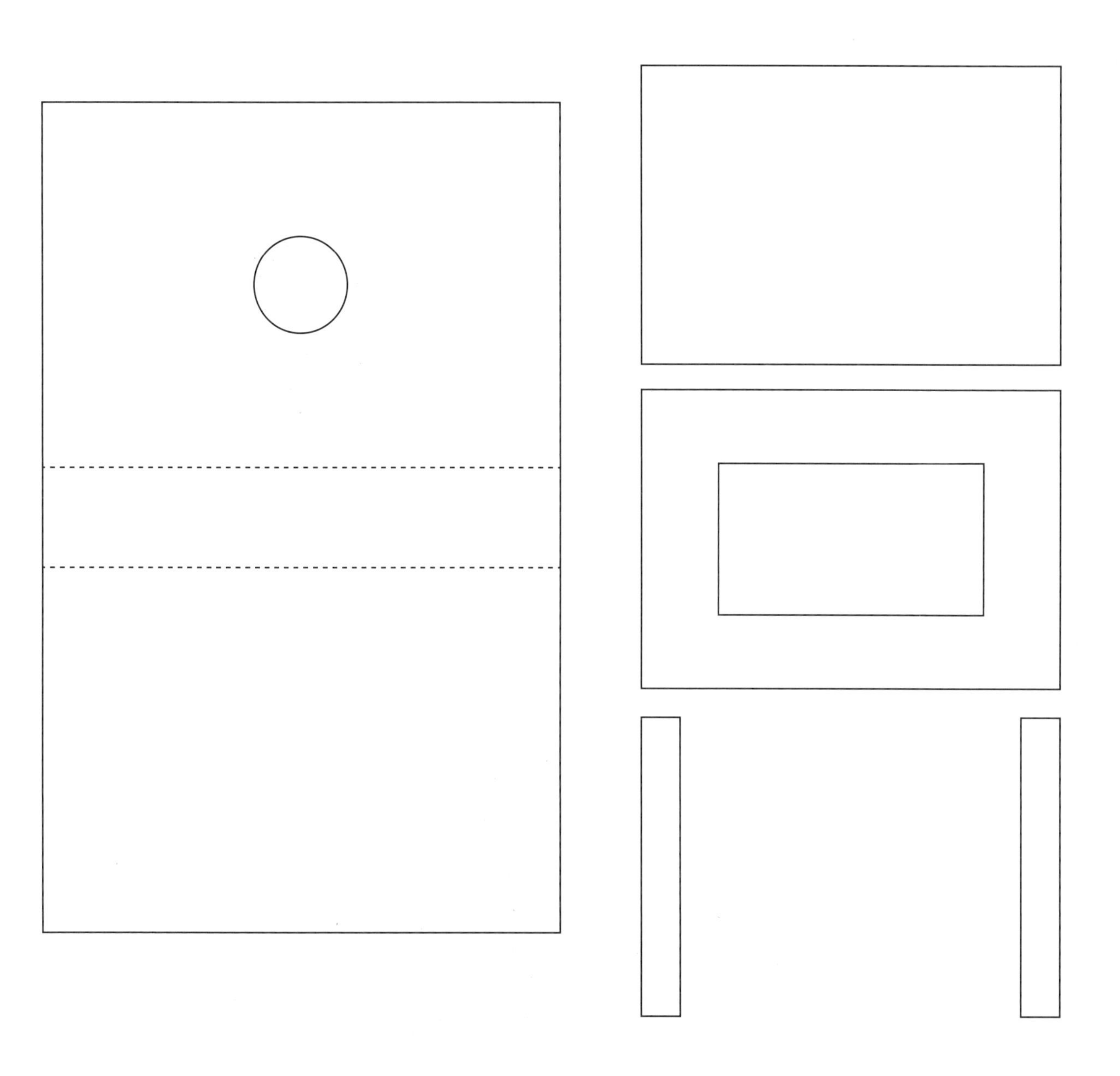

设计师 = Sergio Ortiz Ruiz

手机包装

设计师相信打开盒子的过程可以加强品牌体验。该设计的目的在于在手机包装打开后为其赋予第二次生命。包装打开后，盒子中的部分结构可以转变成一个手机底座。

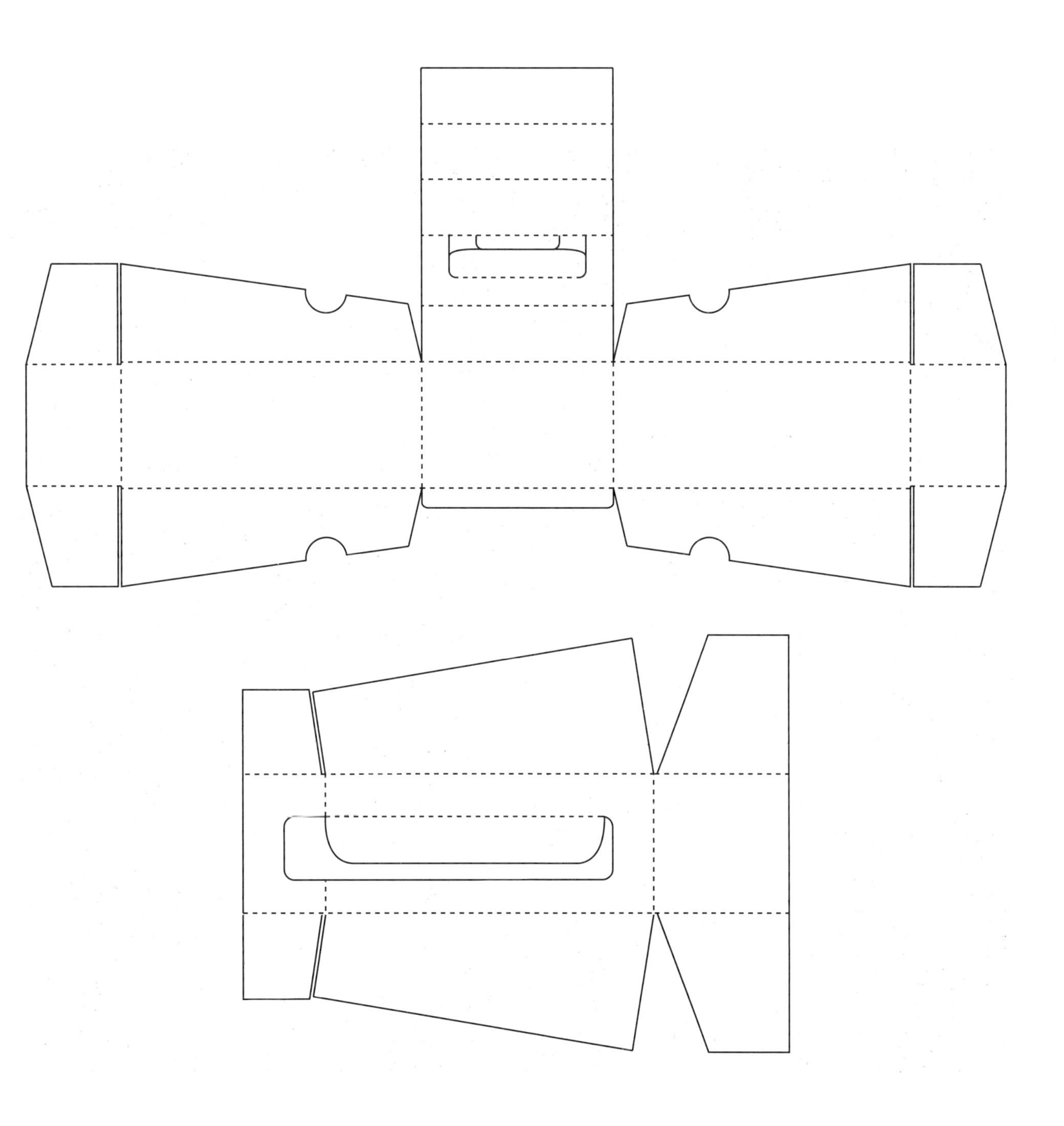

设计师 = Andrew Zo

blanc 美食包装

blanc 是一个美食品牌，旨在为顾客提供一种超越味觉的体验。该包装体现了这个奢侈品牌的核心价值：创新、优雅、卓越。

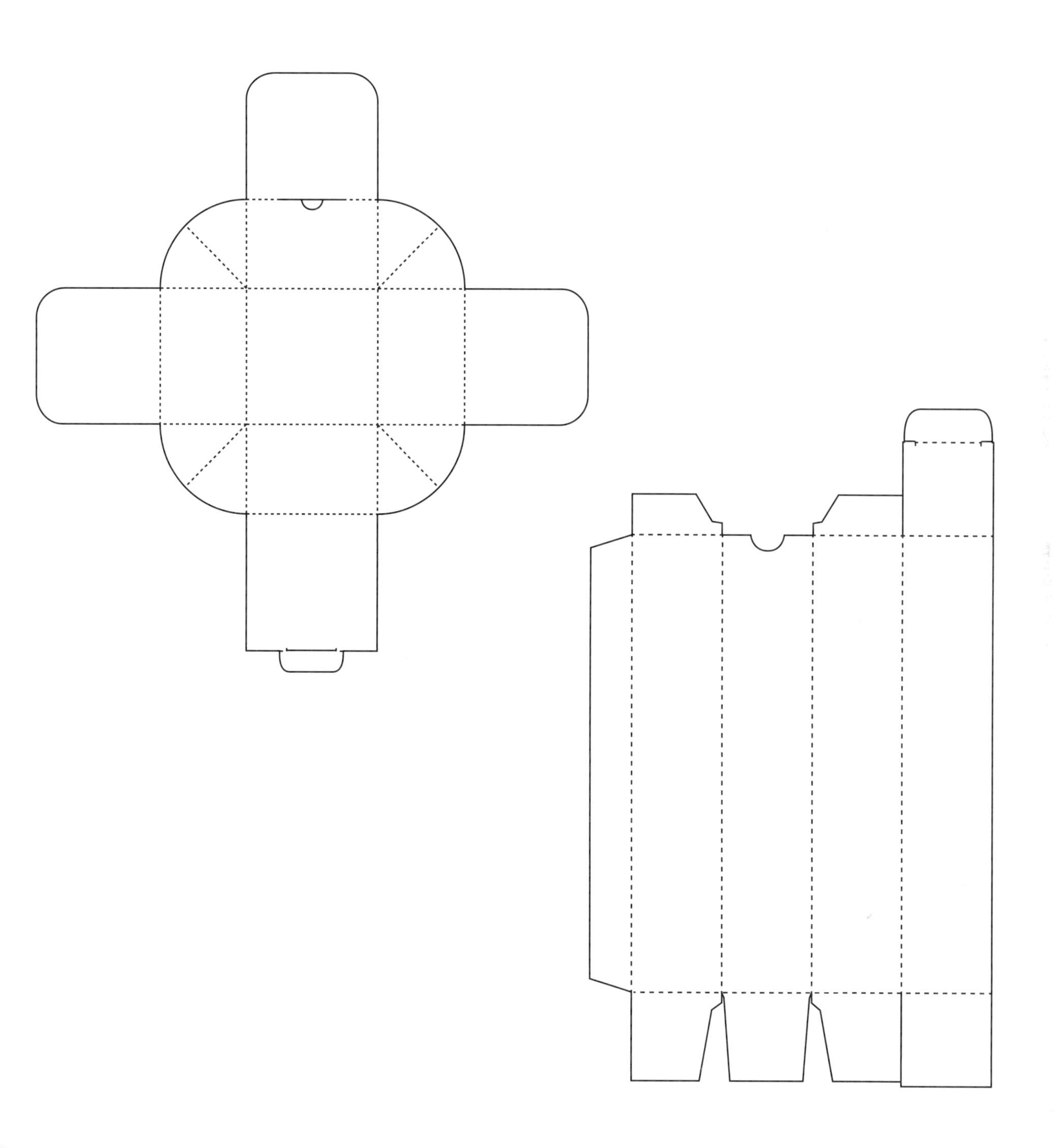

设计师 = Fildel Castro

OLDWHEEL FARM 奶油糖包装

OLDWHEEL FARM 是一个虚构品牌，基于传统和有机的理念生产食品。这一设计是为该品牌其中一款产品开发的包装模板，它对复古牛奶罐进行了全新的演绎。设计目标在于将传统理念与当代形式结合起来，使包装独一无二又富有意义。

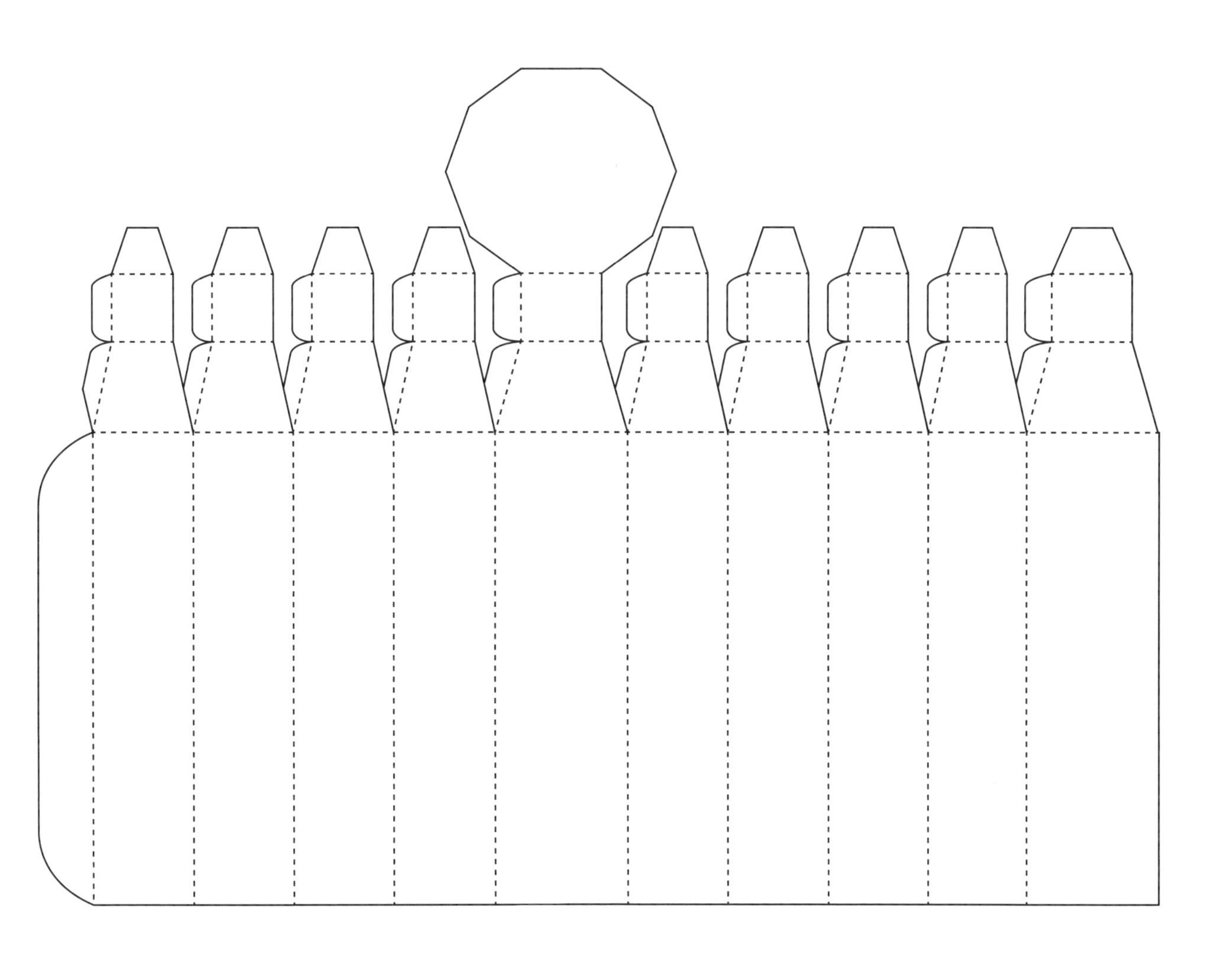

设计师 = Cedrik Ferrer

Koala Beer & Kangaroot Beer 啤酒包装

设计师从澳大利亚土著艺术中获取灵感，把手工制作的风格应用到啤酒的包装设计中。色调的选择并非随意的，而是分别代表澳大利亚标志性的蔚蓝大海和黄色沙漠。

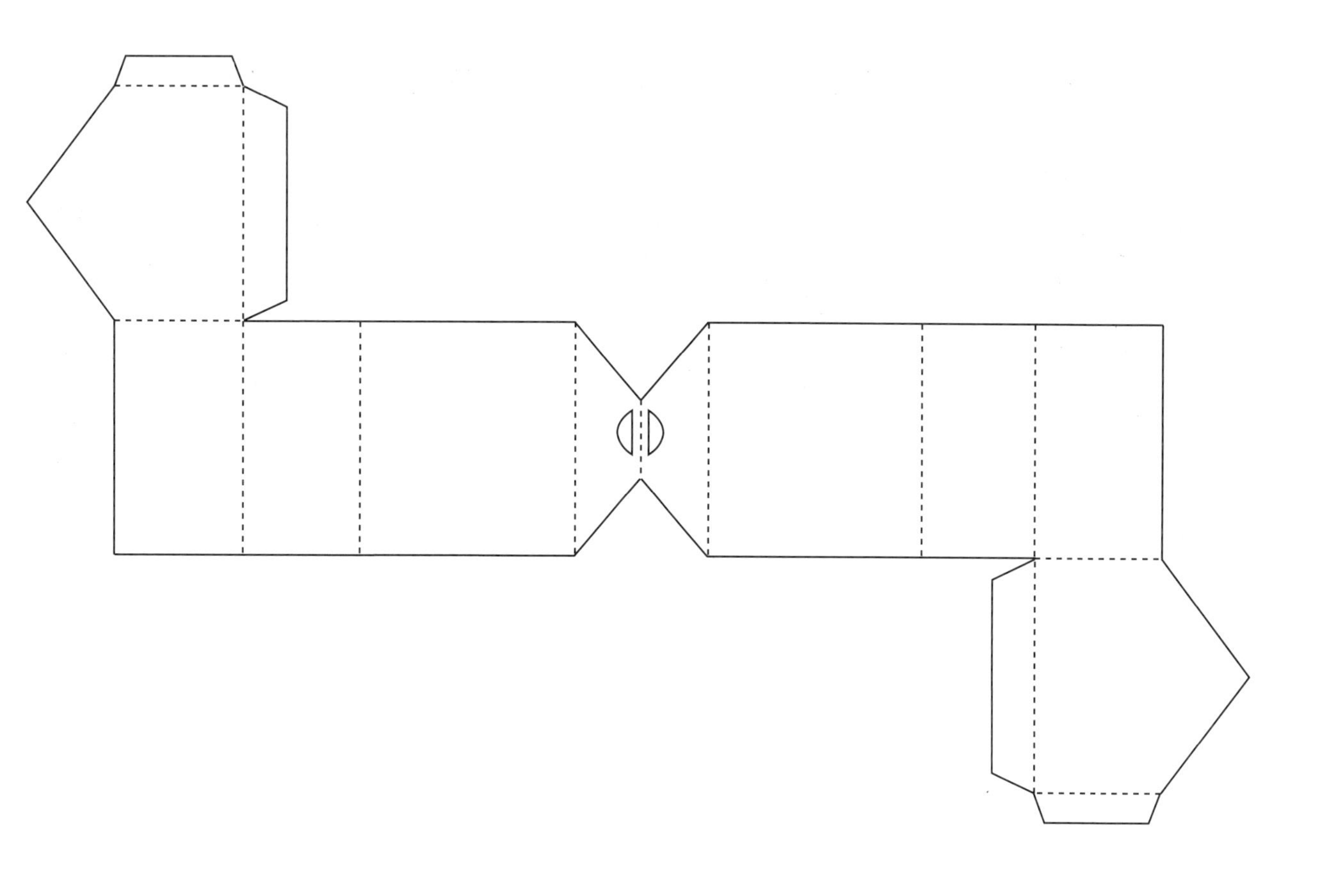

设计师 = Charlotte Olsen

椰汁饮料包装

该包装的目的在于宣传一种理念，即包装销售的椰子汁与新鲜的椰子汁一样卫生、清爽。新颖且符合人体工学的包装保留了椰子的形态，旨在吸引年轻顾客。

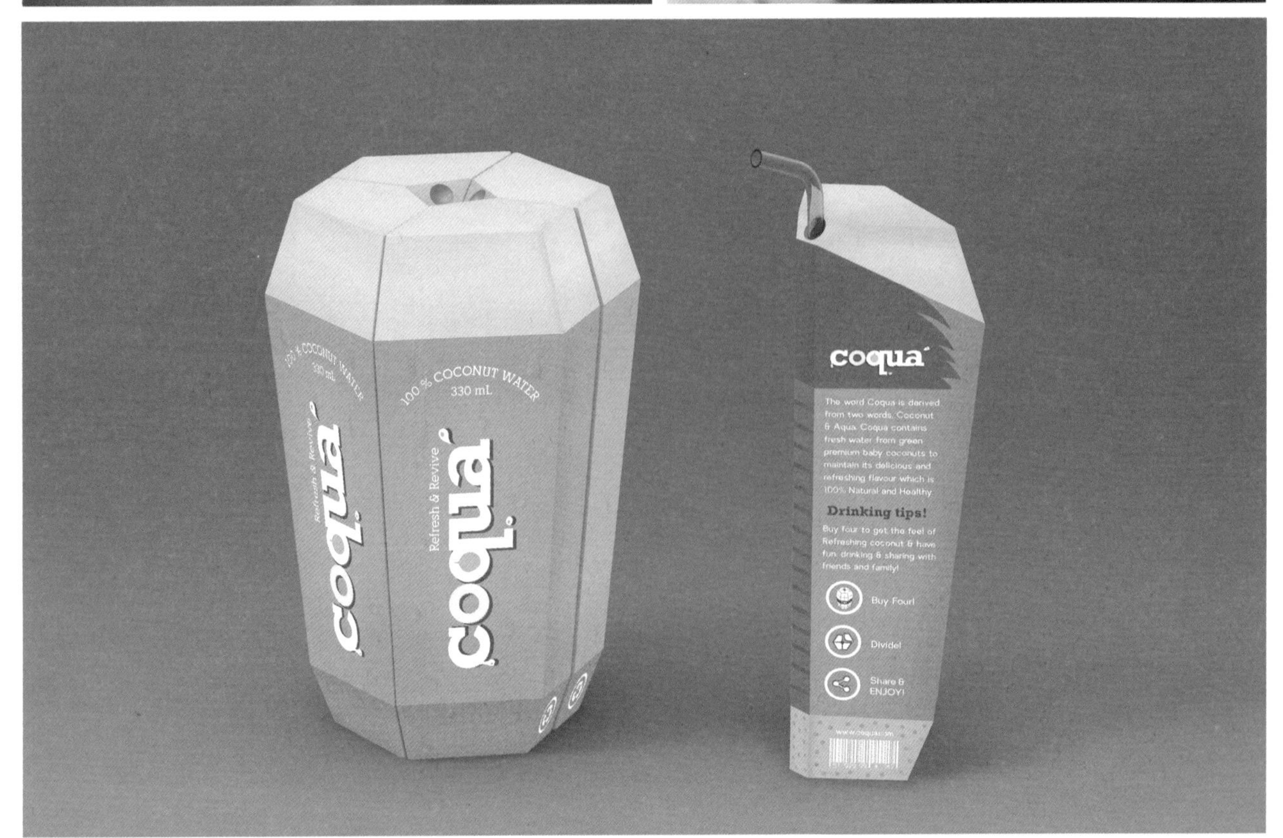

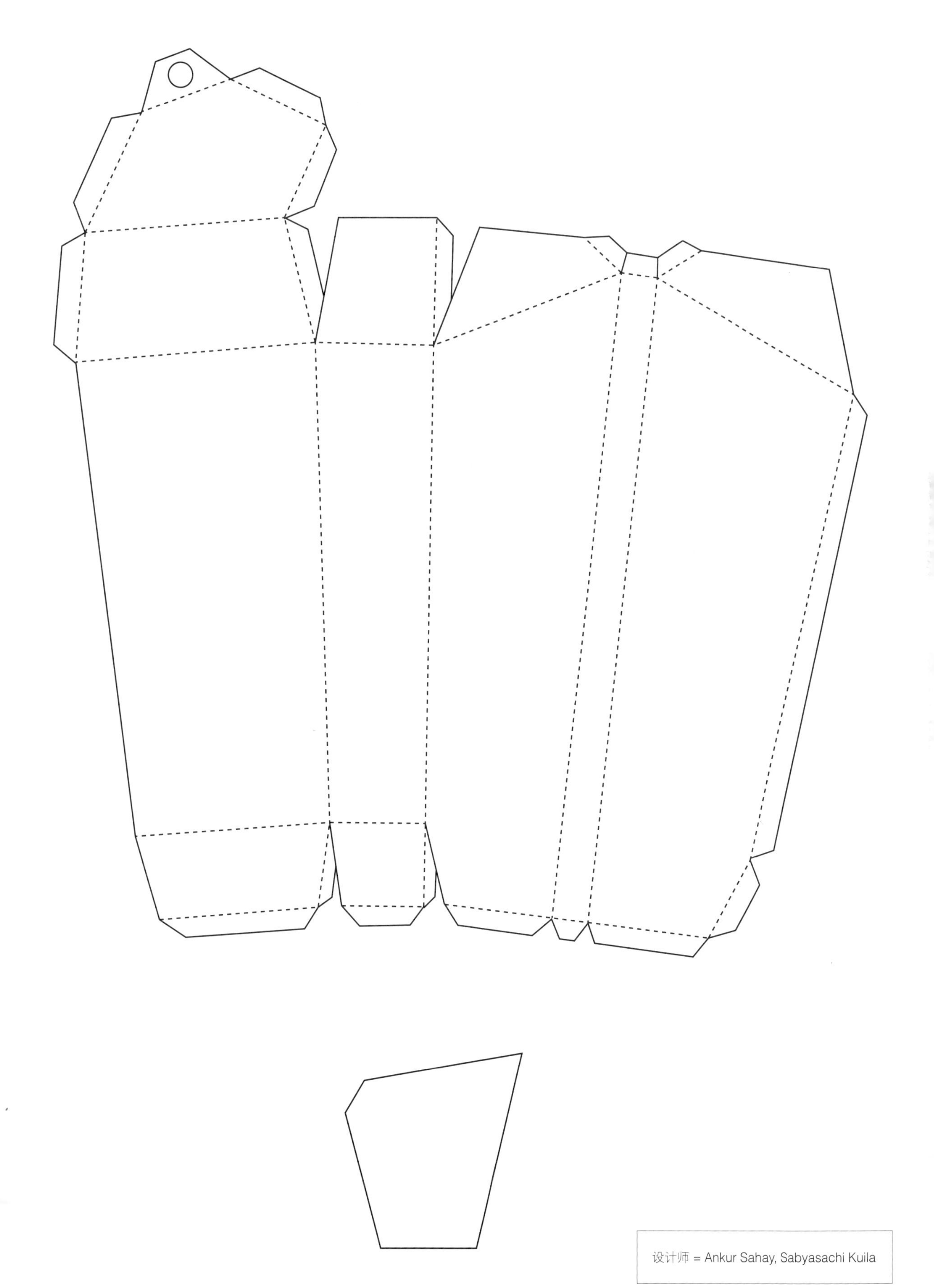

设计师 = Ankur Sahay, Sabyasachi Kuila

FUJIYAMA COOKIE 曲奇包装

FUJIYAMA COOKIE 是一家在日本富士山山脚下河口湖附近的曲奇店。商标的设计灵感源于日本水墨画和西方手写字体，包装的形状则参照了主题商标。为了突出新鲜烘焙的曲奇的美味，包装的一部分是透明的，这让顾客在打开包装前就可以看见里面的曲奇。

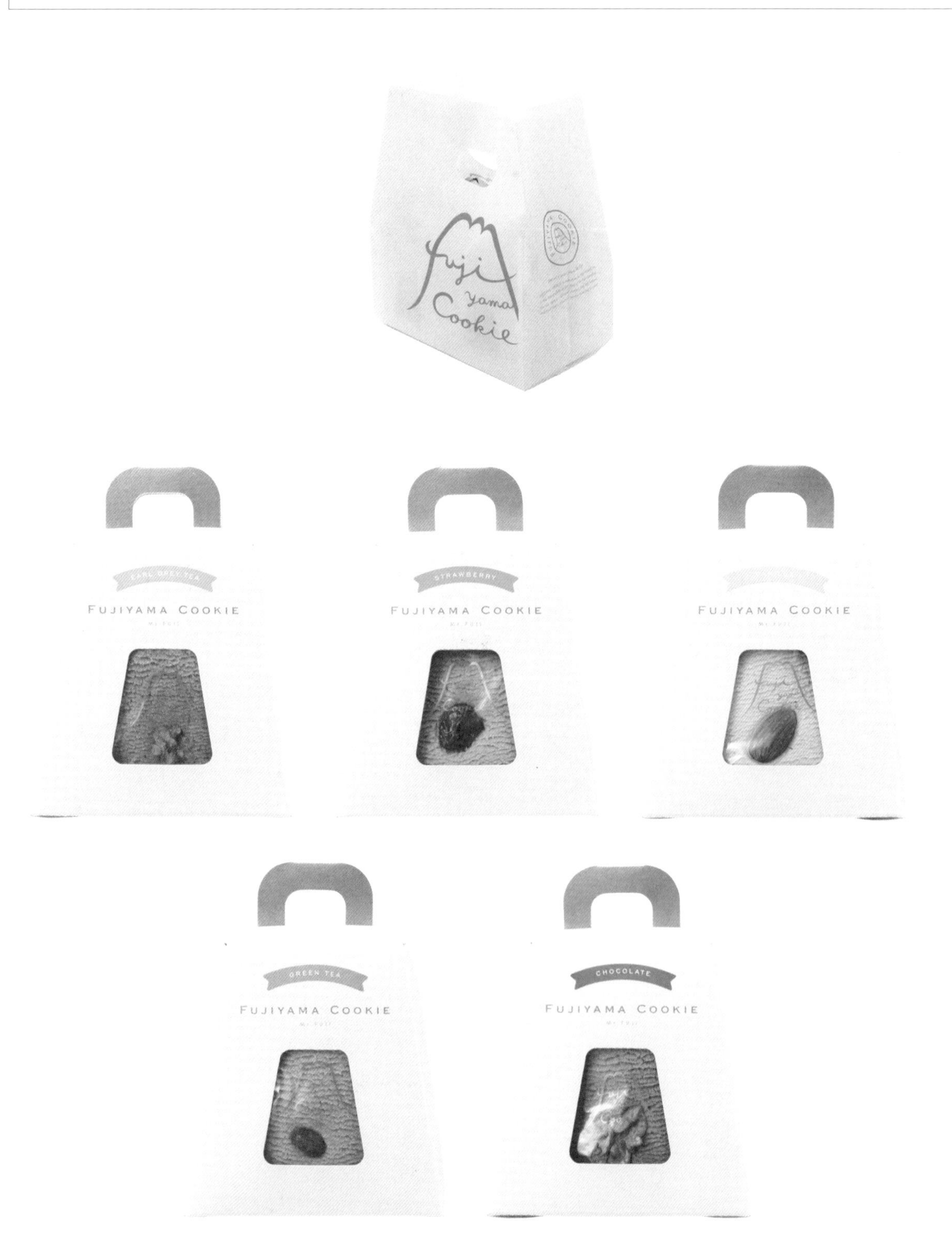

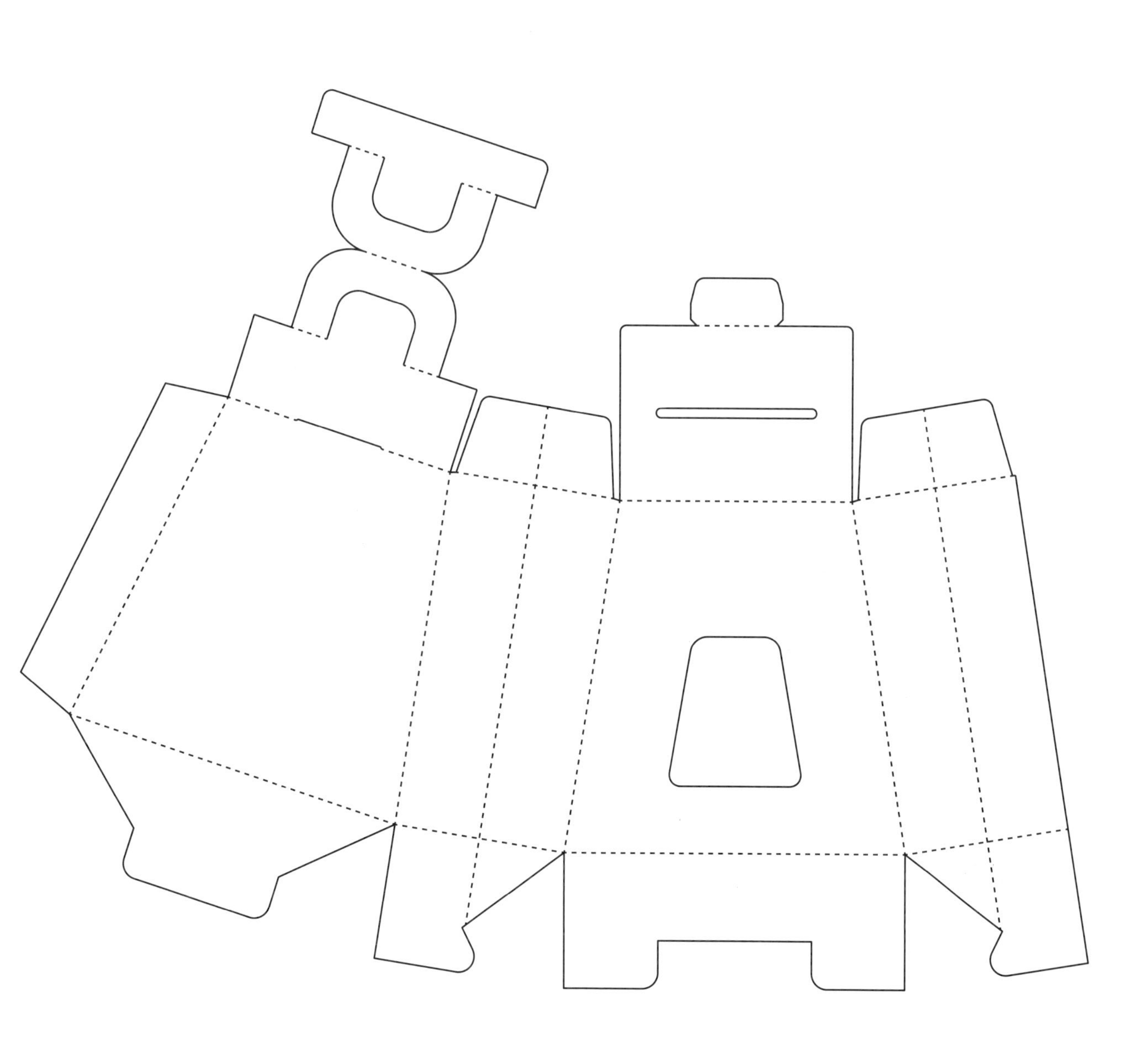

设计师 = Yoko Maruyama

Brett a Porter 野餐盒

Brett a Porter 是一款野餐盒。这个简单又节约成本的盒子由瓦楞纸制成，无需任何黏合剂。由于该包装采用开口设计，盒子的每个特点都能展现出来。另外，在无需打开包装的情况下，产品的形状与材料也能让人一目了然。提手的设计让携带变得轻松。

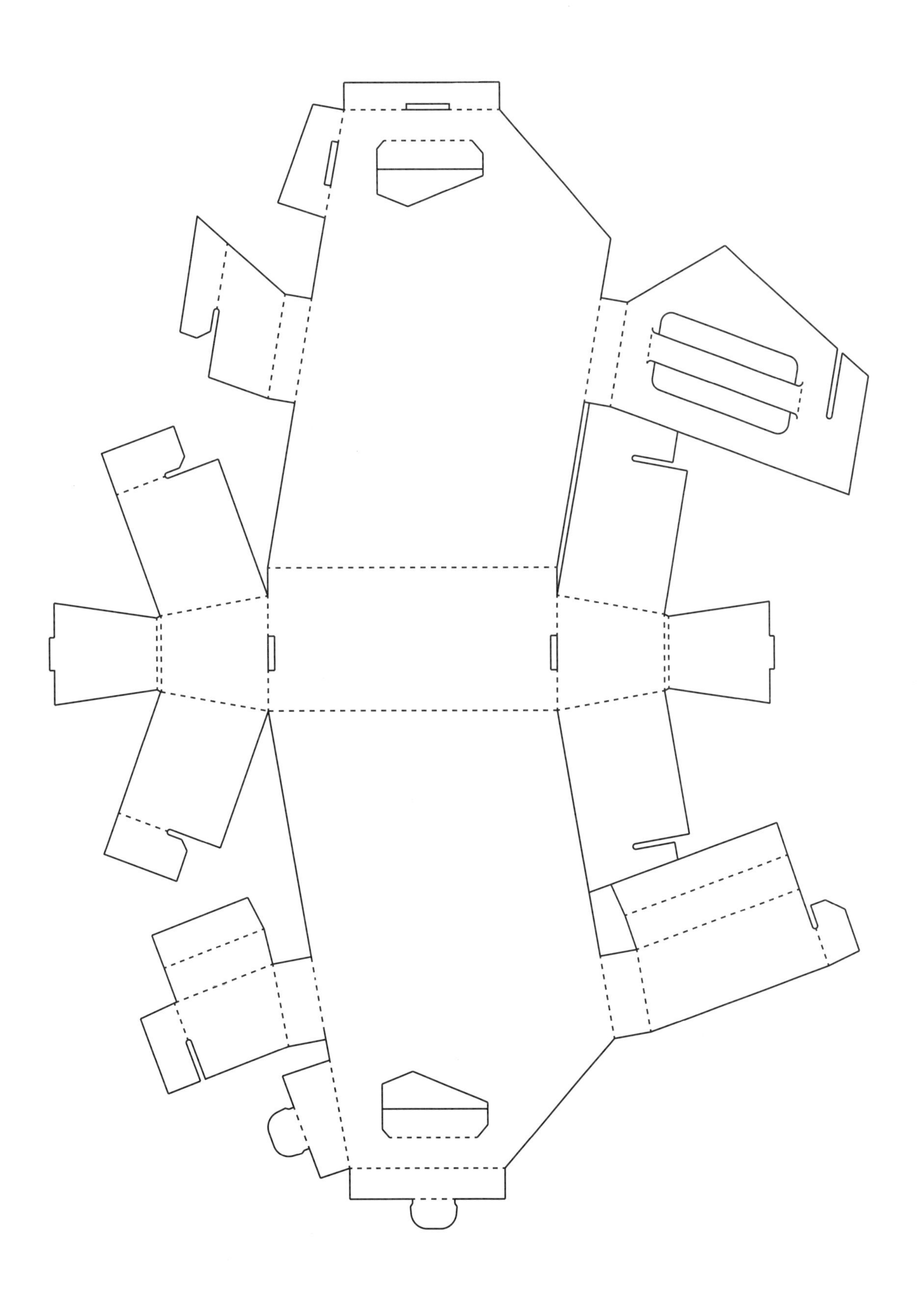

设计师 = Gerlinde Gruber

秋千包装

这是一款秋千的包装，简单的包装由瓦楞纸板制成，无需任何黏合剂，十分经济节约。由于包装采用开口设计，产品得到了最佳的展示状态，顾客既可以看到产品又可以触摸它。

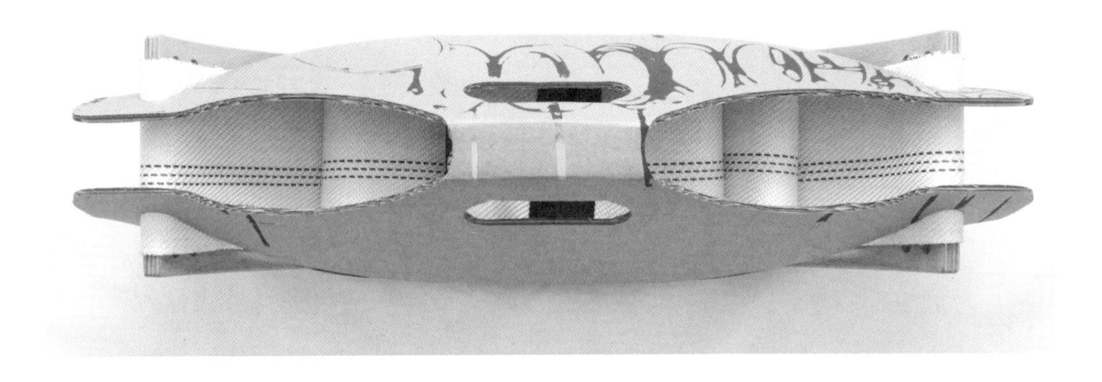

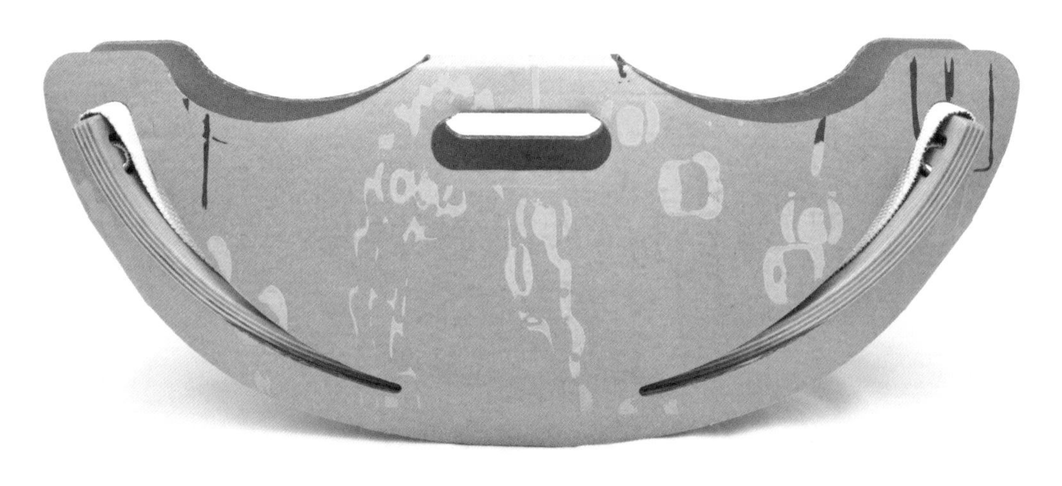

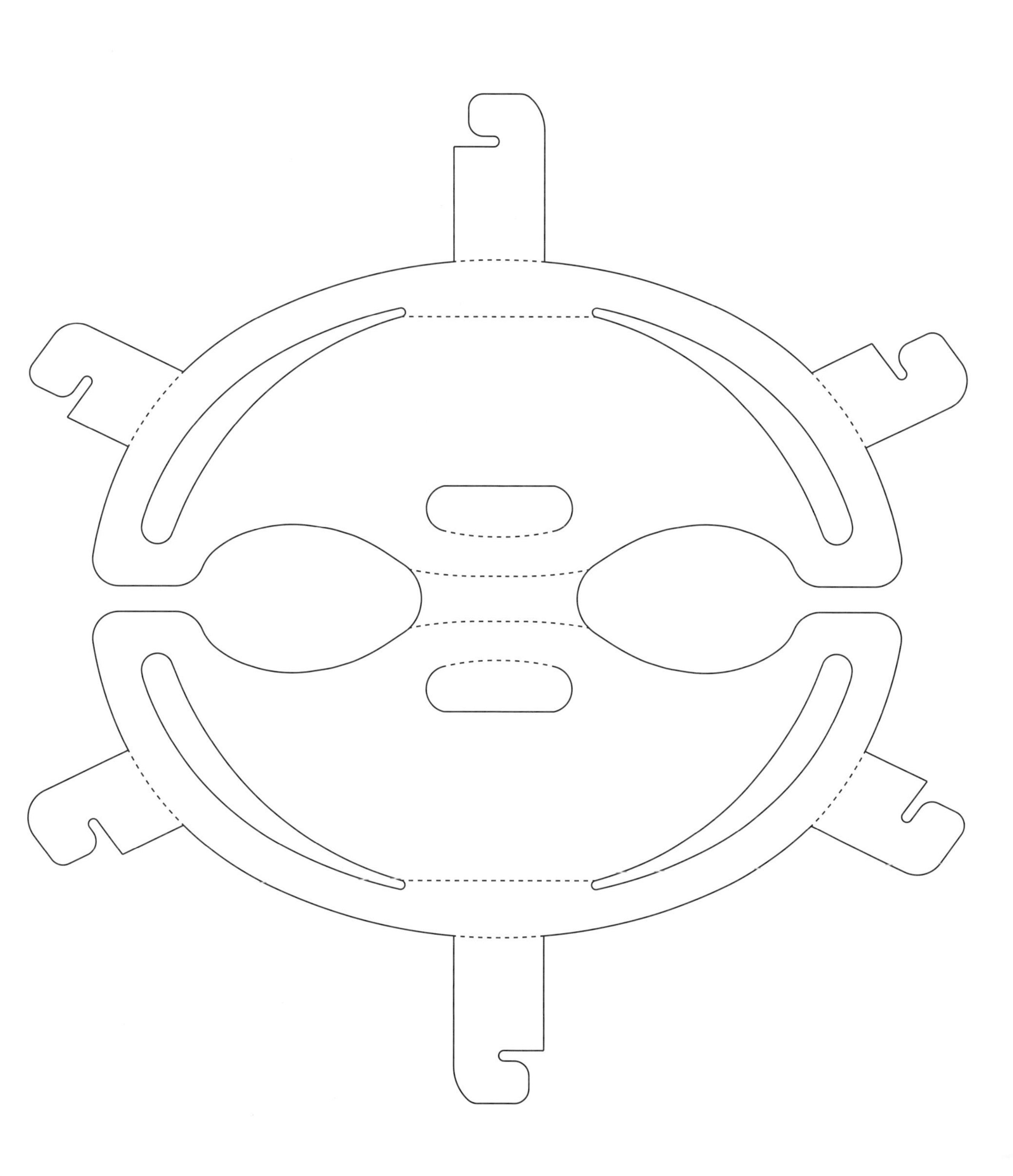

设计师 = Gerlinde Gruber

面包棒包装

这是一款为 Kolor Bar 设计的小吃桶，中间放面包棒或薯片，周边有四个存储空间，可以放不同的蘸酱。包装虽是一次性的，但用的是环保材料。小吃桶可以作为外卖包装，顾客可以轻松拿在手上并取用食品。另外，放蘸酱的容器可以灵活打开或关上，从而满足放不同蘸酱的需求。

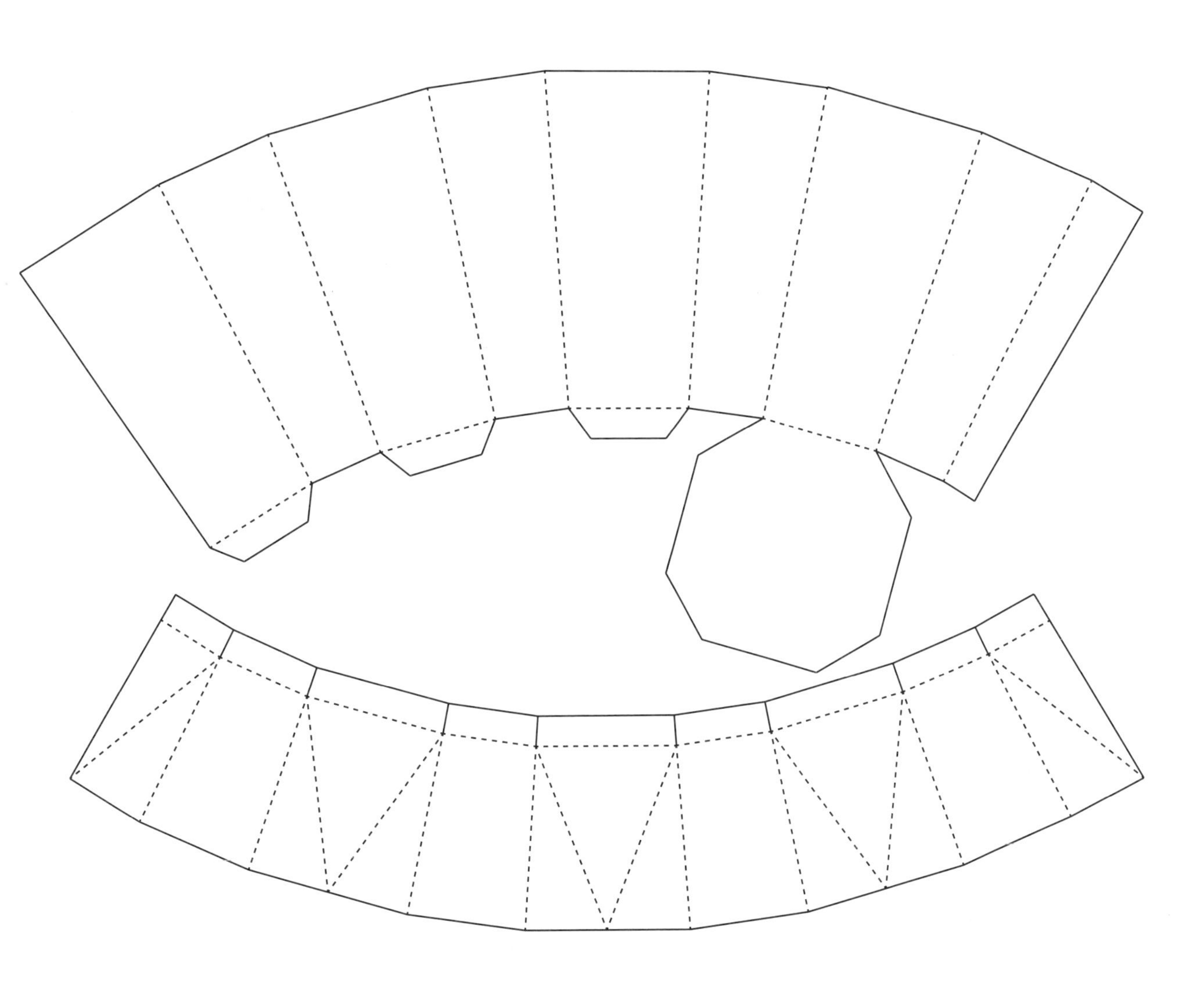

设计师 = Zsófi Ujhelyi

BARBOZA T 恤包装盒

这个盒子由百分之百可回收利用的材料制成，主要涂料是水性漆，黏合剂则是土豆淀粉。该包装健康环保，是替代塑料袋的一个好选择。

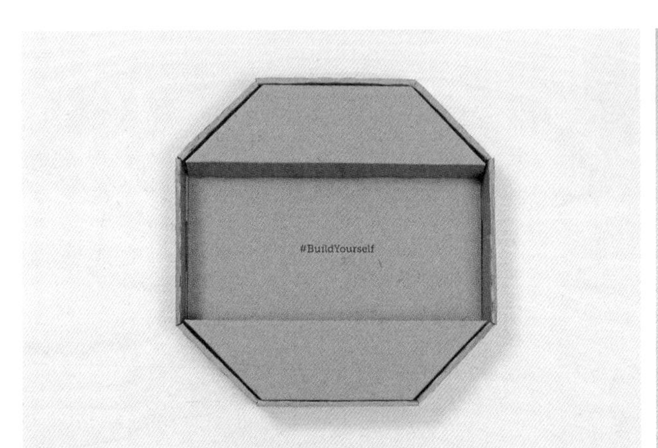

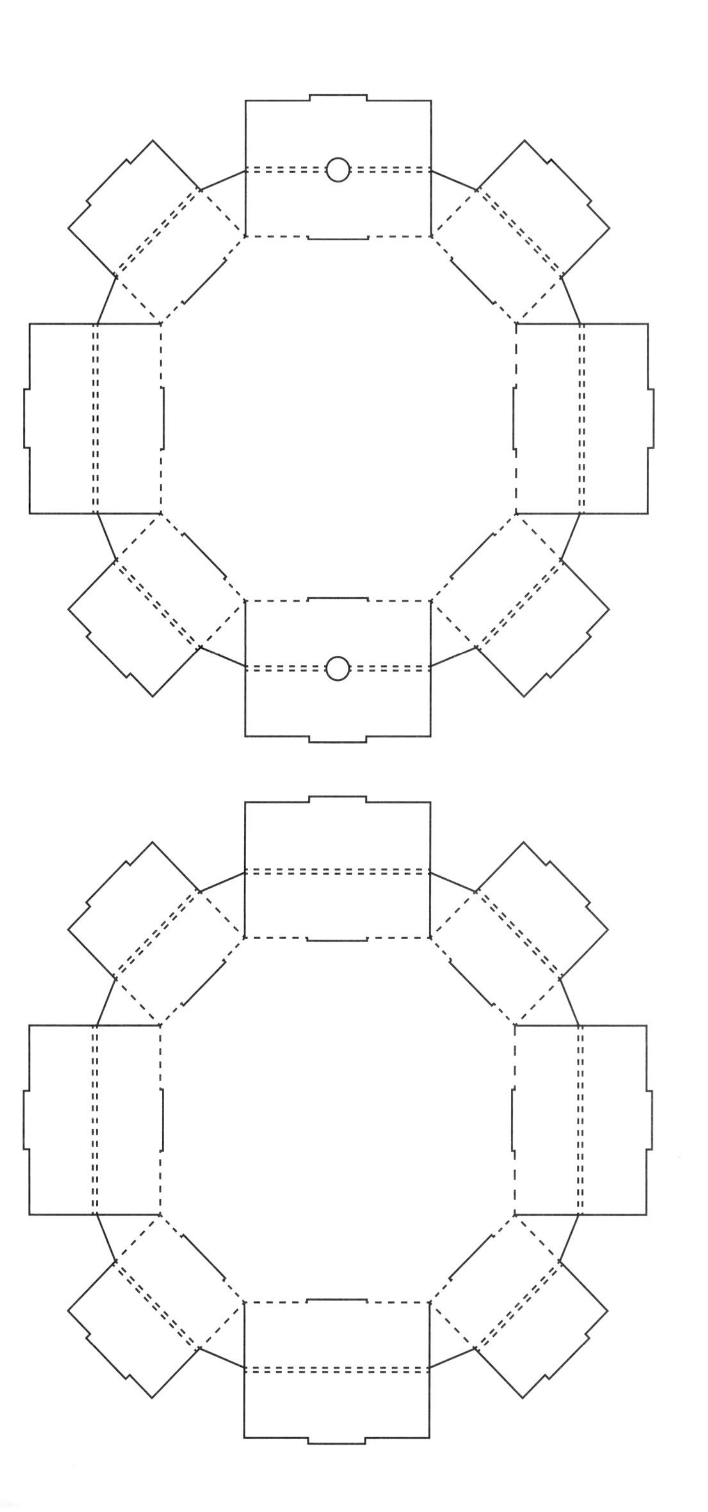

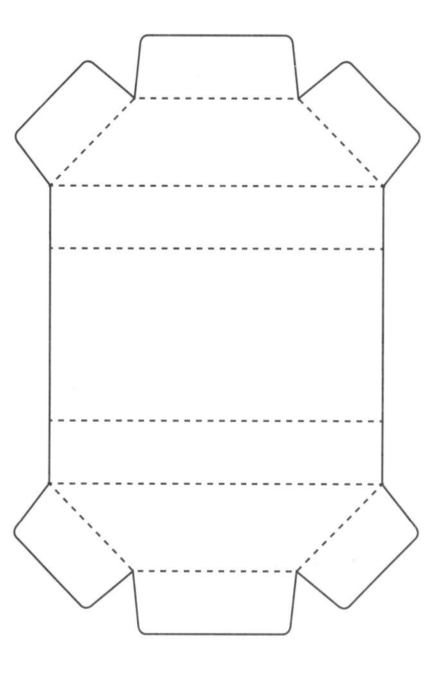

设计师 = Maksim Arbuzov

ORANGE THE JUICE 专辑立体礼盒

ORANGE THE JUICE 是来自波兰的一支前卫的乐队，以兼收并蓄的音乐风格而闻名。乐队第二张专辑的限量版采用一个立体礼盒，里面除了 CD 以及专用小册子外，还有一些太妃糖。

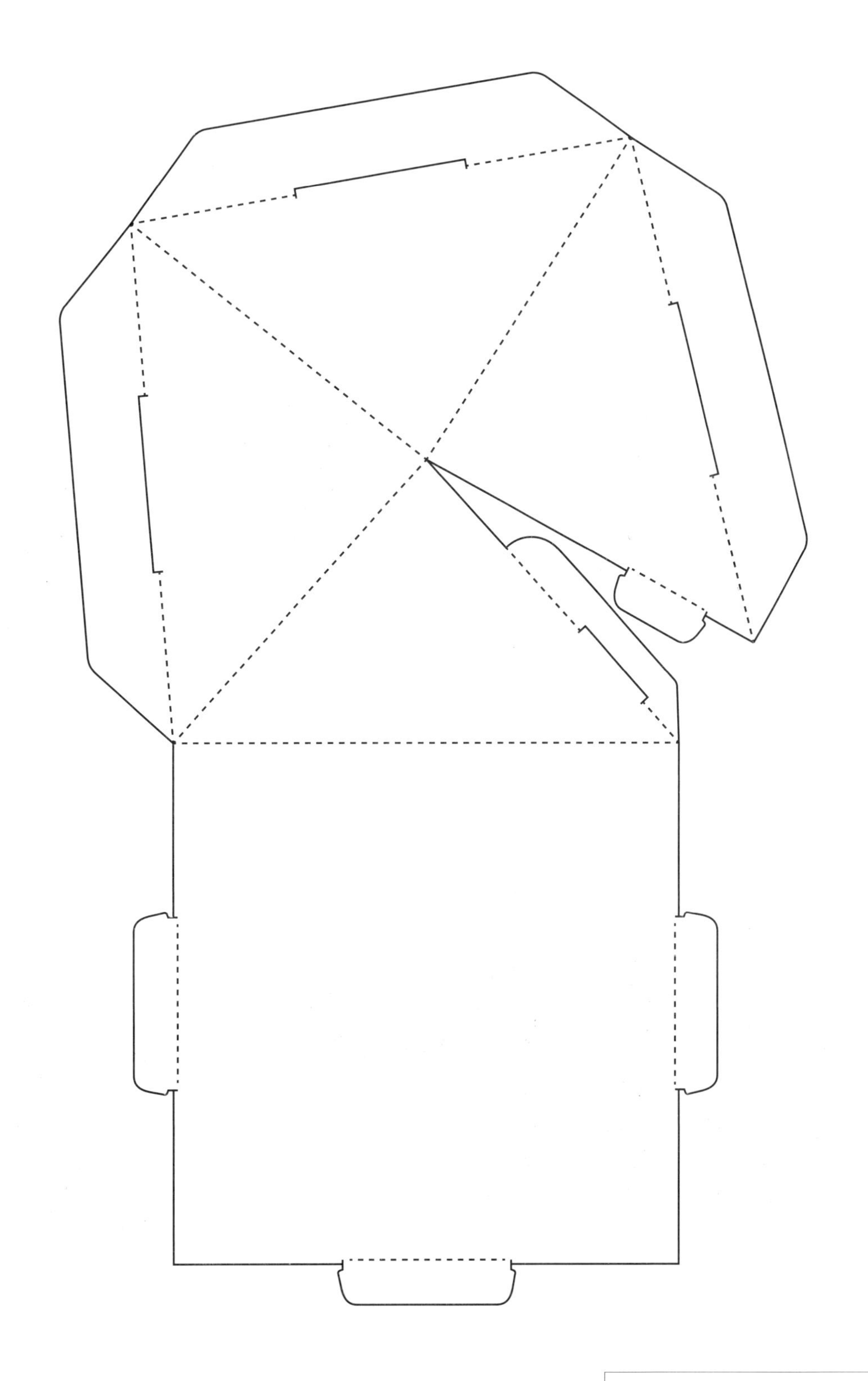

设计师 = Iwona Duczmal,Daniel Naborowski

黄油曲奇包装

这是一组黄油曲奇的包装设计，灵感来源于一些变幻无常的事物，如人的情绪。诙谐幽默的表情设计使该产品在挑剔的顾客面前也会显得与众不同、生动有趣。

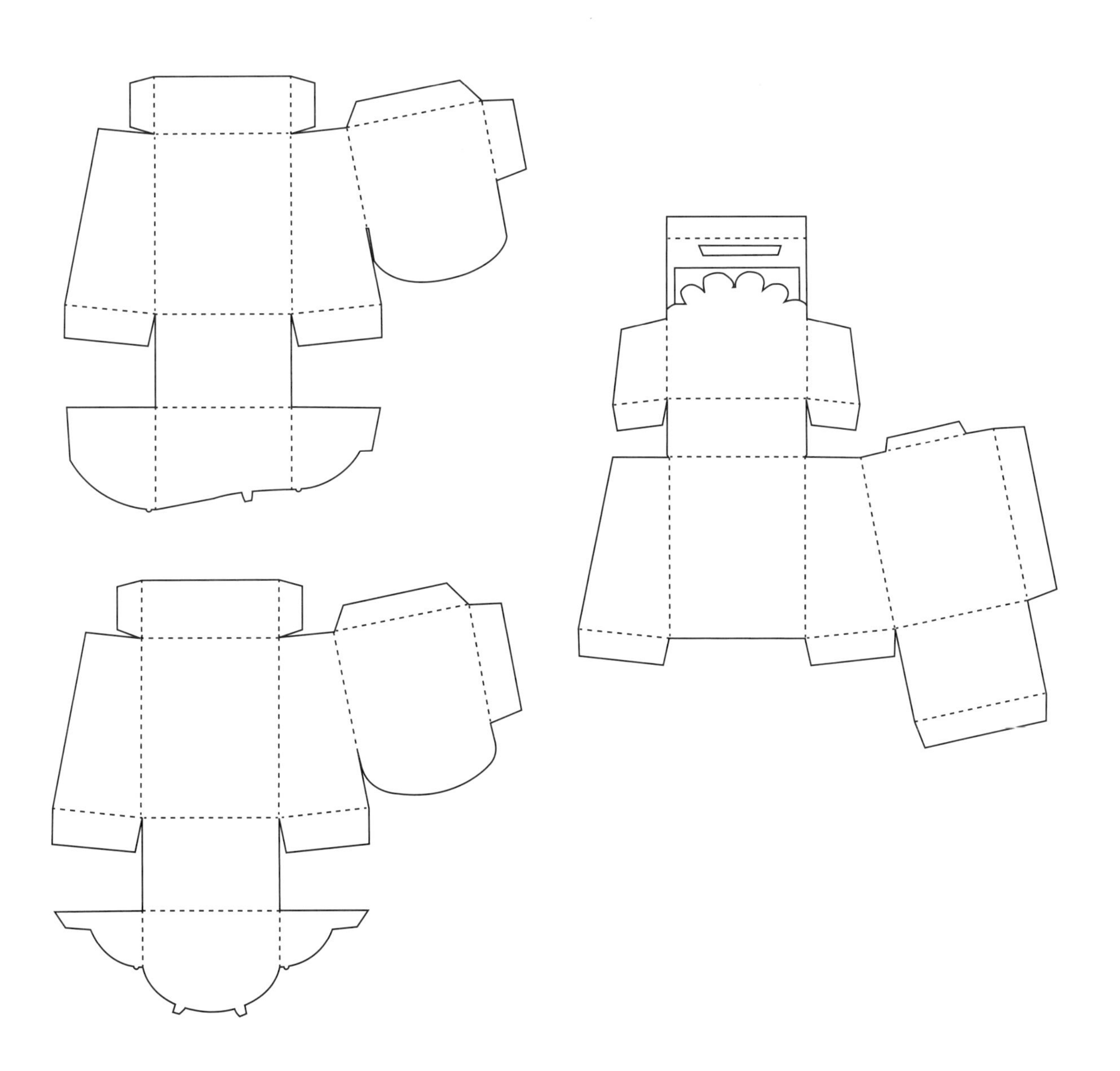

设计师 = Agata Pietraszko

两个鸡蛋包装

对于独自居住或只想用鸡蛋快速做一顿饭的人来说，这款装有两个鸡蛋的包装可谓完美。设计师希望设计一款有趣的包装，美观大方、实用性强、易于拿取。每个盒子里面都有两个鸡蛋以及两份简单的食谱。

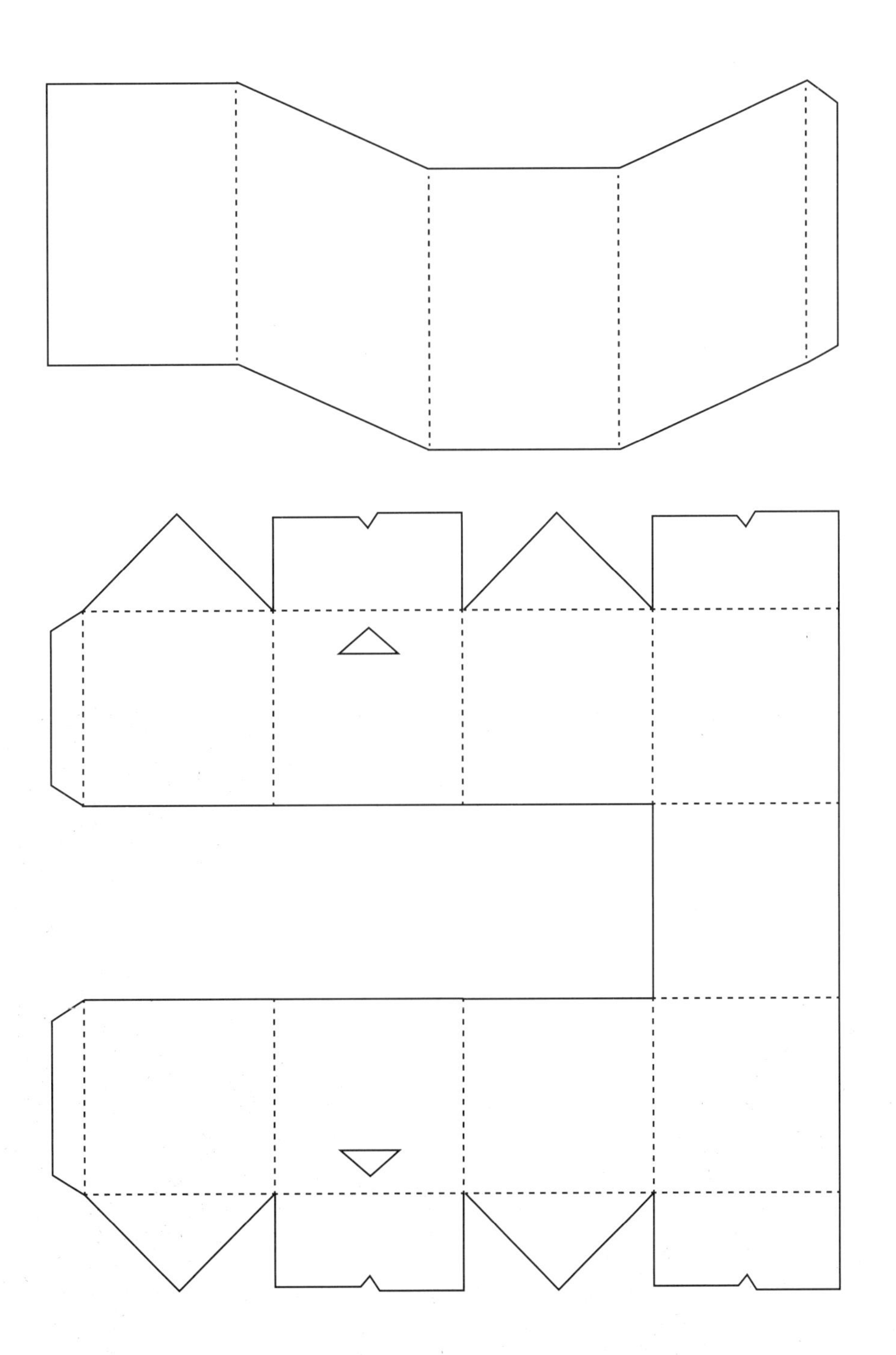

设计师 = Conor Whelan

麦片包装

该包装单手即可打开，灵活的开口设计使产品的获取变得轻松。棱角形的包装方便使用者握紧盒子，并干净利索地从盒子前端倒出麦片。

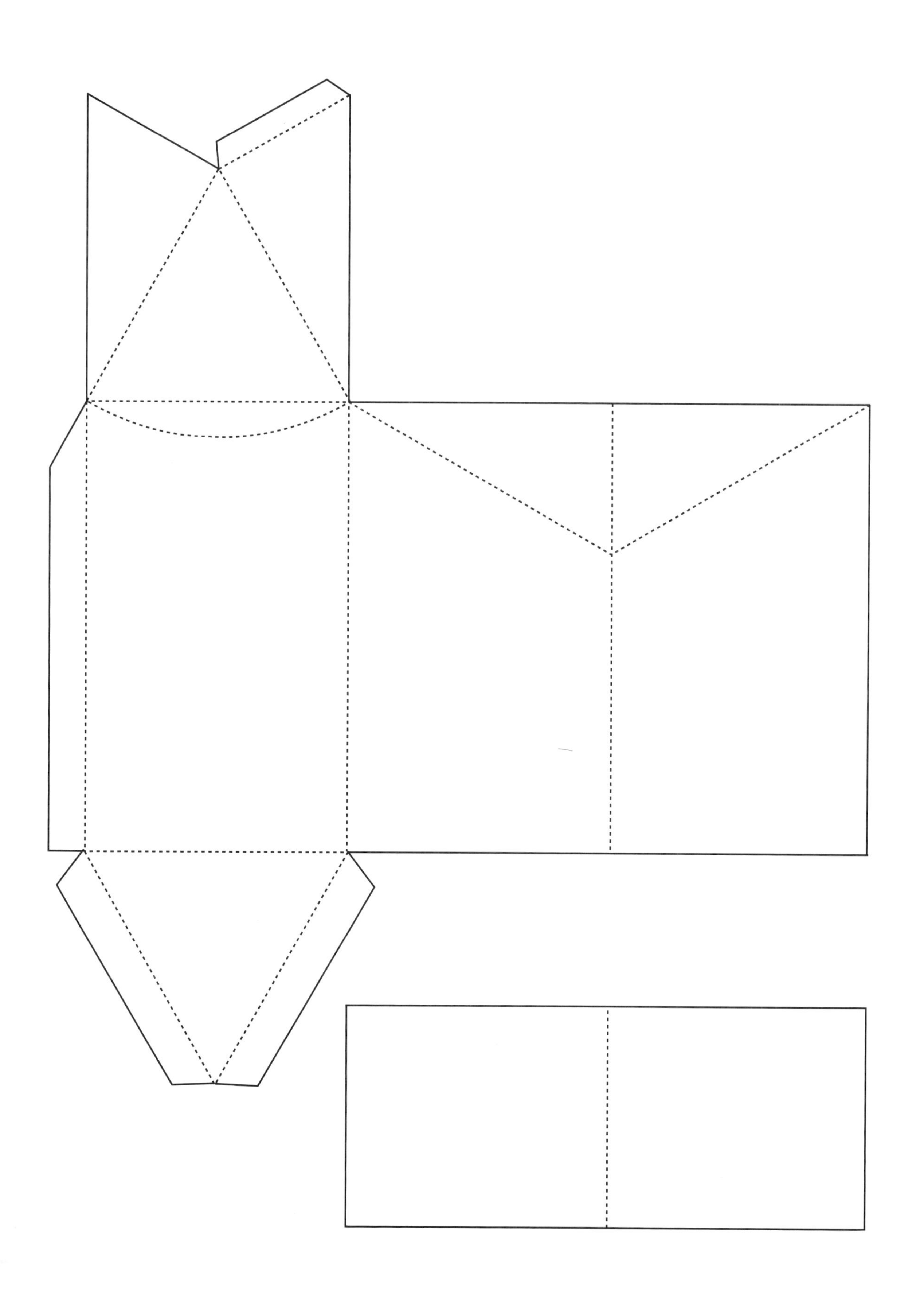

设计师 = Ilari Laitinen, Nikolo Kerimov

樱桃番茄包装

这款樱桃番茄的包装从女性卫生用品品牌“高洁丝”的理念以及图形元素中汲取灵感。但该包装在图形元素方面推陈出新，比如，高洁丝包装上的圆圈在这里变成了既可用来通风又可作为装饰的小孔。

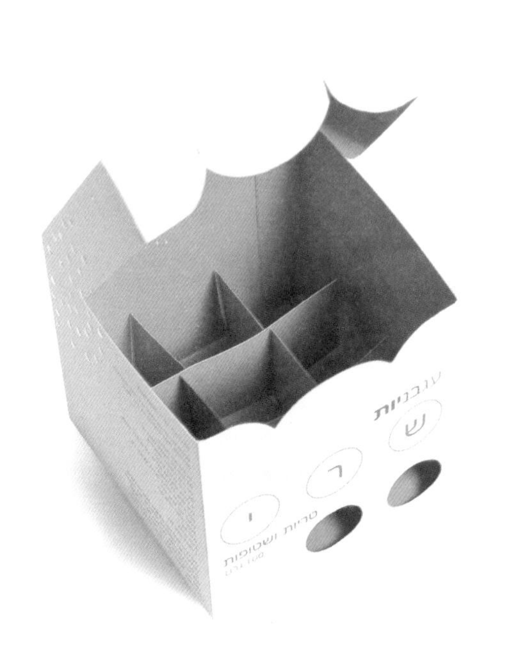

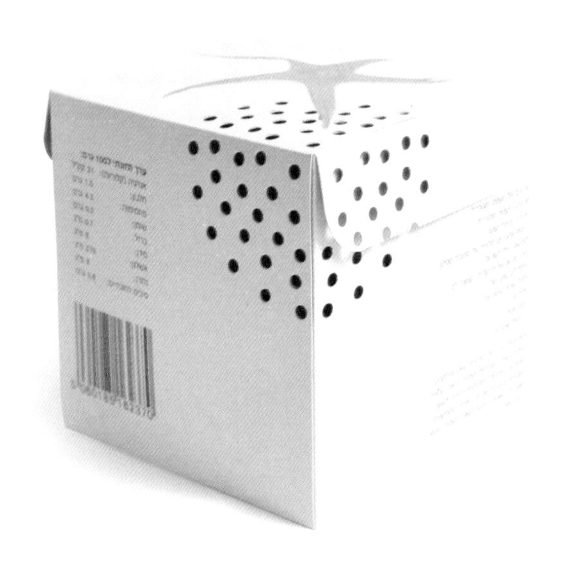

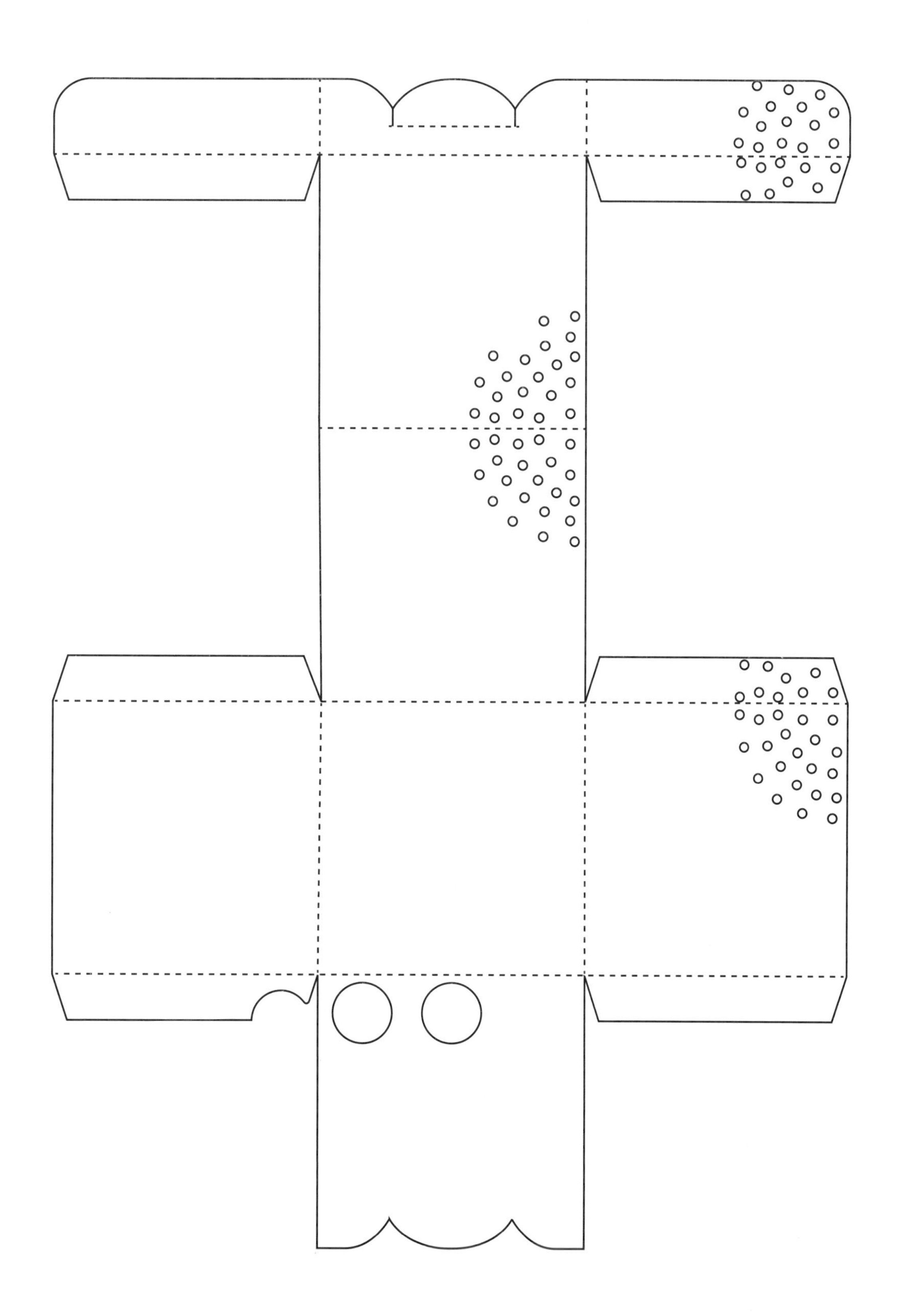

设计师 = Katia Mikov

双层曲奇包装

这是一款曲奇的包装，每个盒子中有两种口味的曲奇，并通过包装设计分隔开来。旋转对称的设计可以让盒子的每一部分独立打开。

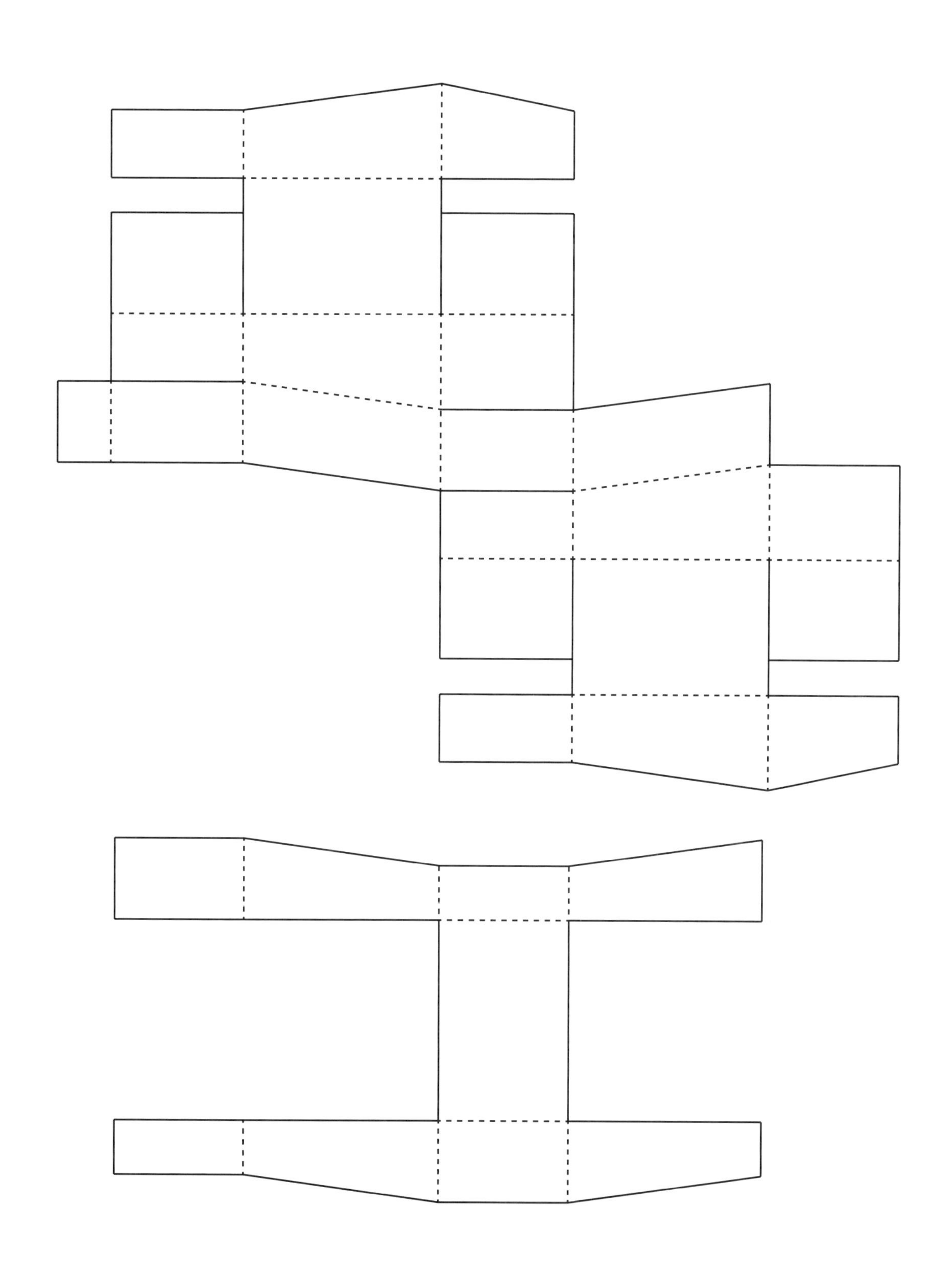

设计师 = Juan Regueiro

向日葵籽包装

该设计尝试用折纸工艺设计一款向日葵形状的包装，用来存放向日葵籽。

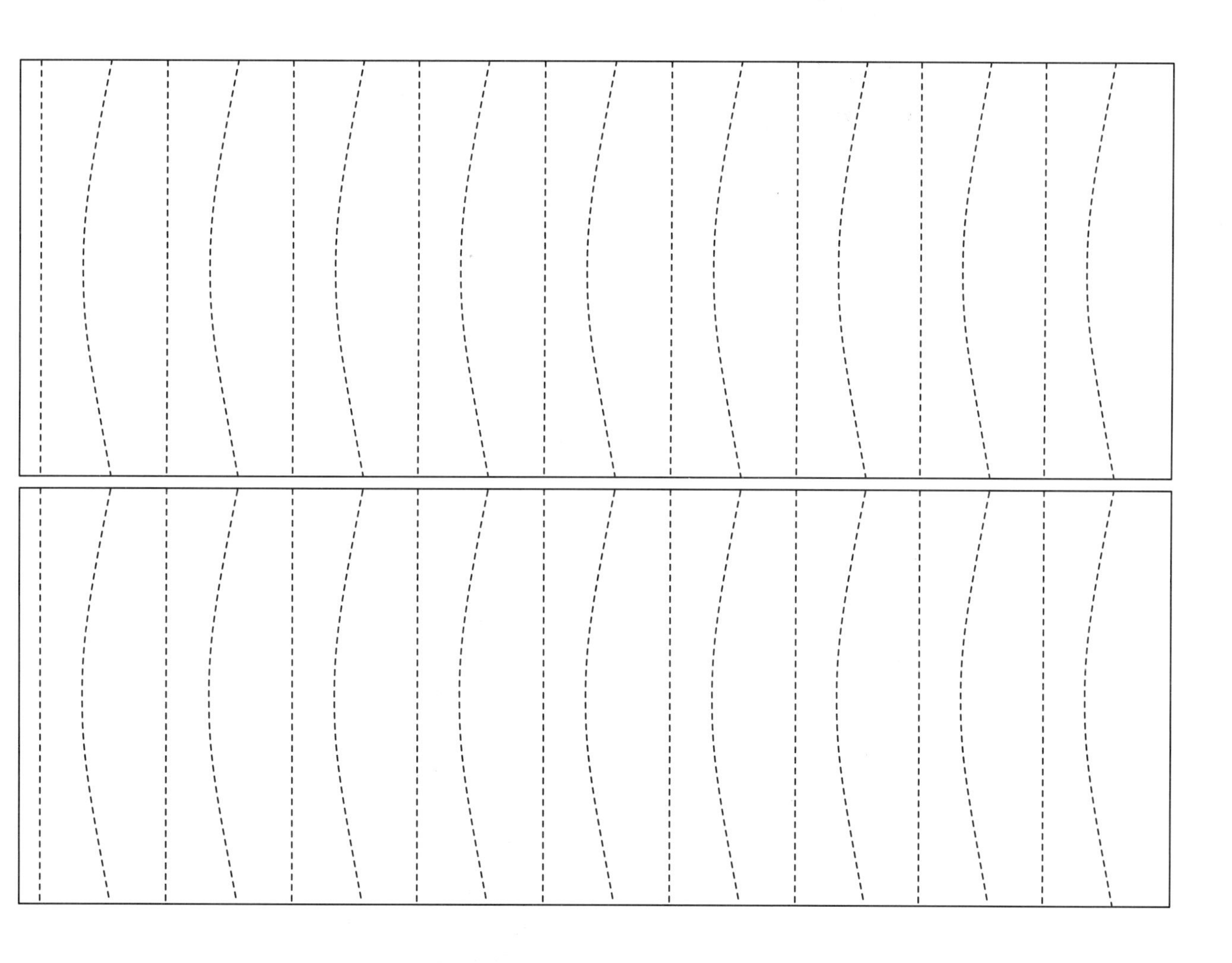

设计师 = Stéphanie Malak

日本糖果包装

这款糖果包装模仿传统的日本绣球，设计师的目标是设计一款华丽漂亮的包装。盒子顶面呈八角形，底部则采用便于组装的正方形。

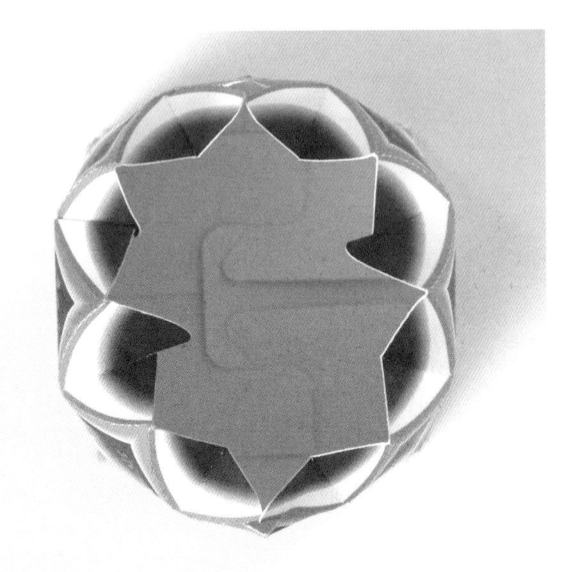

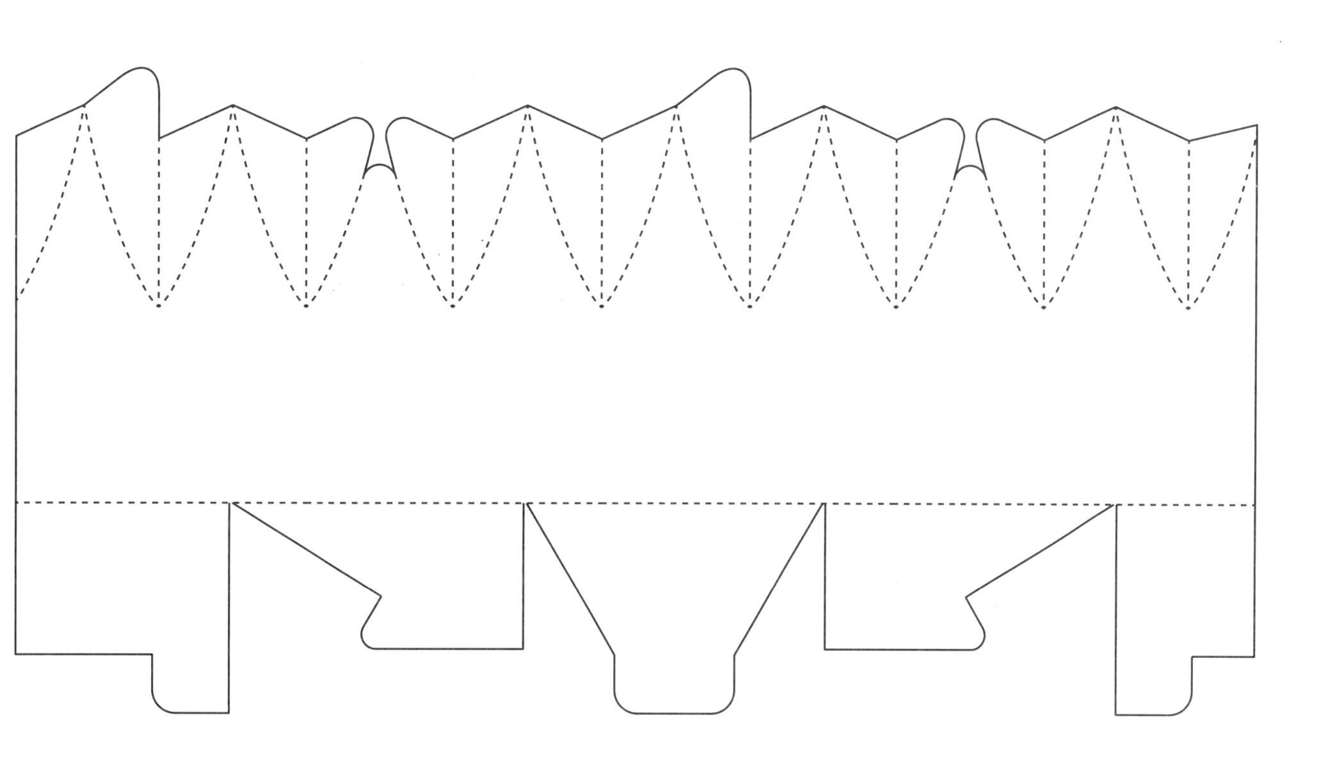

设计师 = Hada Tomoko

日本黑糖包装

这款黑糖包装模仿传统的竹叶包装，正方形的盒子用细草绳系紧，希望能带给顾客良好的用户体验。

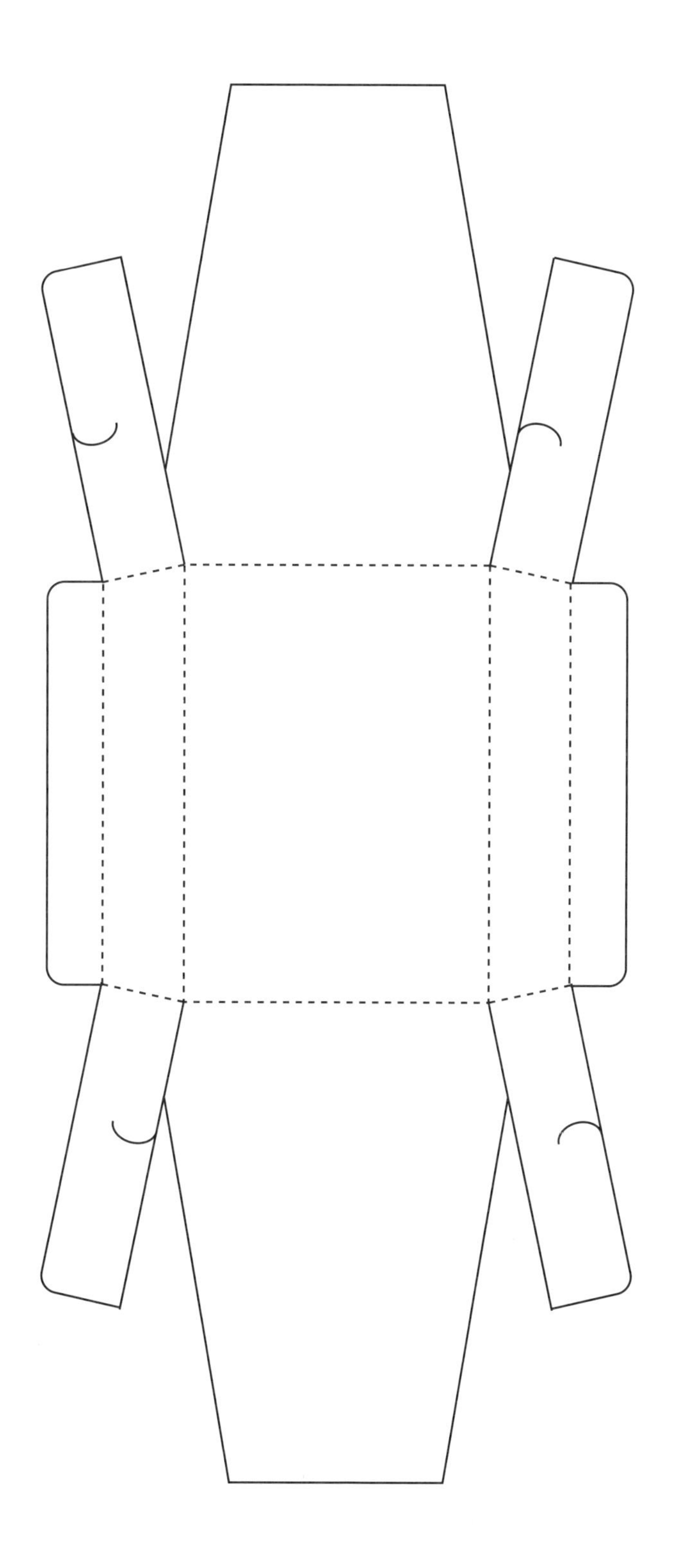

设计师 = Hada Tomoko

小草植物包装

该包装设计的灵感源自建筑师弗兰克·劳埃德·赖特所设计的流水别墅，打造了一种把建筑与自然结合起来的理念。整个包装由可回收材料制成，包装顶部有一个通风口，可以延长产品的保存期。极简的设计风格为包装带来一股清新的气息。

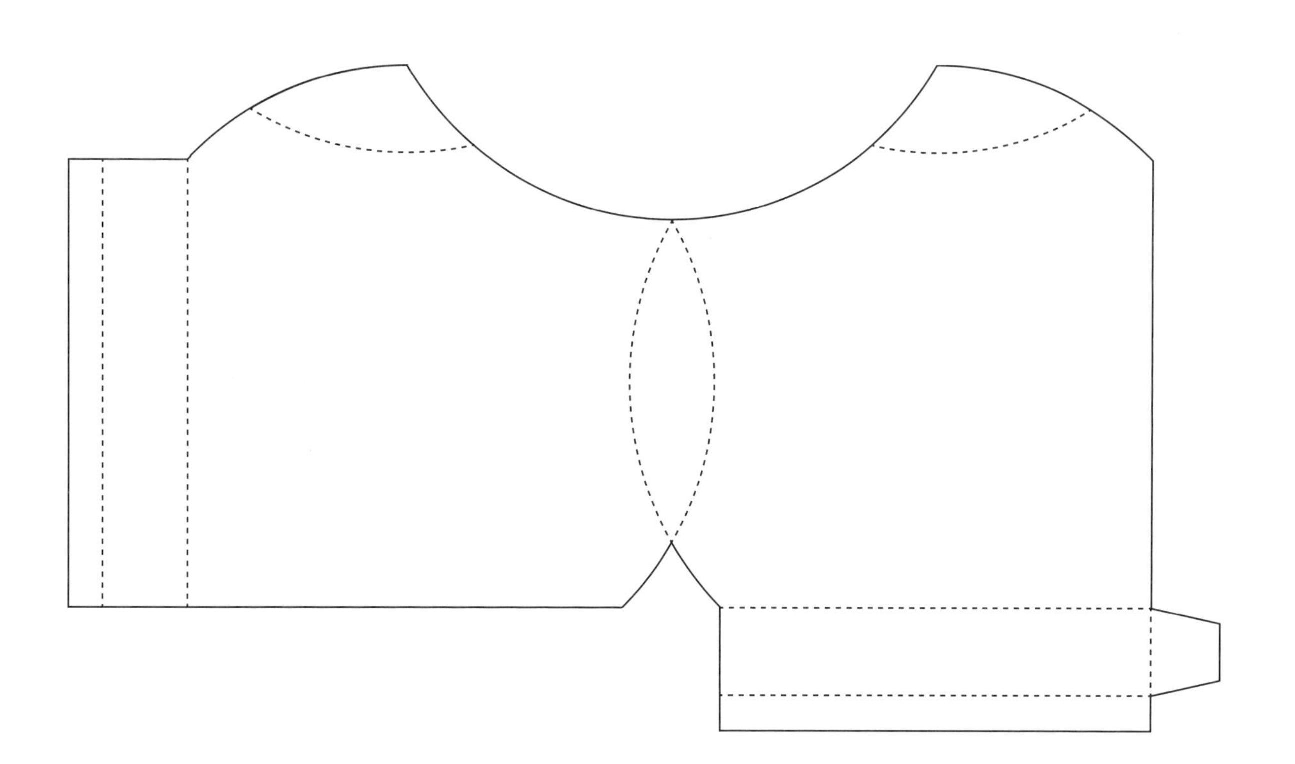

设计师 = Assaf Yogev

HEAL'S 香熏蜡烛包装

该包装的包装对象是一系列的豪华香熏蜡烛，这是该品牌家居香熏产品中的新成员。在标准包装的预算范围内，设计师提升了包装对蜡烛的防护性能，同时保持了产品奢华高档的形象。

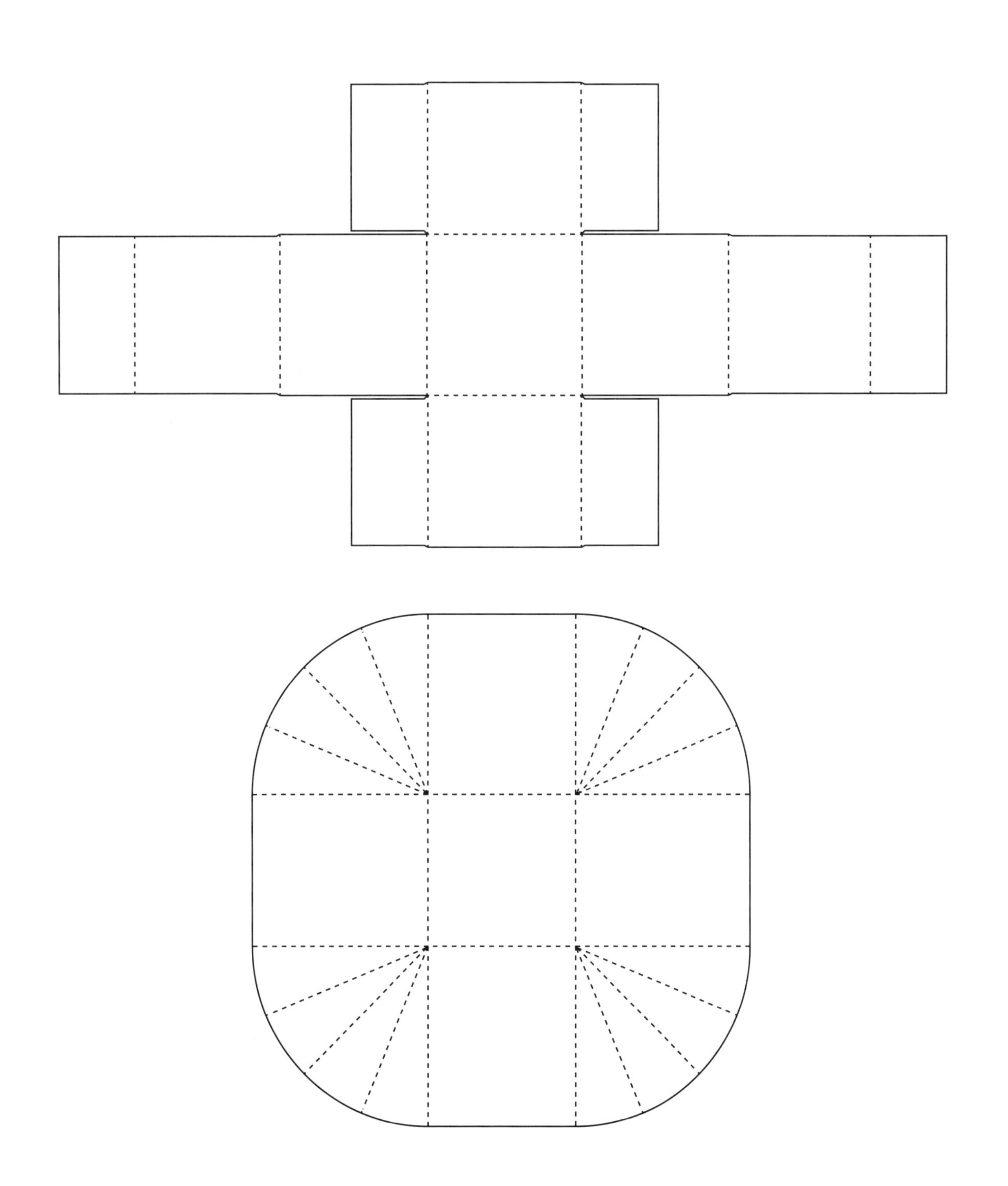

设计师 = Jon Hodkinson, Andrew Scrace

BED IDEAS 灯具包装

这款多功能包装的材料是一块可回收的纸板，经过剪裁和弯曲折叠制成。另外包装外还套有一个纸封套，上面印有关于这个灯具的所有信息。

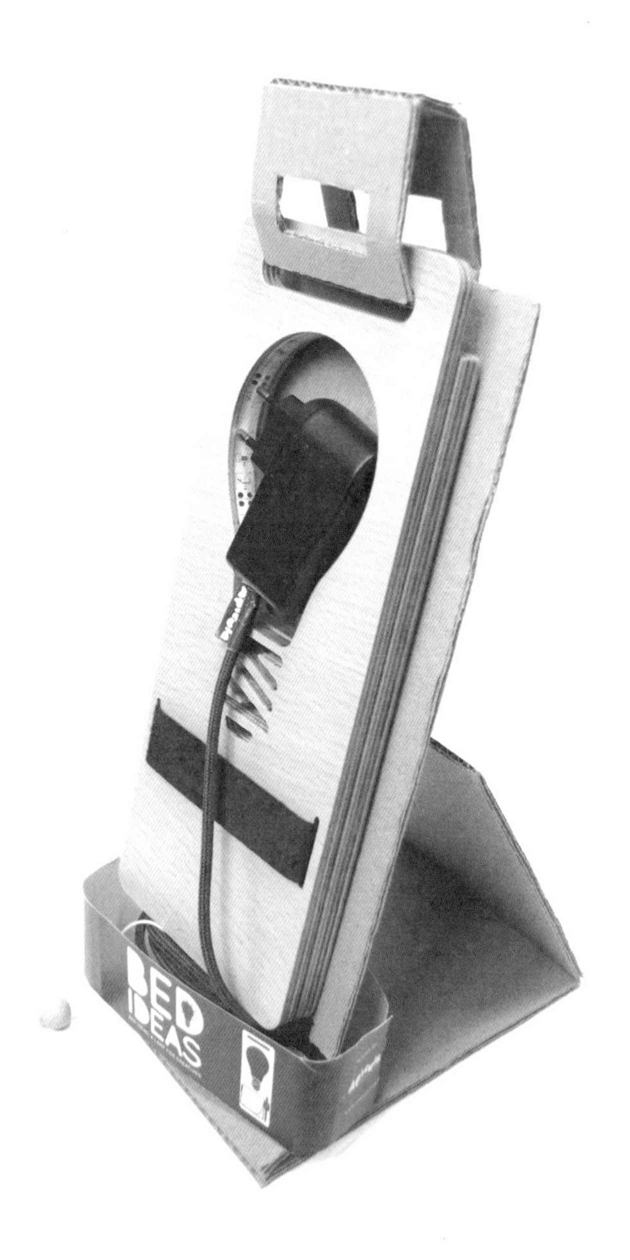

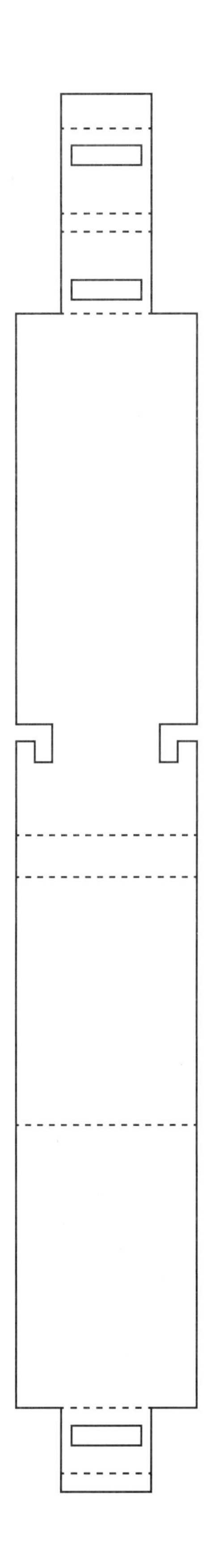

设计师 = Hugo Araújo, Vera Oliveira

华埠蜂蜜包装

这是一款蜂蜜包装的概念设计，灵感源自美国纽约唐人街屋顶上的蜂箱。该产品的中文名为“华埠”，而 FLOWER CITY 是这一产品的英文名称。

设计师 = Mei Cheng Wang

BONJOUR PHILIPPINE 干果包装

该包装仿照杏仁的结构，由两个内盒以及一个起连接作用的外盒组成。

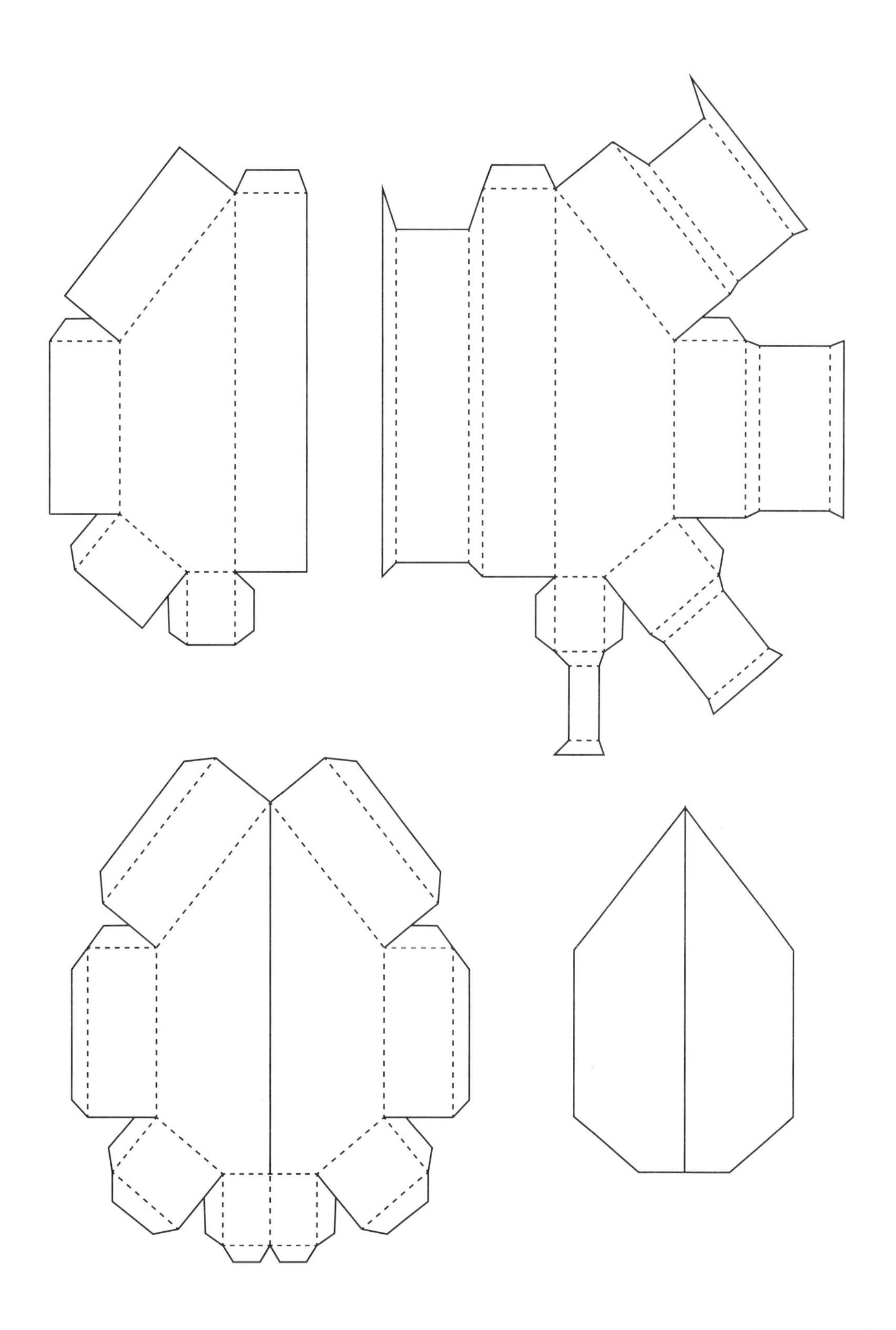

设计师 = Julie Pirovani

红茶菌护肤品包装

该产品线主打红茶菌（一种经过发酵的活性物质），在显微镜下观察可以看到延展的点和扁平的线条，设计师以此为出发点设计包装的打开方式以及上面的图案。橘红色提高了包装的辨识度。

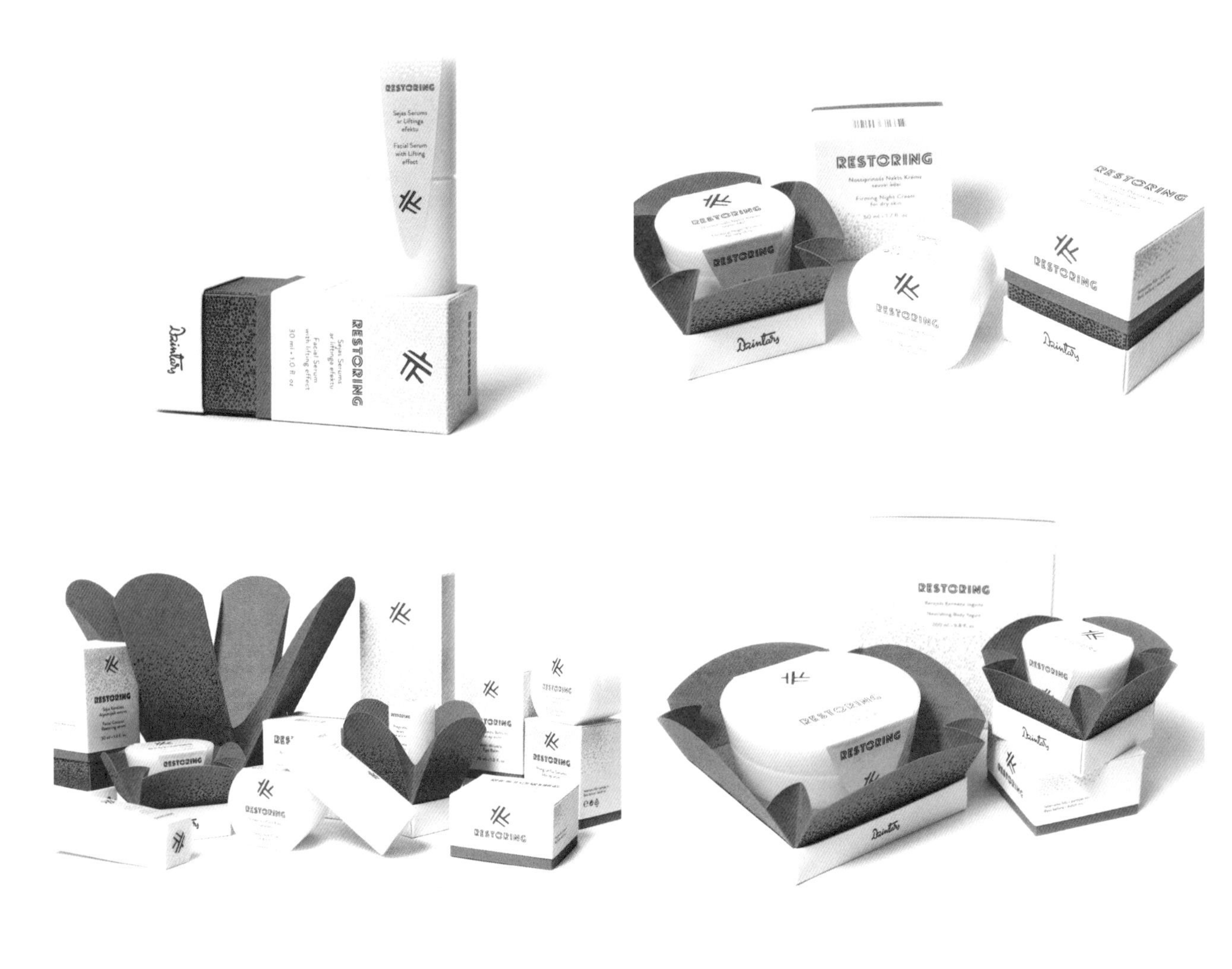

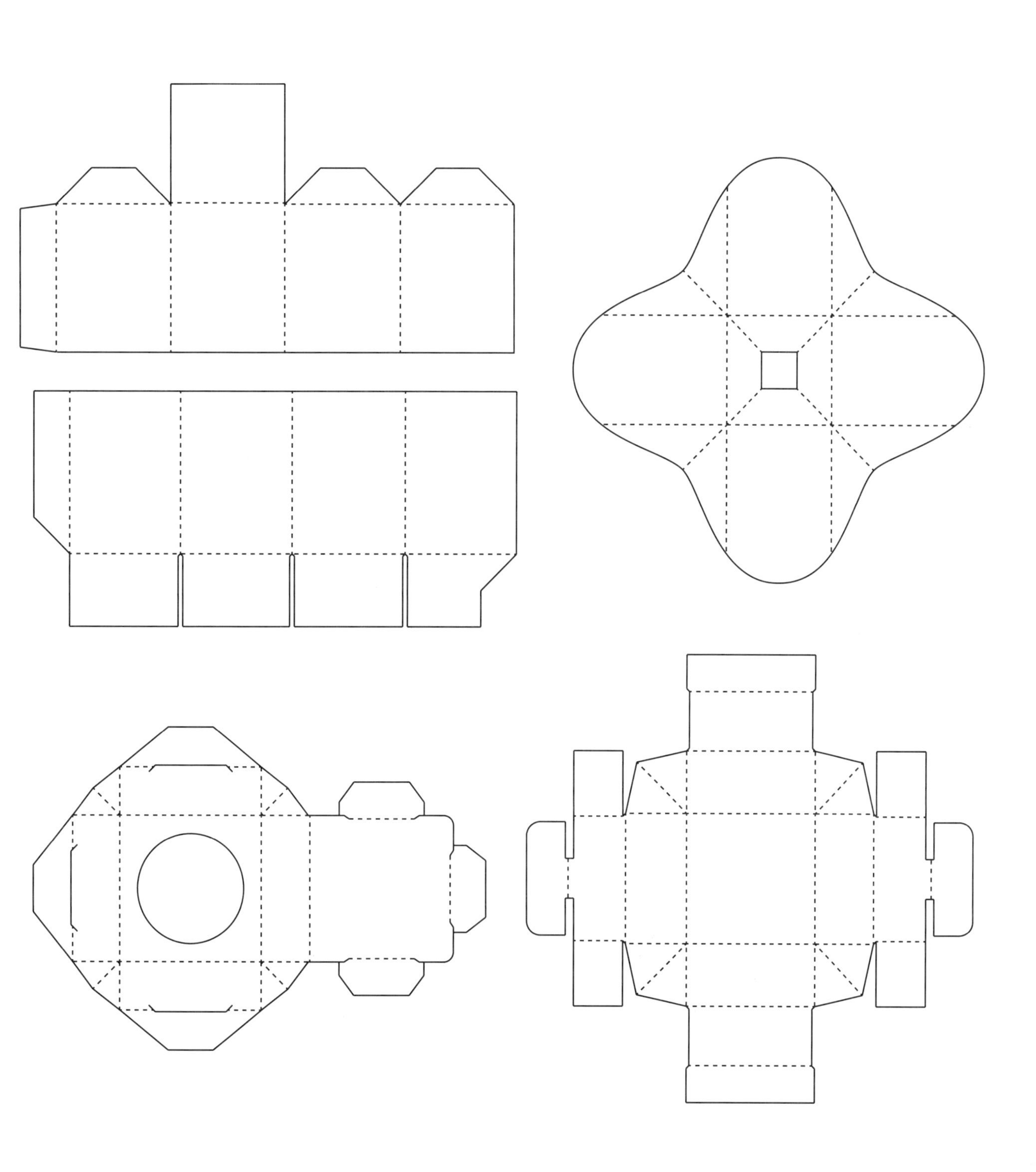

设计师 = Marta Gintere

火柴盒

该作品旨在通过包装的再设计支持日渐式微的火柴行业。盒盖保留了八角形的特点，因为在 1950—2010 年期间，八角形火柴盒是一款在韩国生产的、有象征意义的产品包装。

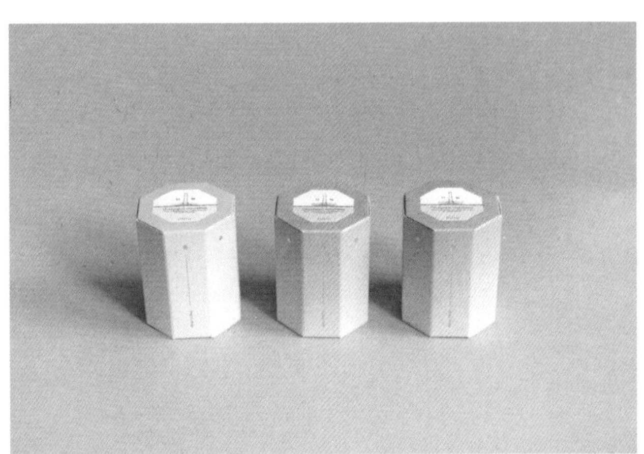

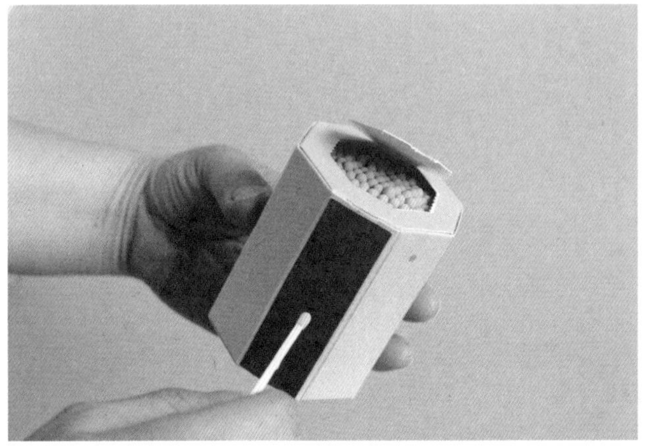

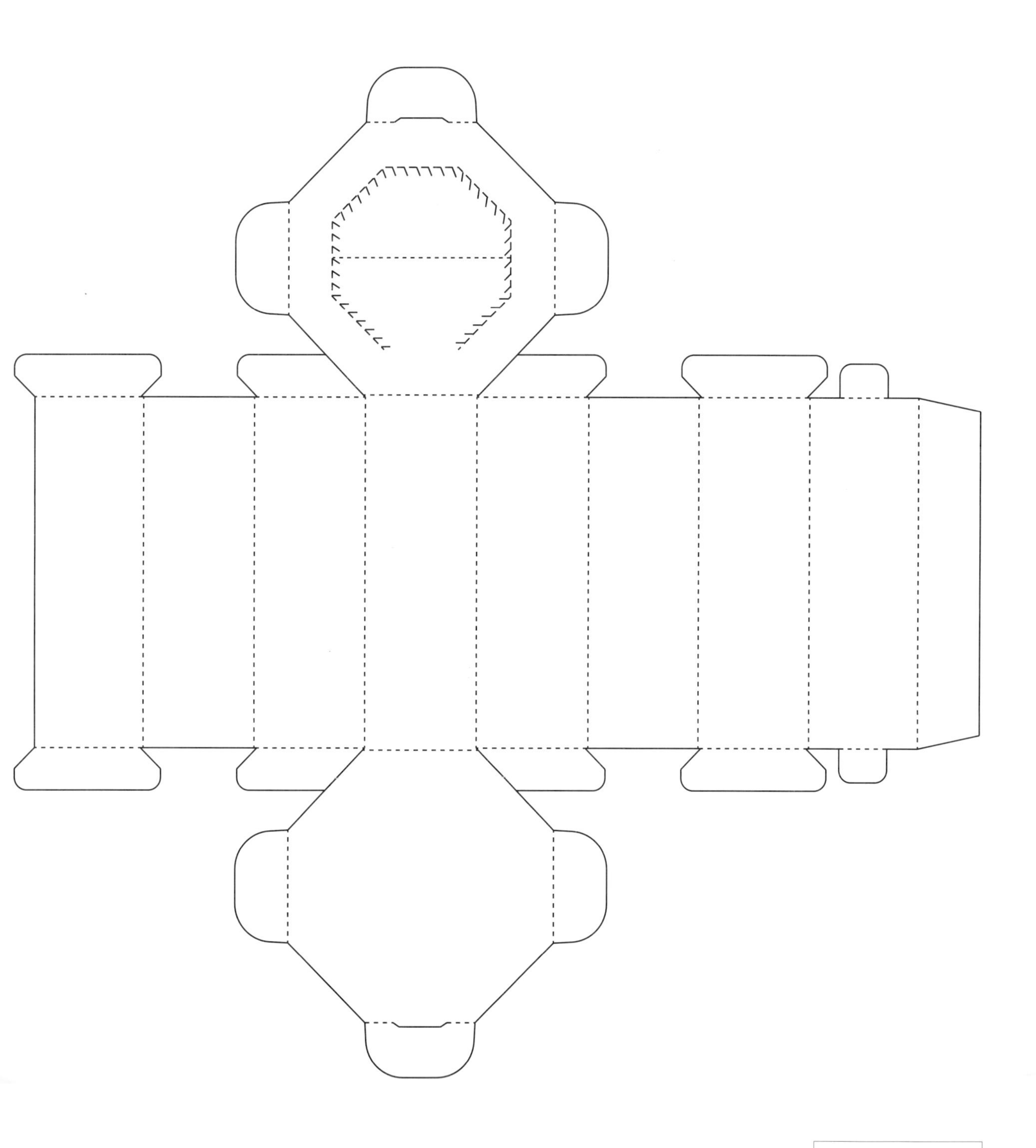

设计师 = Sohyun Shin

Taco Olé 墨西哥卷包装

Taco Olé 派对包由 20 个独立包装的墨西哥卷组成，每个颜色对应一种口味。餐巾纸和蘸酱放在包装的底部。

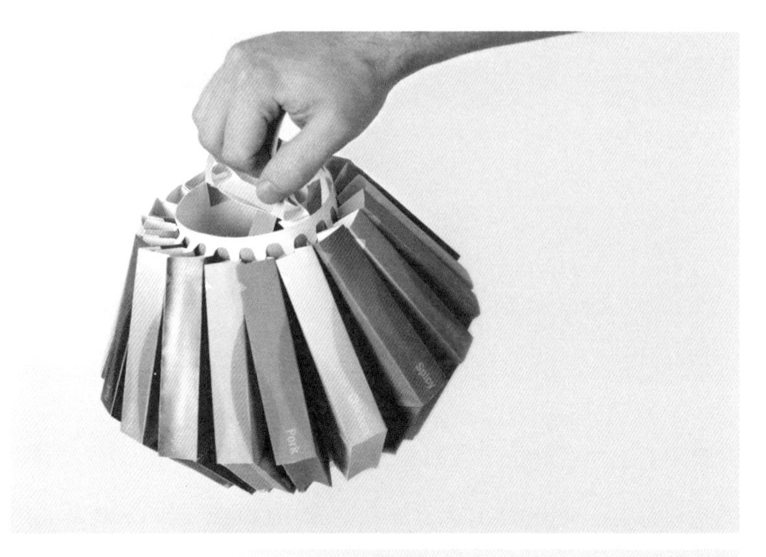

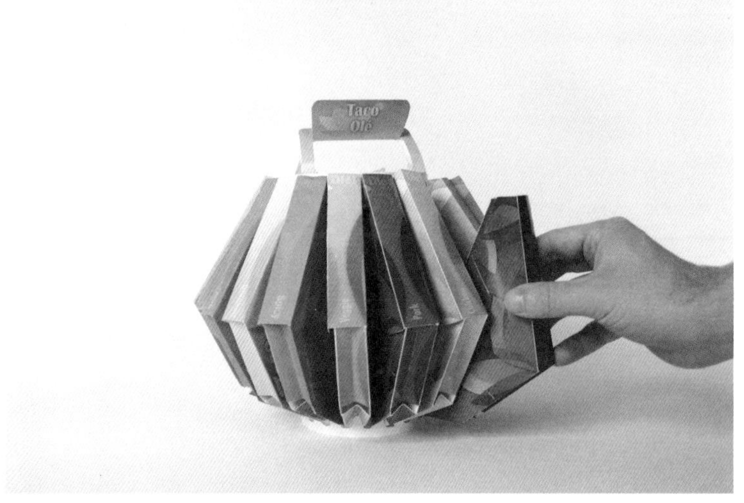

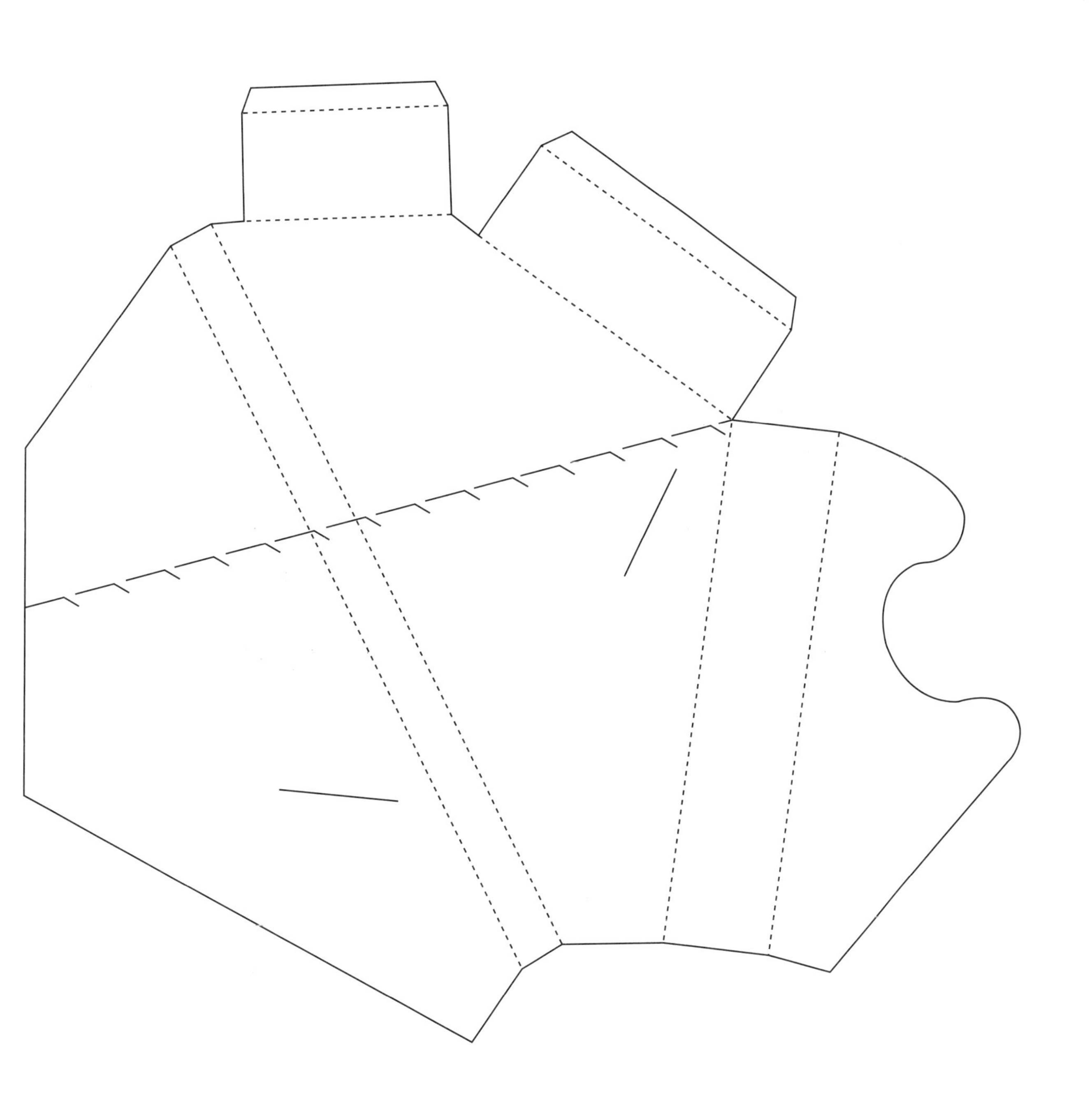

设计师 = Guo Wei Chen

寿司外卖盒

该作品包括一个可以放三道菜的盒子、一个外卖袋、一双定制筷子和两张折叠成忍者飞镖形状的纸巾。包装的创意在于运用了手工折纸的概念，把所有盒子堆砌起来可以组成一个全新的形状。

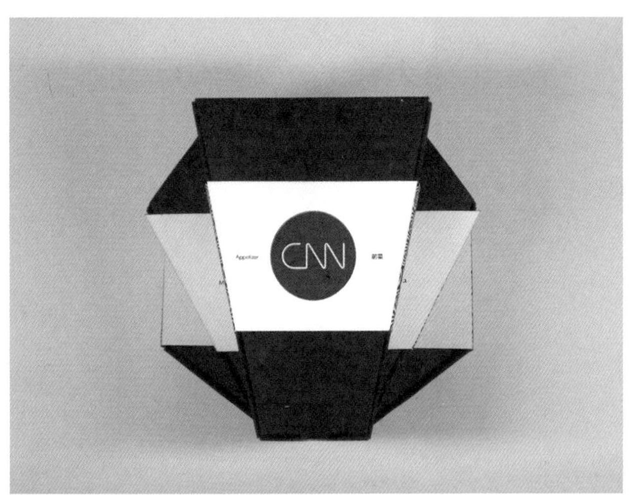

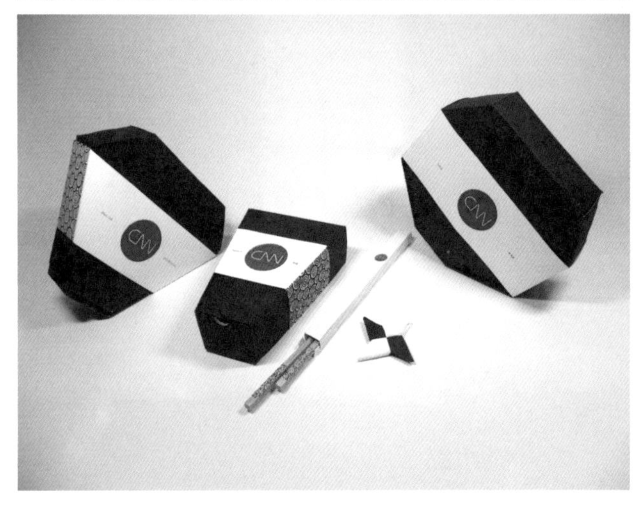

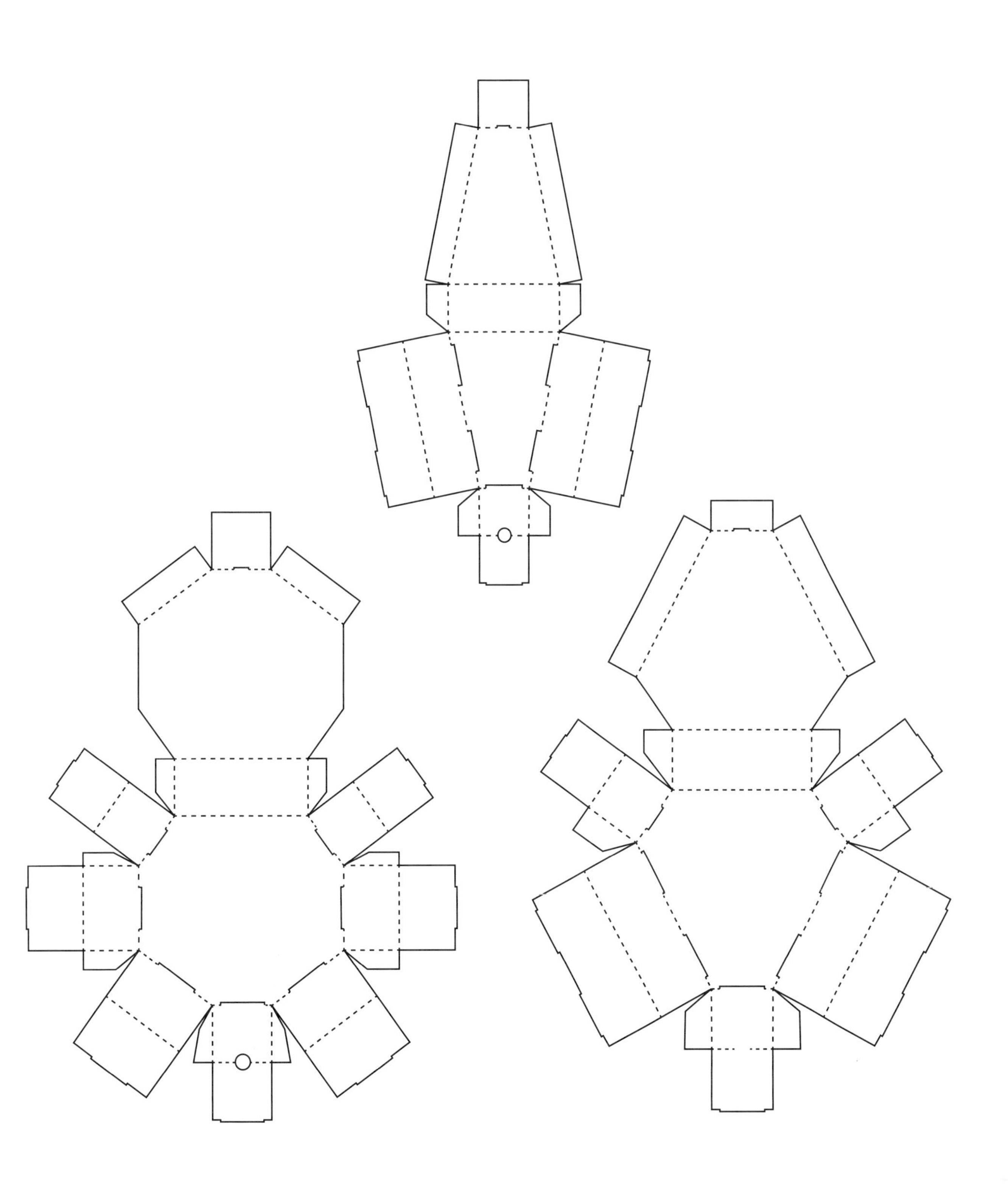

设计师 = Yannis Ampelas，Yannis Choulakis

儿童文具包装

该系列的概念文具包装把结构放在首位，希望通过特别的结构设计和鲜艳的颜色吸引儿童，更重要的是激发他们想象与创造的能力。

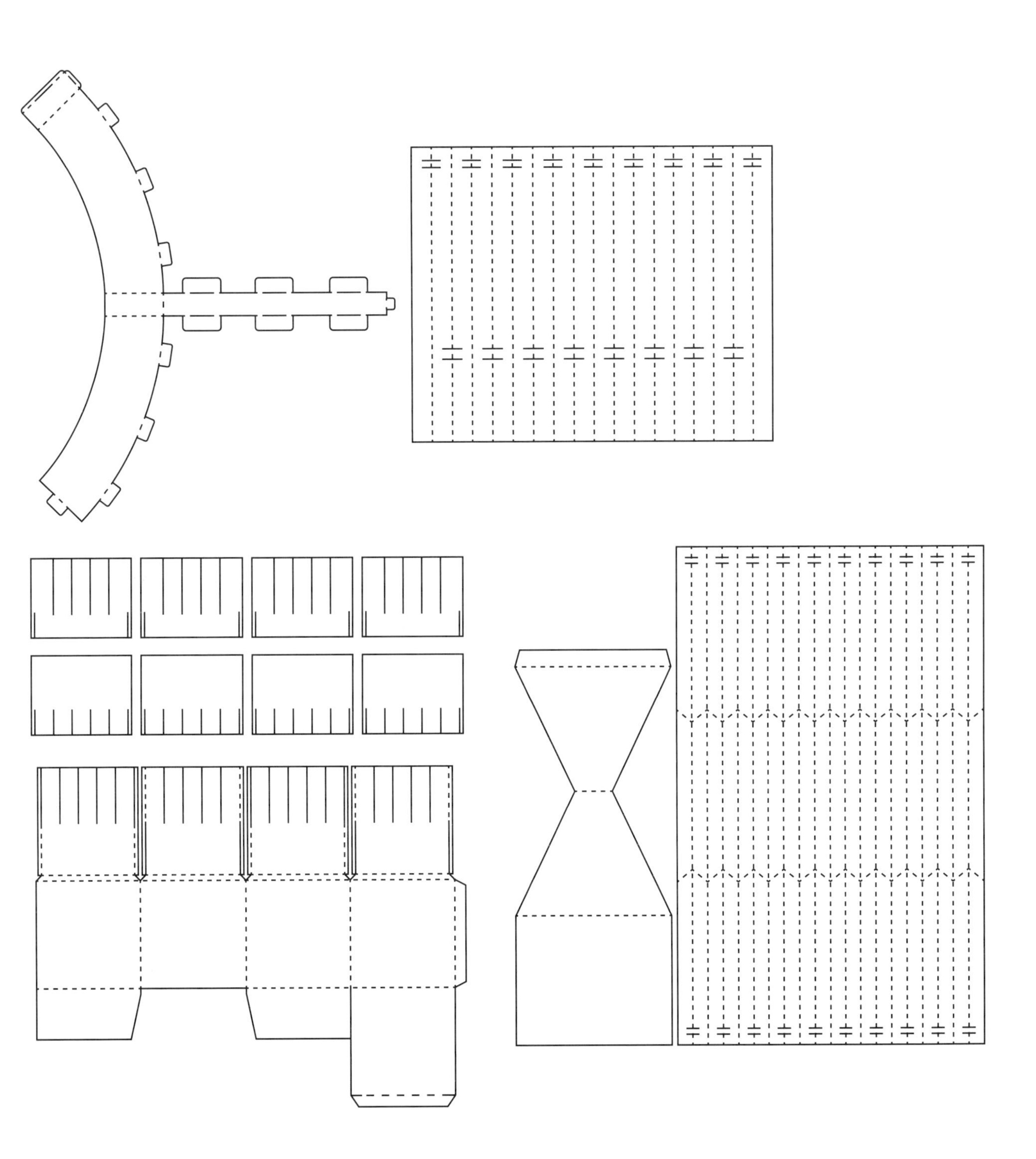

设计师 = Cheng Yuan Chieh

草本植物包装

EURIPOS 是一个虚构品牌，在希腊语中意为“有益健康”，主要生产茶和草本植物。商标的设计灵感源于草本植物的叶子，包装盒也采用了一片叶子的形状，每个盒子里面放着提神醒脑的草本植物。另外，包装所用的纸是环保的再生纸。

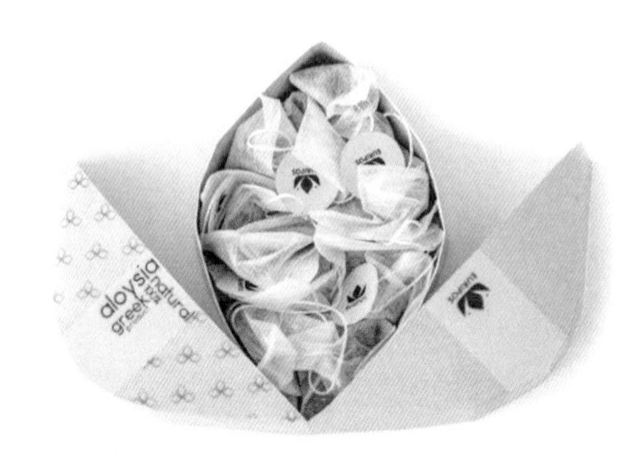

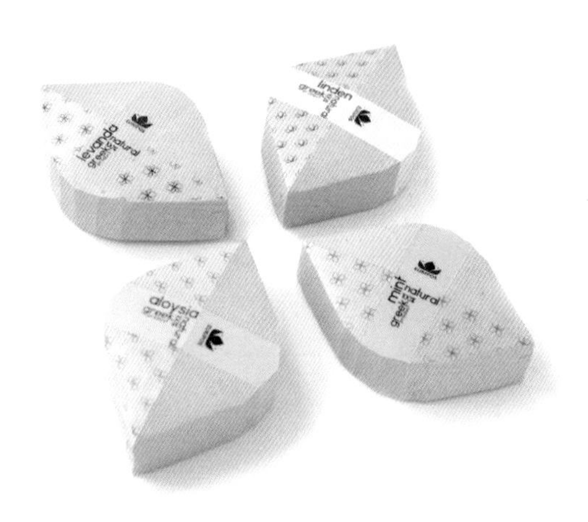

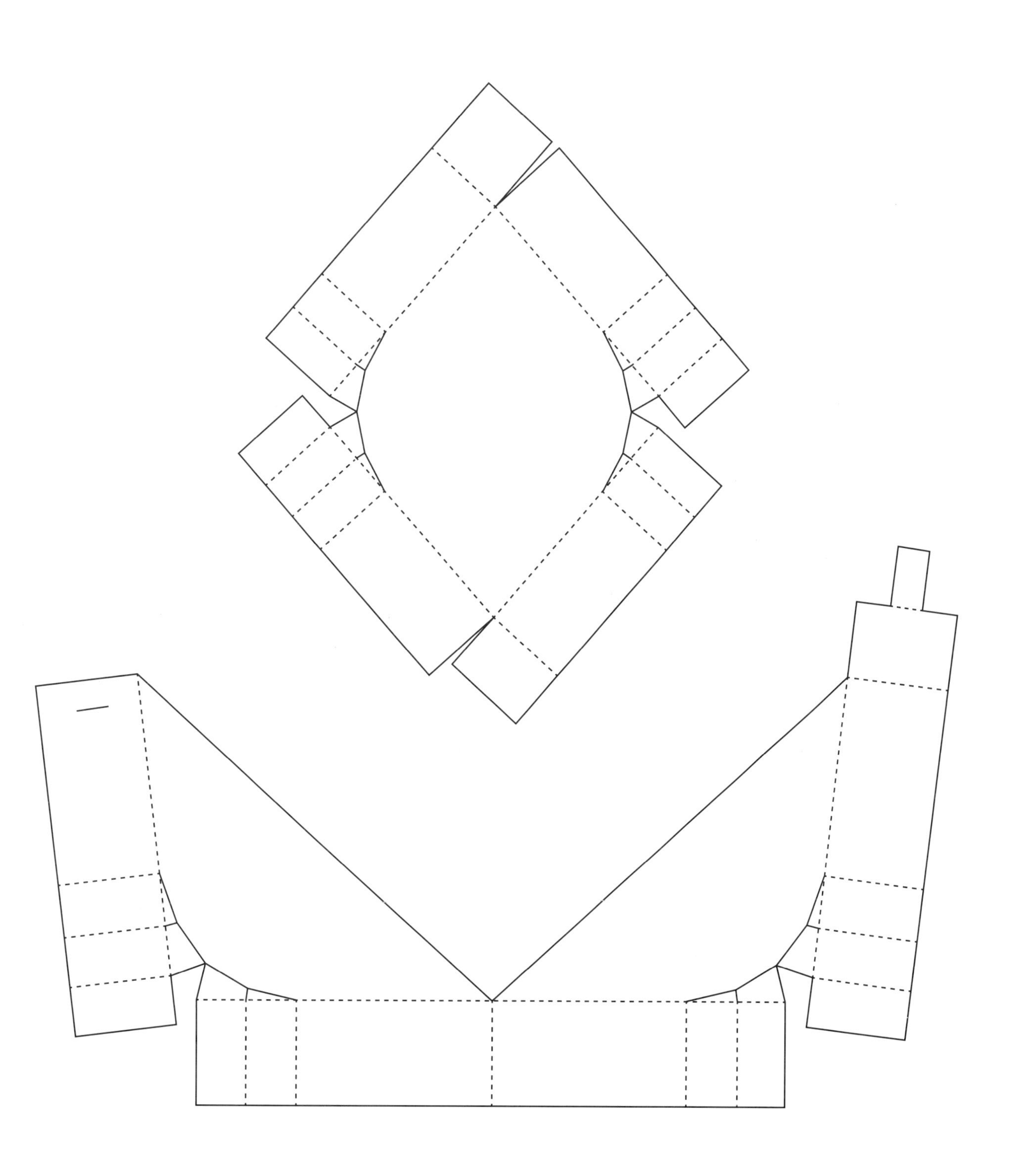

设计师 = Trantalidi Katerina

NO…TEA INSIDE 茶叶包装

这款茶叶包装的概念基于一条折纸蠕虫，每个部分对应不同种类的茶叶。为了凸显品牌的与众不同，包装上 NO…TEA INSIDE 的文字与清晰可见的茶包形成一种幽默的对比。

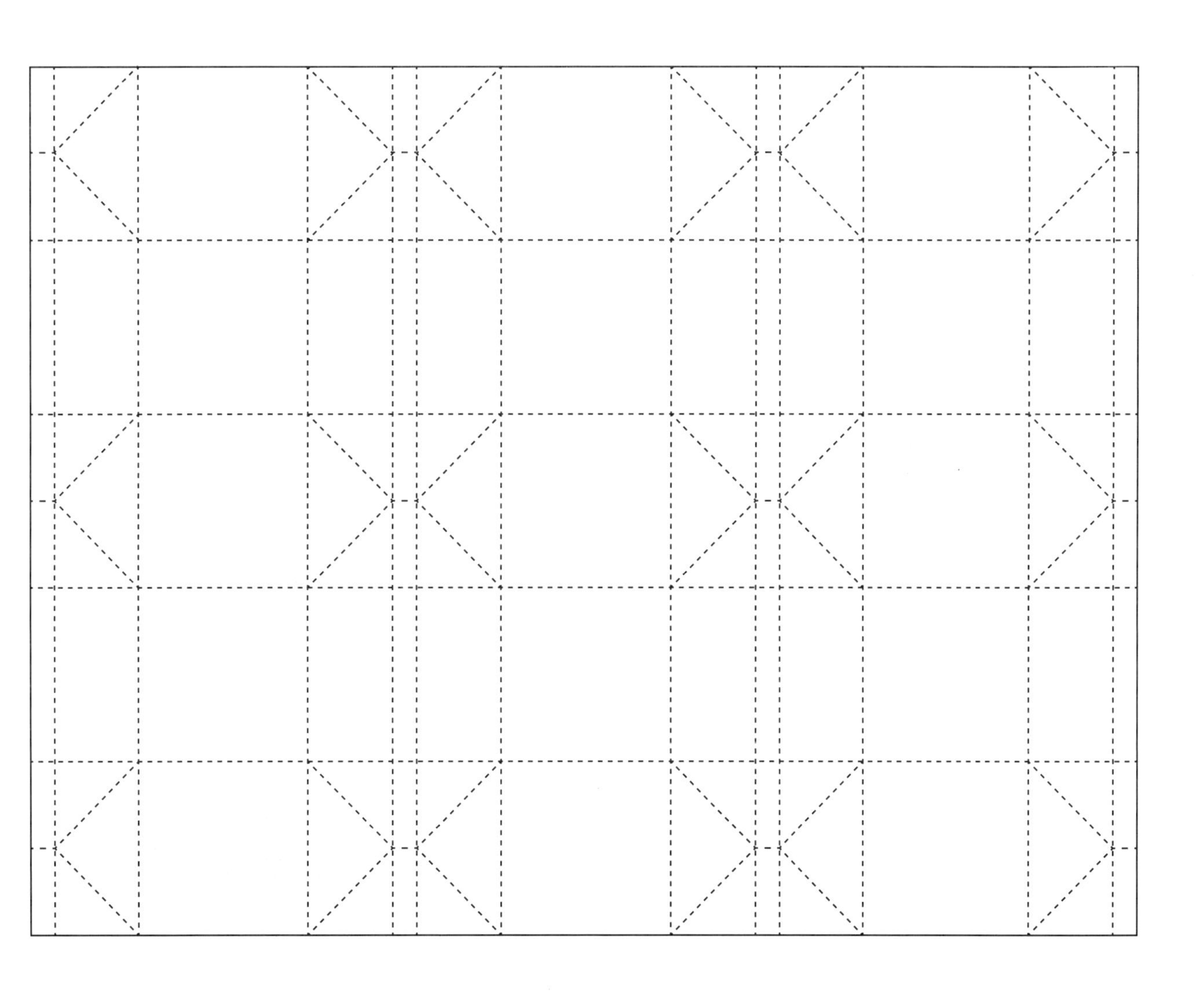

设计师 = Nune Khachatryan

保健饮品包装

André Leroi-Gourhan 在他的《手势与话语》一书中谈到了一个令人担忧的问题，即手的退化，它与大脑退化有关。该作品旨在通过包装设计反思该问题。设计师从手势意识出发，希望设计一款可以增强“人—物”互动模式的盒子，超越包装纯粹的实用性与美观性，为顾客提供一种感官体验。

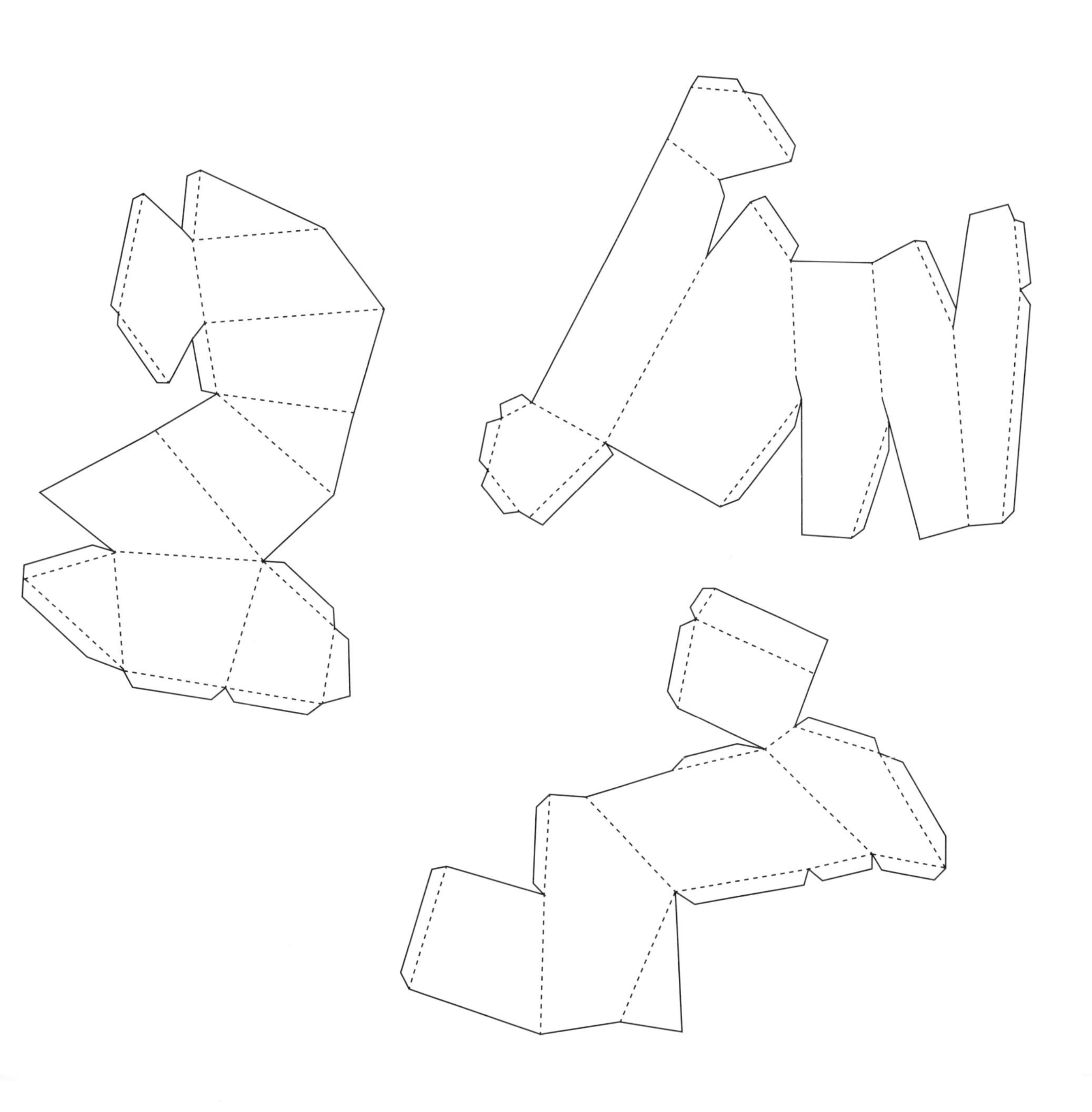

设计师 = Ângela Monteiro

月饼包装

设计师受好奇心驱使，开始探寻中秋节的起源。尽管其起源仍然十分神秘，但在探寻的过程中设计师找到了创作灵感，把所收集到的有趣故事形象地描绘在可折叠的月饼包装纸上。

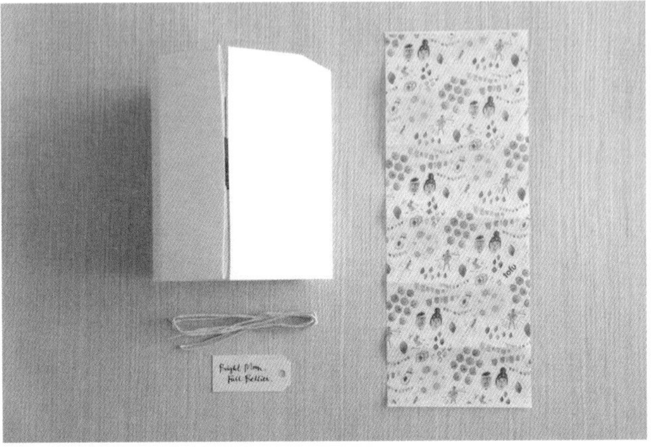

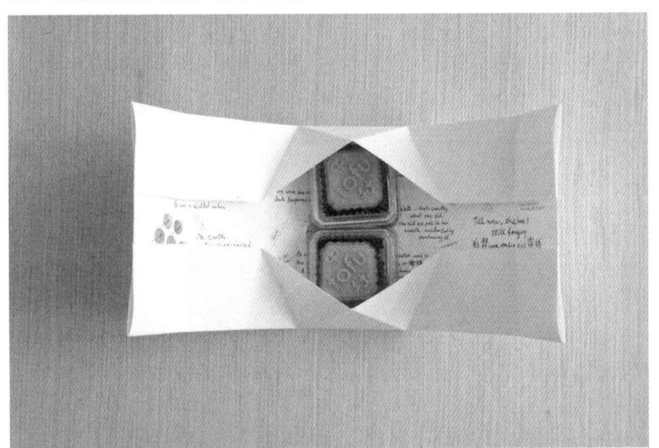

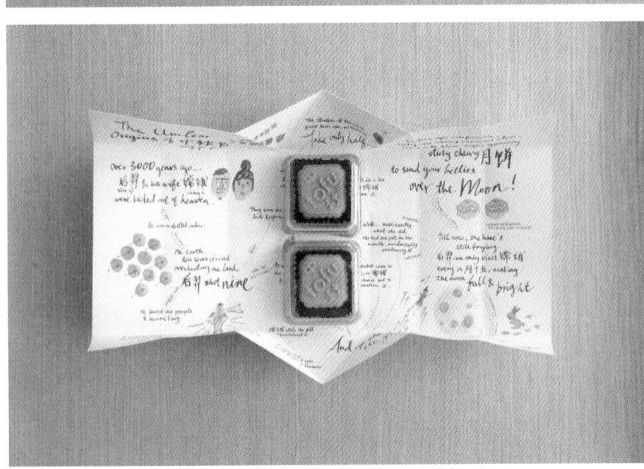

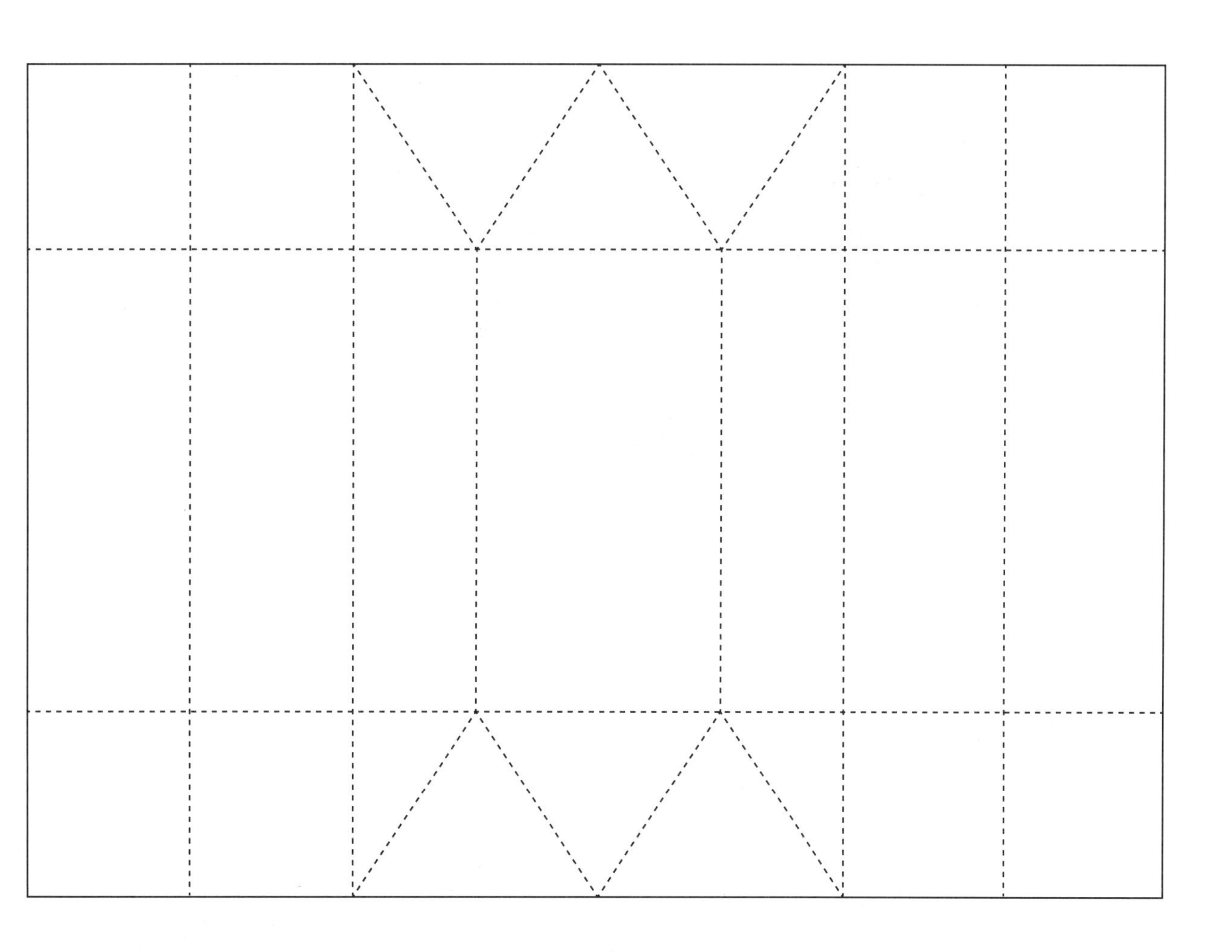

设计师 = YEO WanQi

野生鱼包装

该包装旨在表达在大自然中捕获鲱鱼的乐趣。为了强调环保，包装的所有材料均可回收利用。

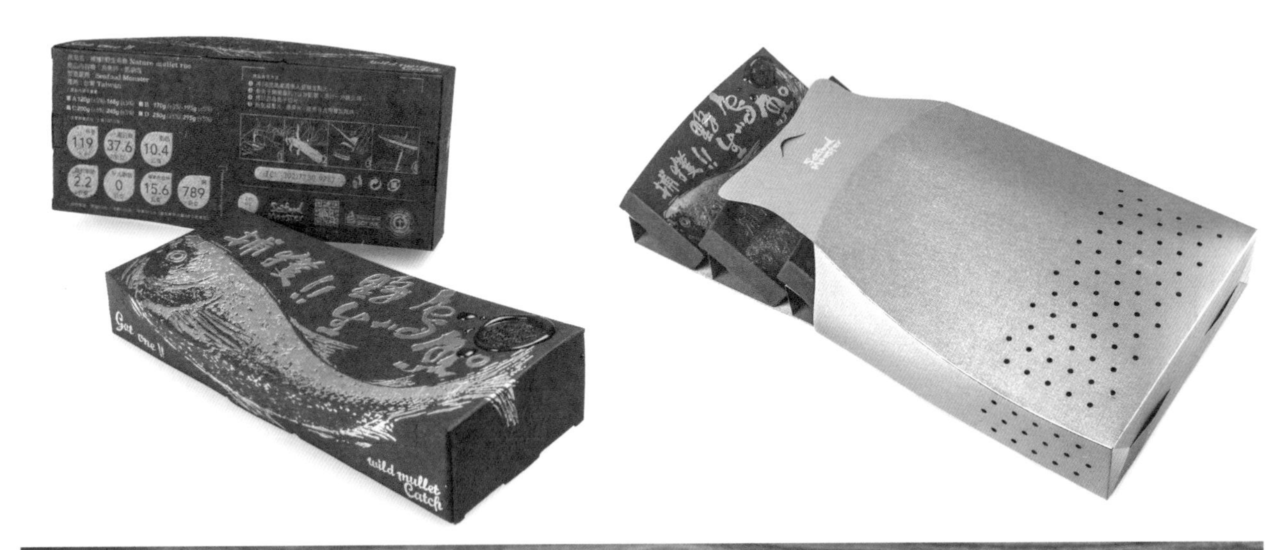

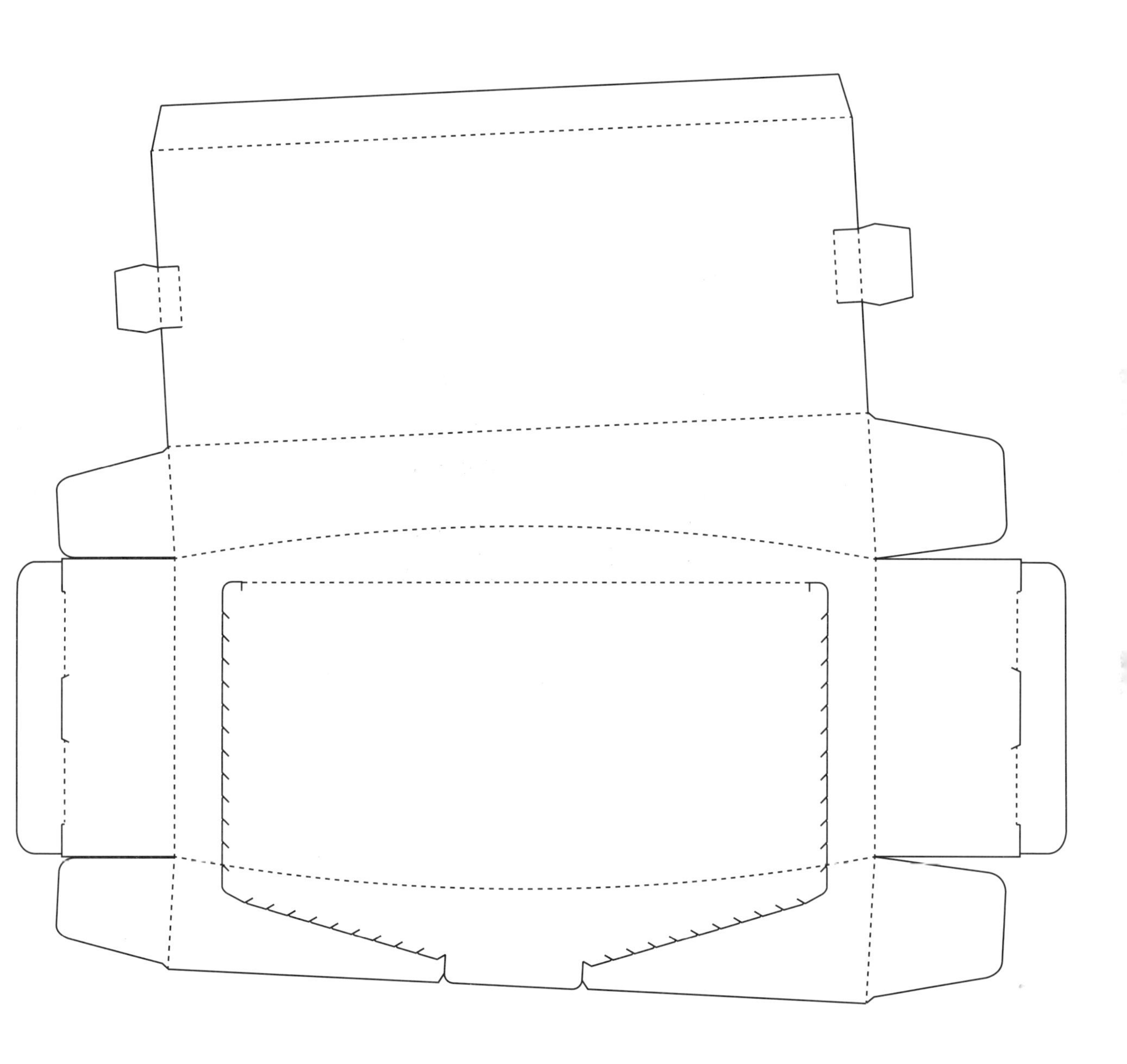

设计师 = Devours Bacon

咖啡外带盒

这是一款低成本的包装，兼具实用性与美观性。可折叠的结构节省了存放空间，并能稳固地放置杯子、餐巾纸、糖包和搅拌棒。

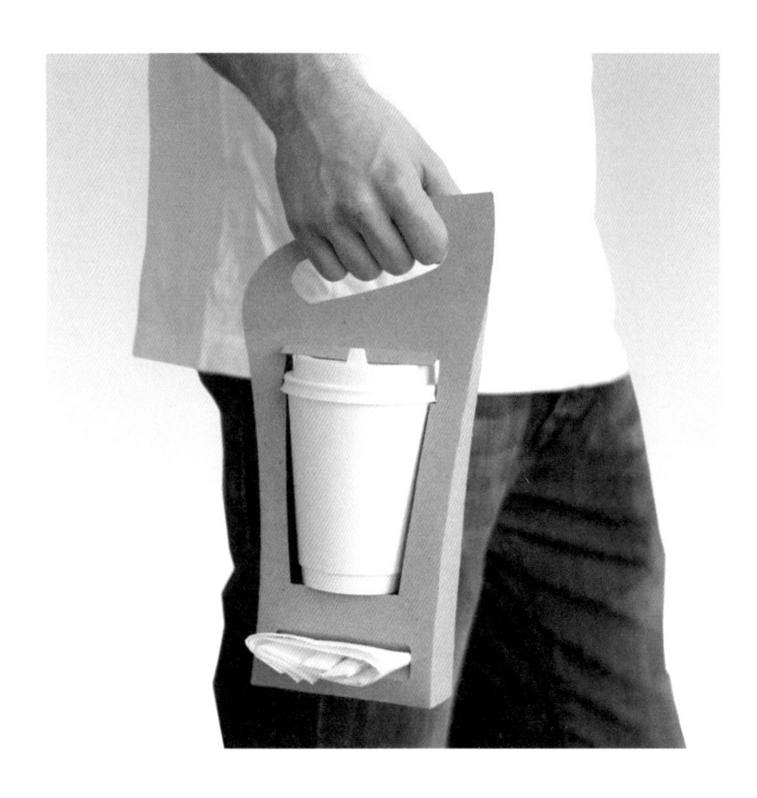

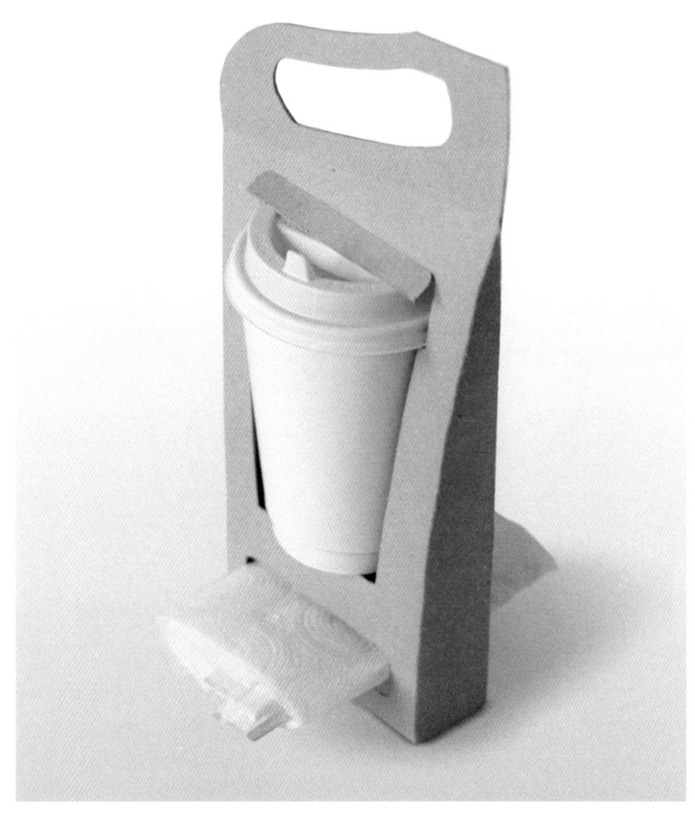

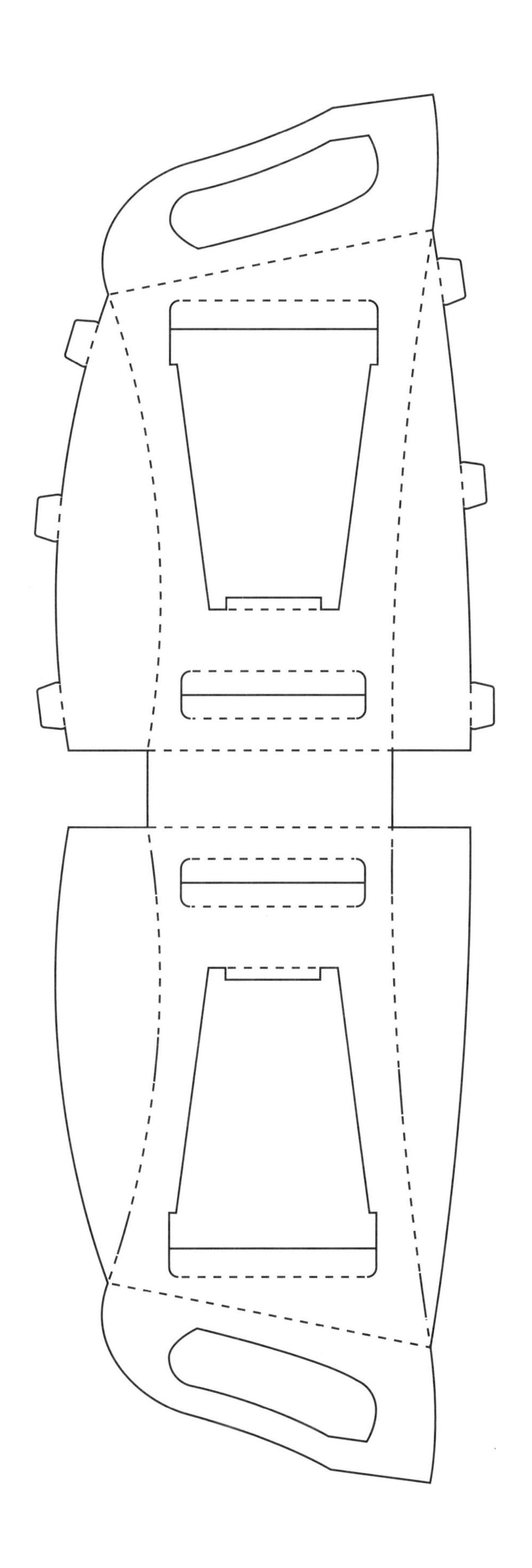

设计师 = Patryk Wierzbicki

PASTA NOSTRA 意大利面包装

简单的三角形棱镜结构似乎不能满足意大利面的包装，于是设计师巧妙地在包装的顶部增加了一个金字塔形的结构，用于放置烹饪时会用到的罗勒。

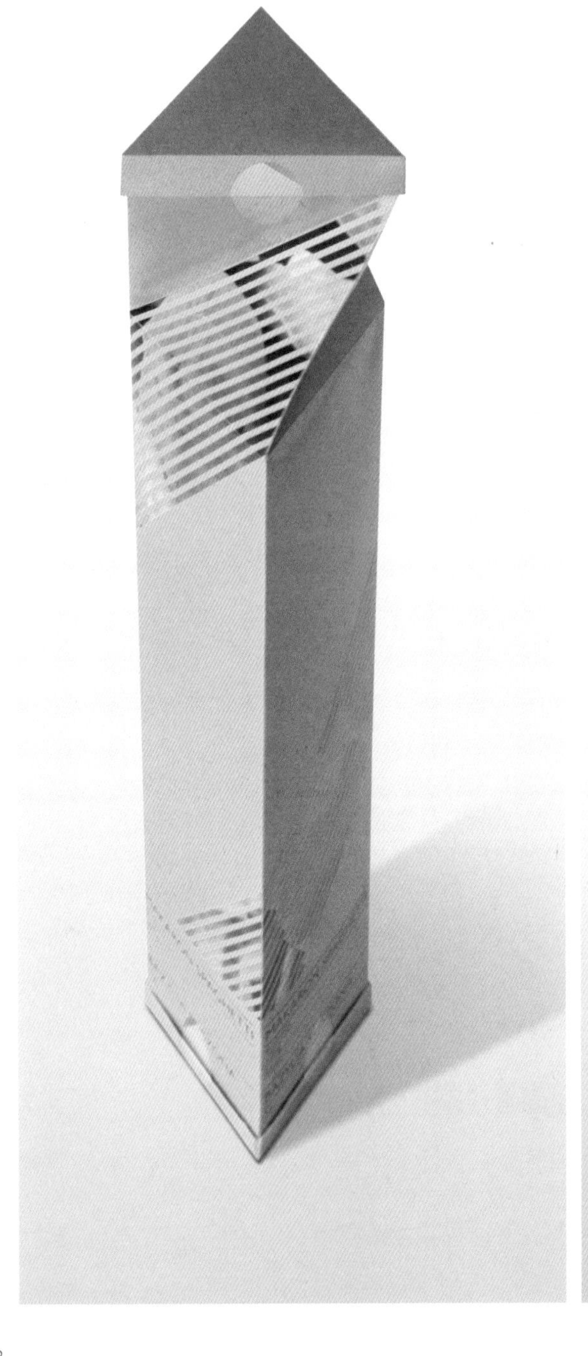

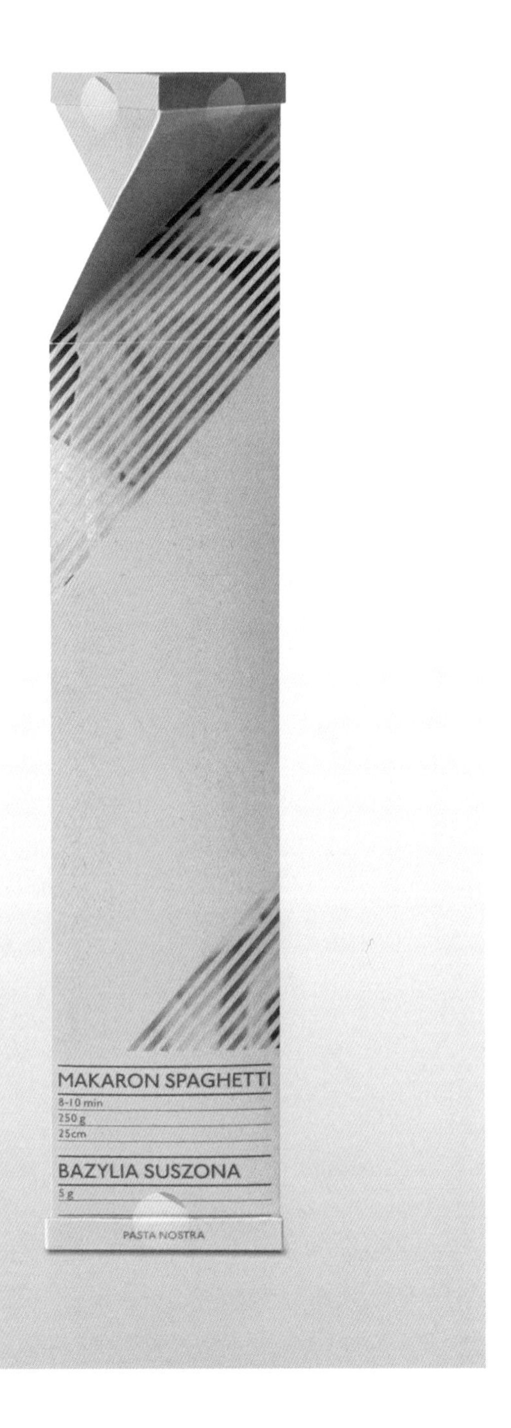

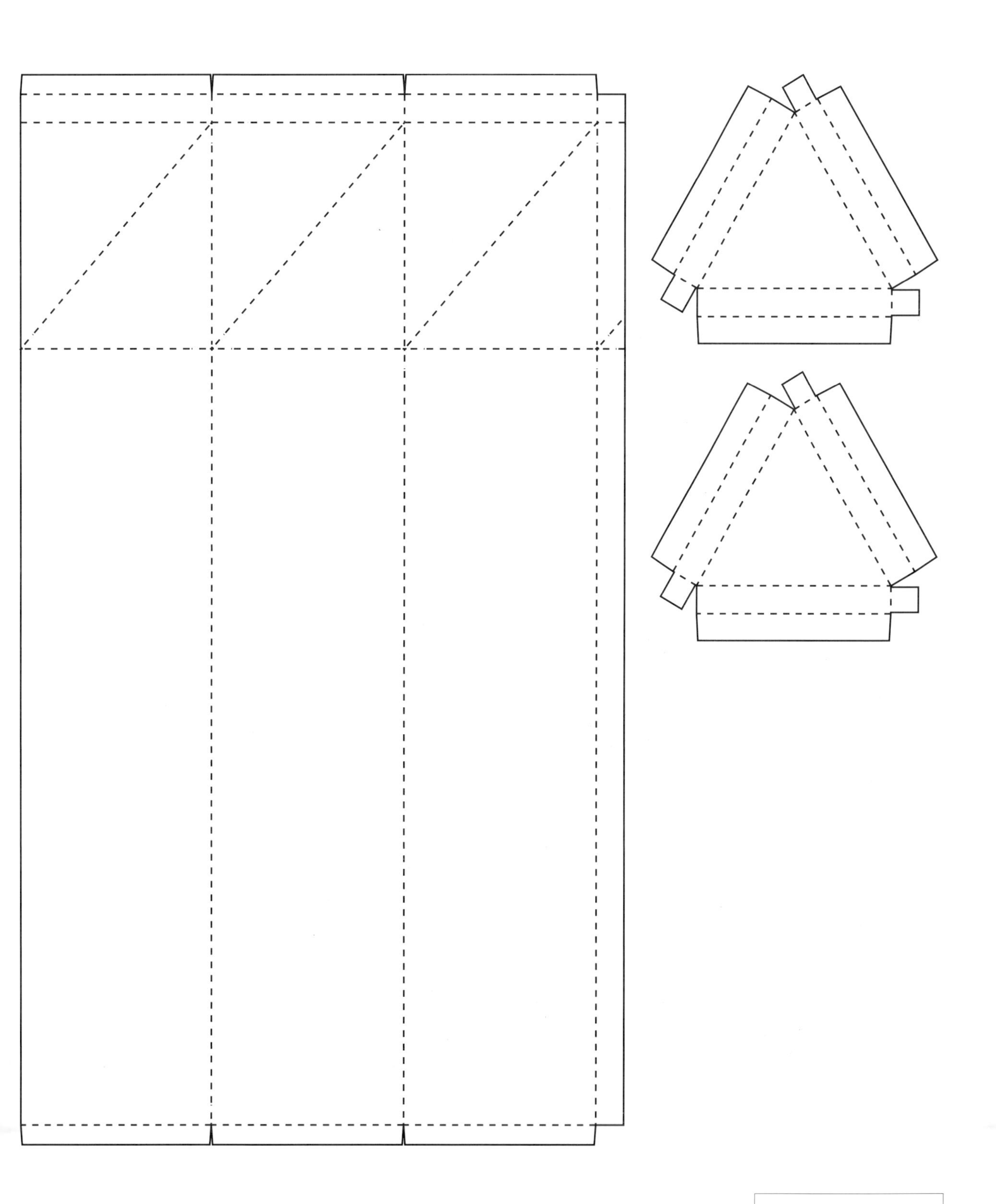

设计师 = Patryk Wierzbicki

陶制杯子包装

这是 Sur La Table 赤陶产品系列的概念包装。包装的底座是中间挖孔的木质杯托，有助于稳固杯子。

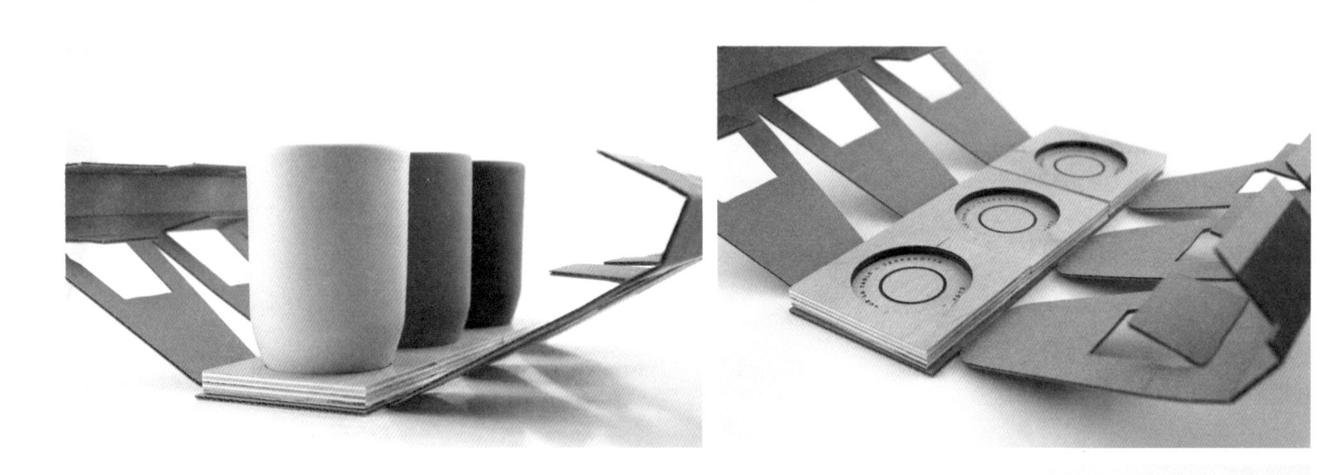

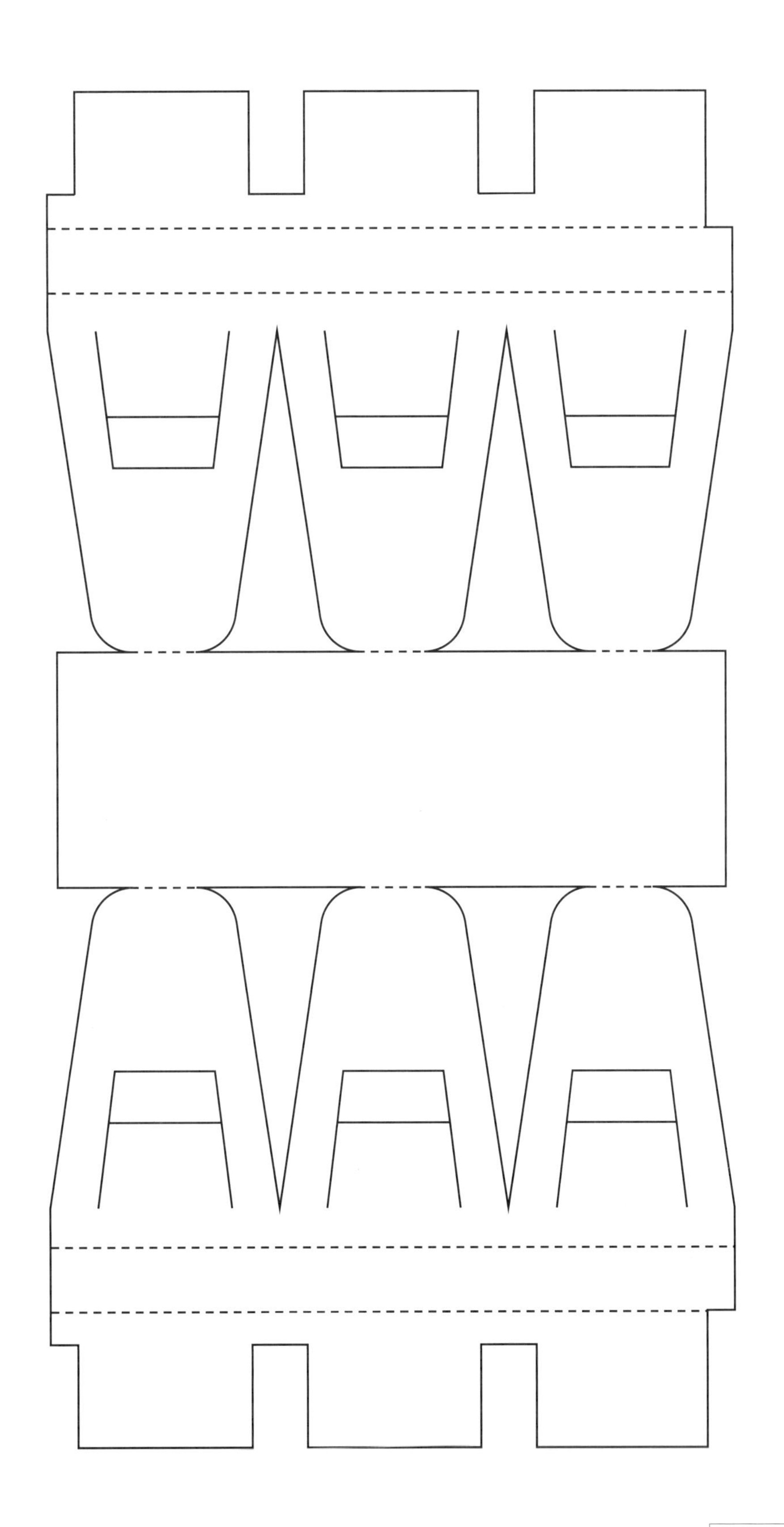

设计师 = Alireza Jajarmi

饭团包装

这种饭团模仿了日本圣山的形状。这一包装可以激发顾客的兴趣，并让顾客从开孔处了解饭团的新鲜程度。

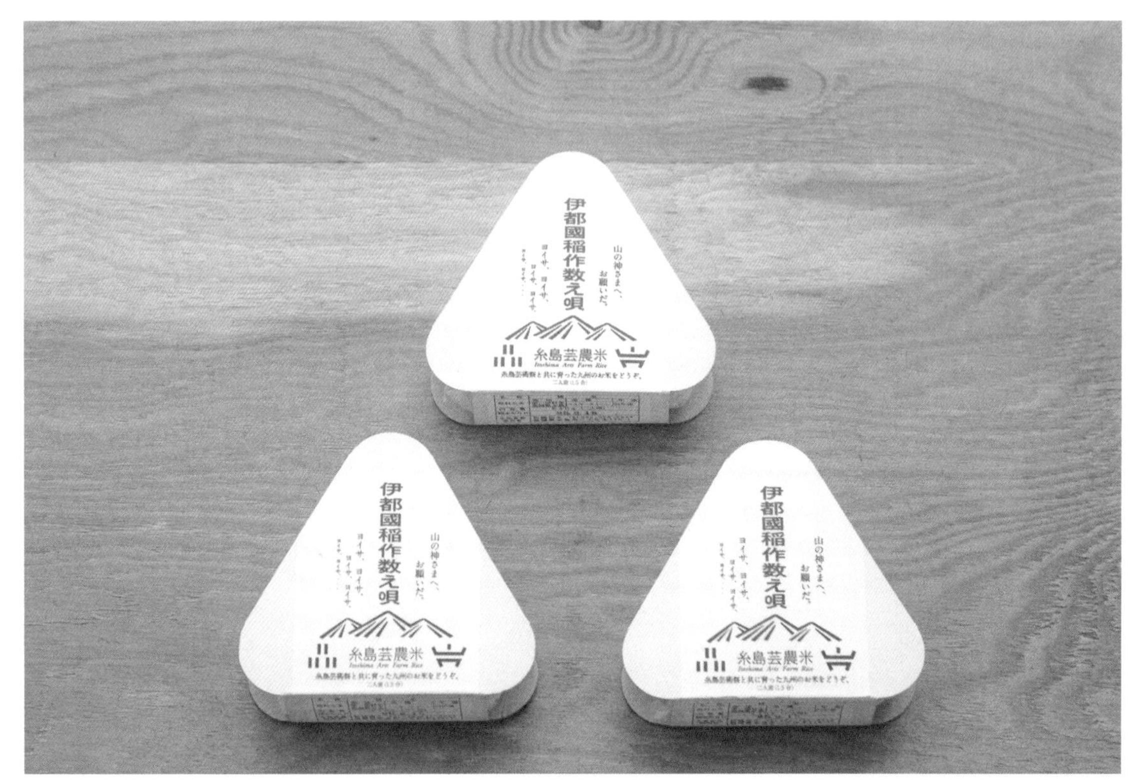

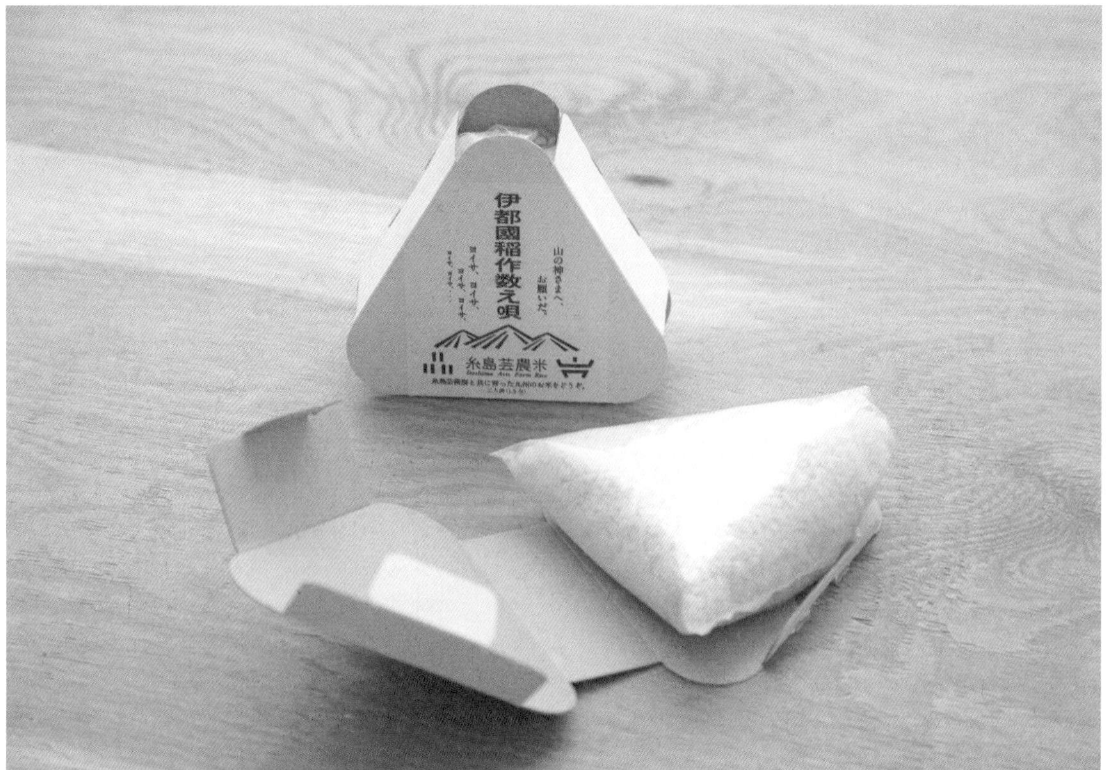

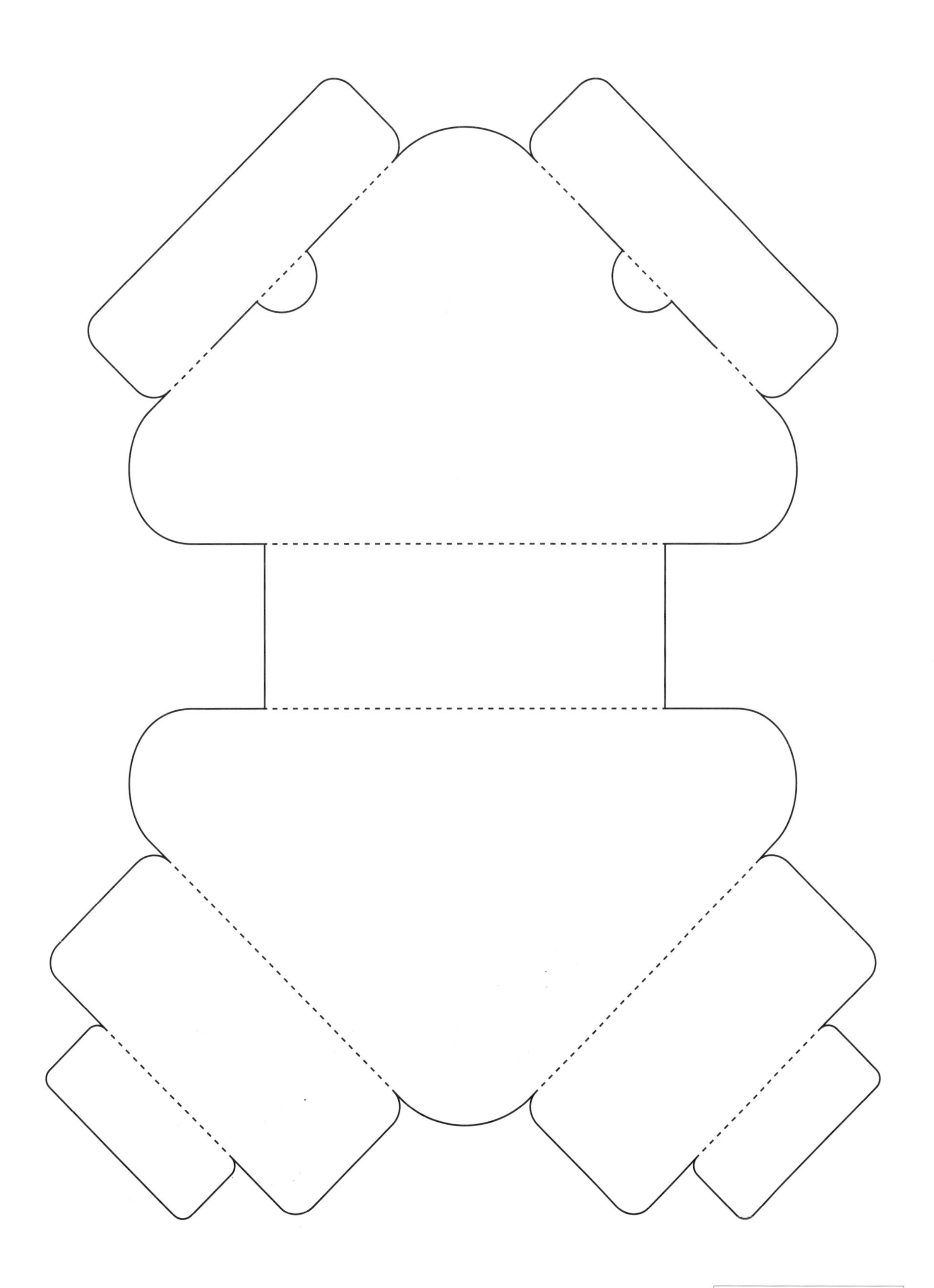

设计师 = Takayuki Senzaki

茶叶包装

普罗旺斯式的装饰风格奠定了此款包装设计的基调。作为礼品，该包装的结构经过精心设计，除了放置茶包外还可以放一些糖果。

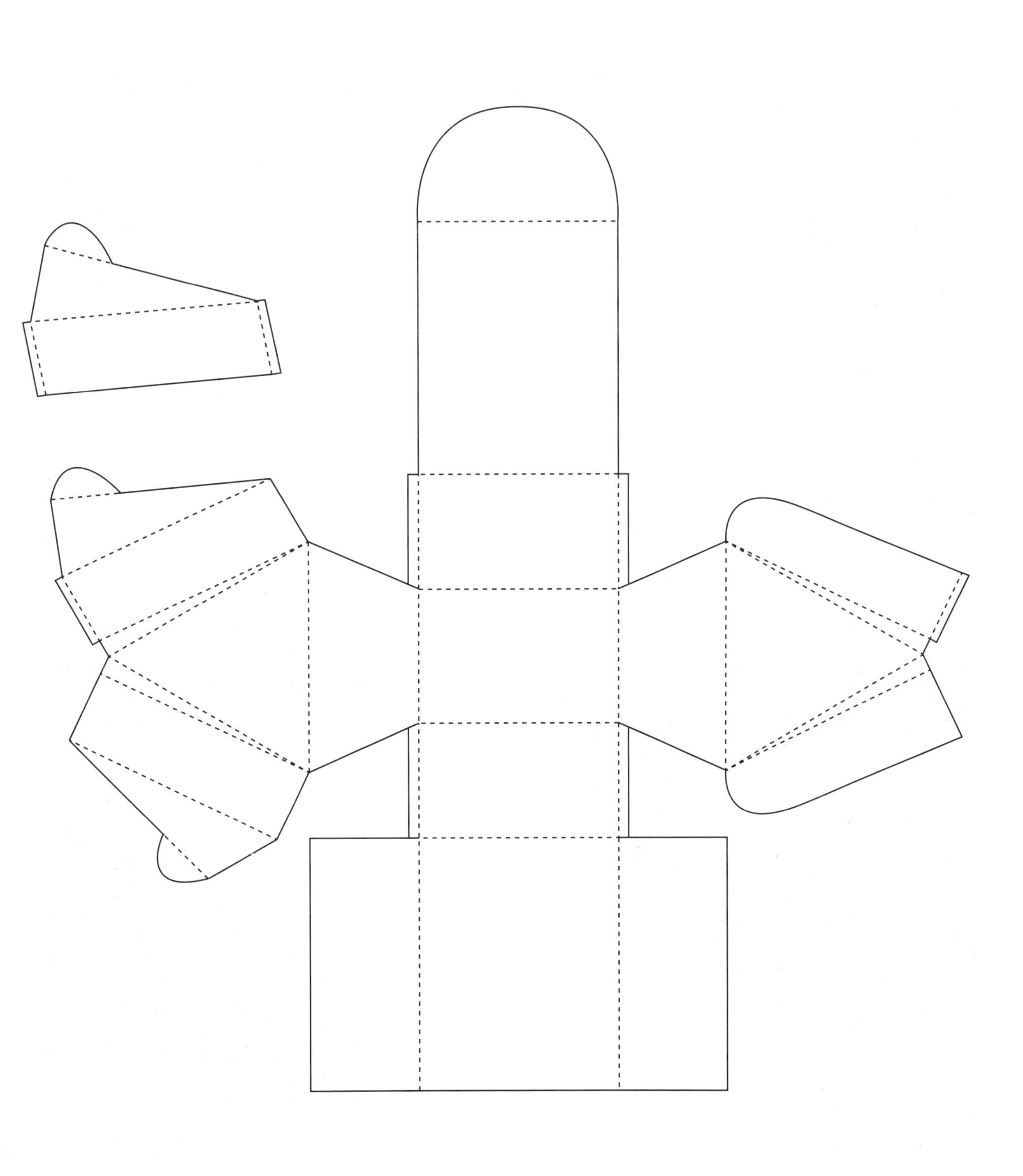

设计师 = Sima Boyko

LIQUIVÉE 维生素饮品包装

一款产品要赢得女性的欢心，包装也应尽量女性化、优雅、时尚。设计师没有设计一款典型的药品包装，而是让这些美容维生素饮品成为化妆品的一种。

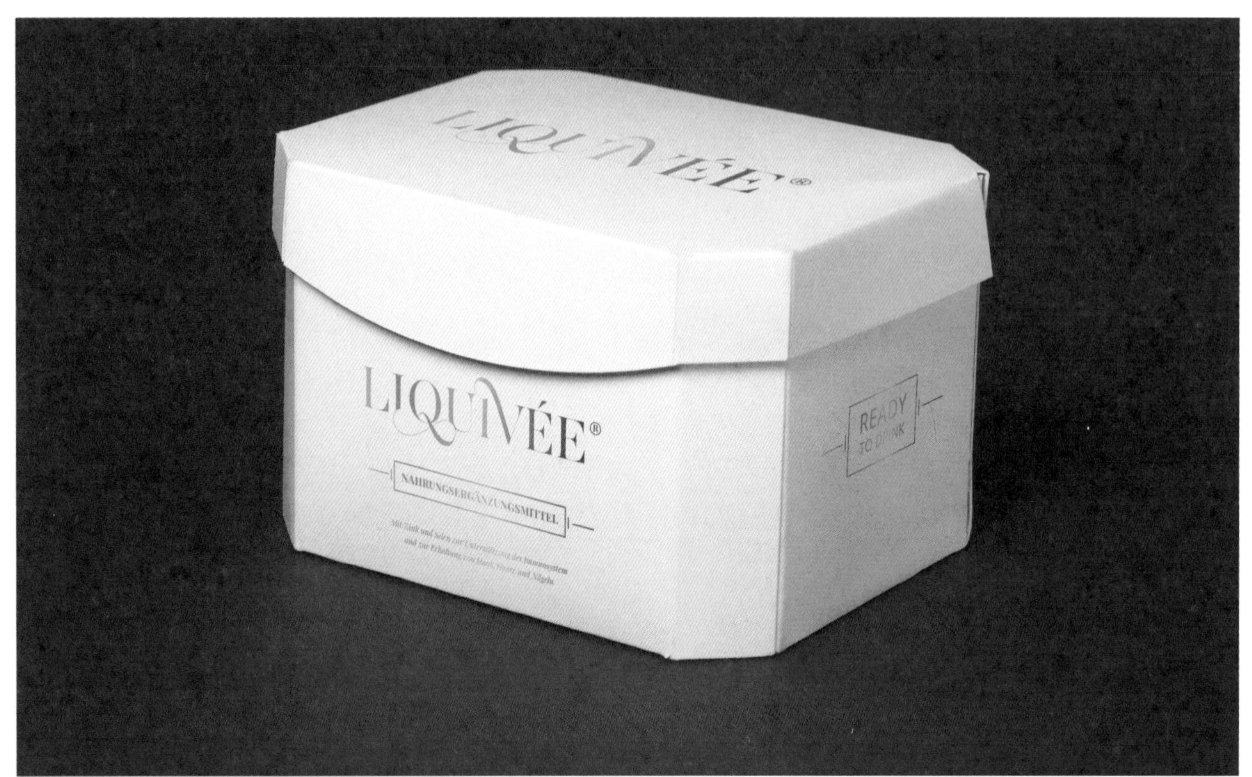

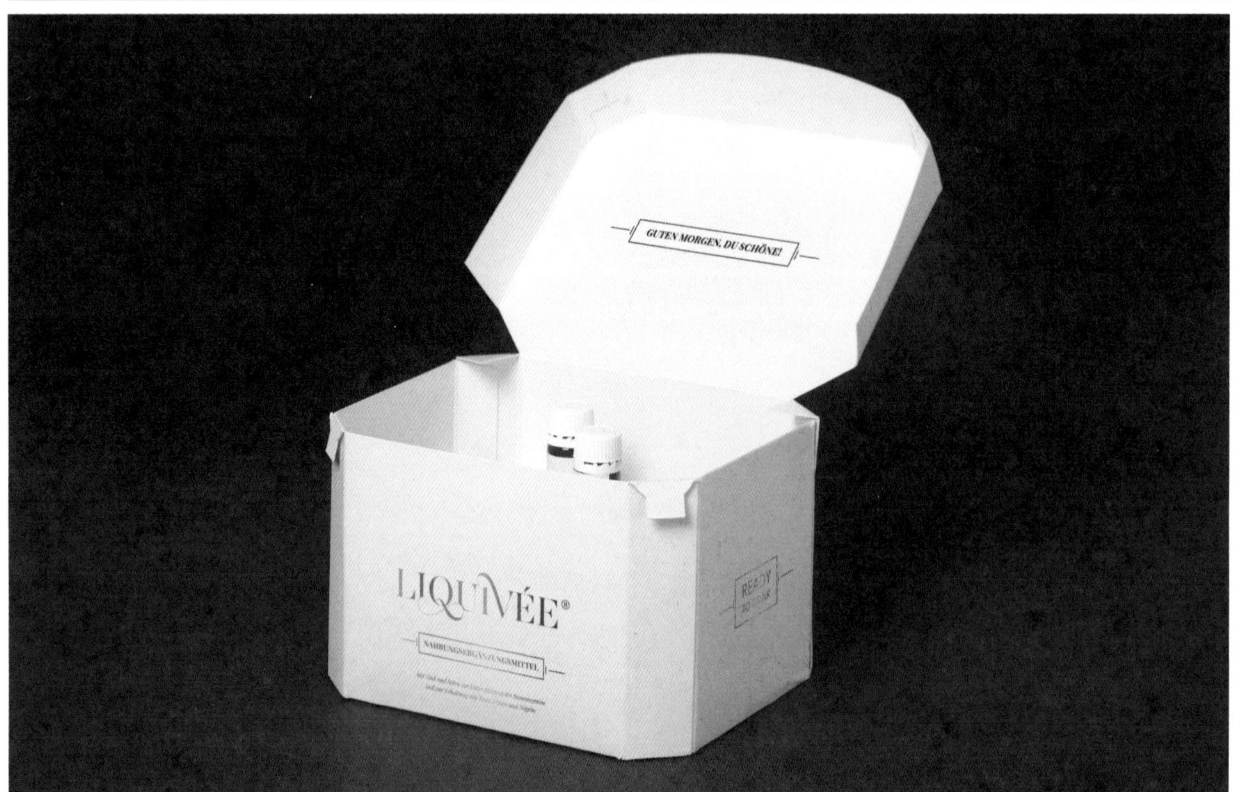

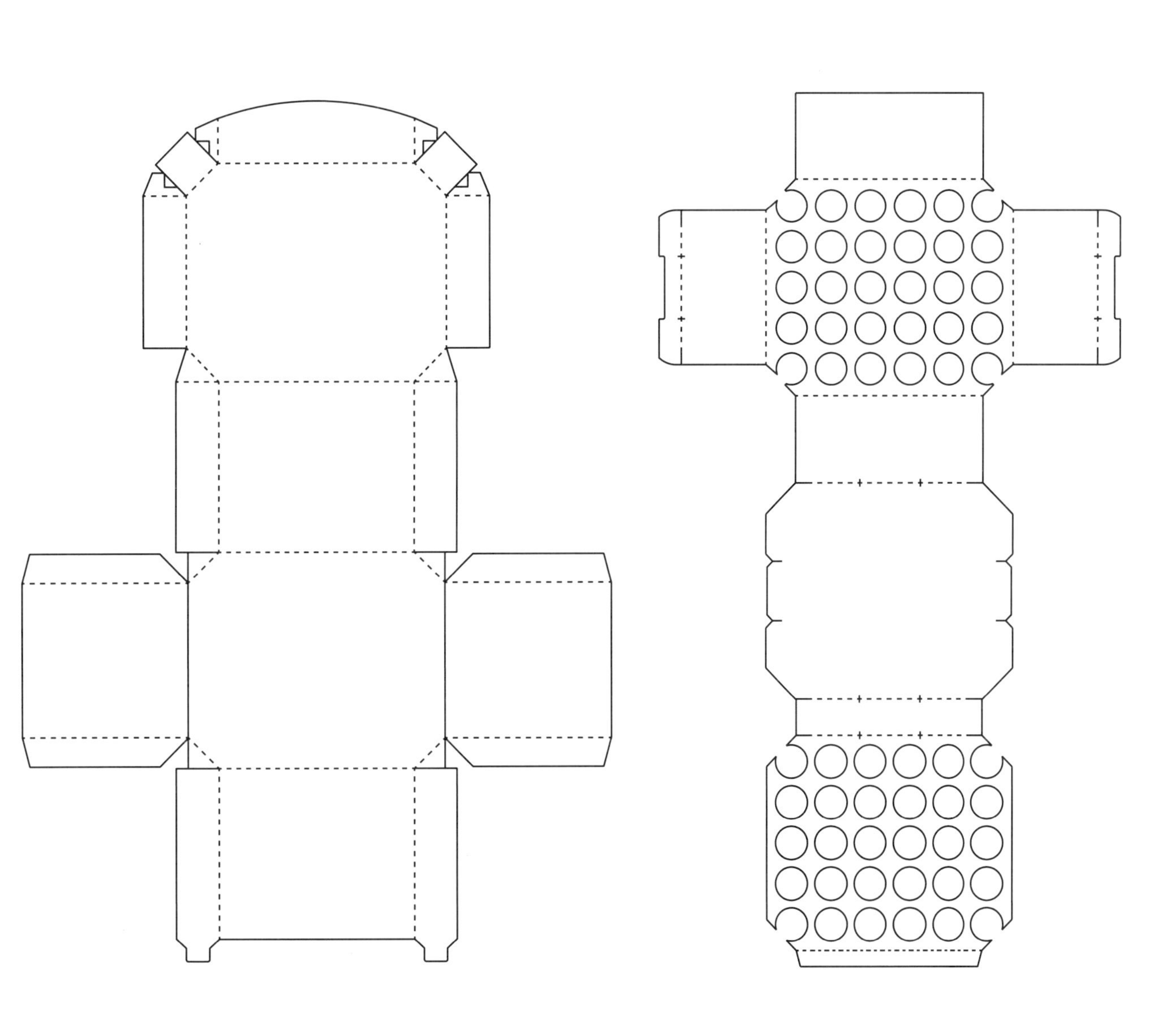

设计师 = Kissmiklos

乔丹鞋盒

这是一款鞋盒的包装设计，倒三角的形状象征着力量和能量，与乔丹品牌有名的飞人标志相契合，凸显了它的独特性。鞋盒上有一个可以抽拉的把手，对于喜爱 Air Jordan 系列产品的收藏者来说，这款鞋盒还可以用作一个持久耐用的抽屉。

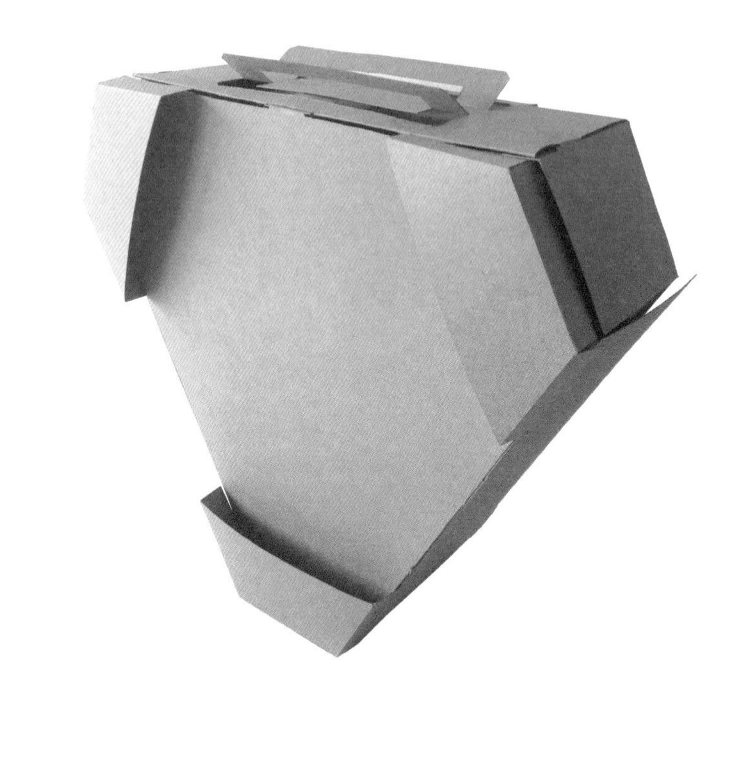

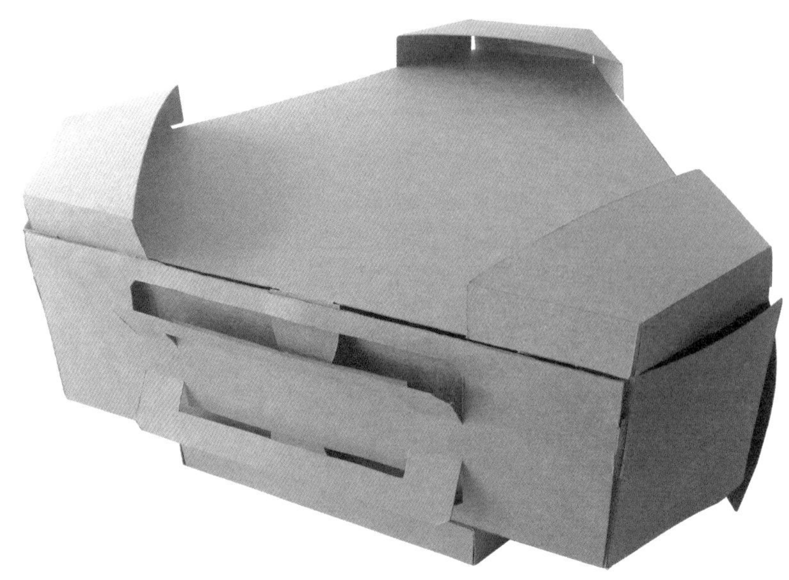

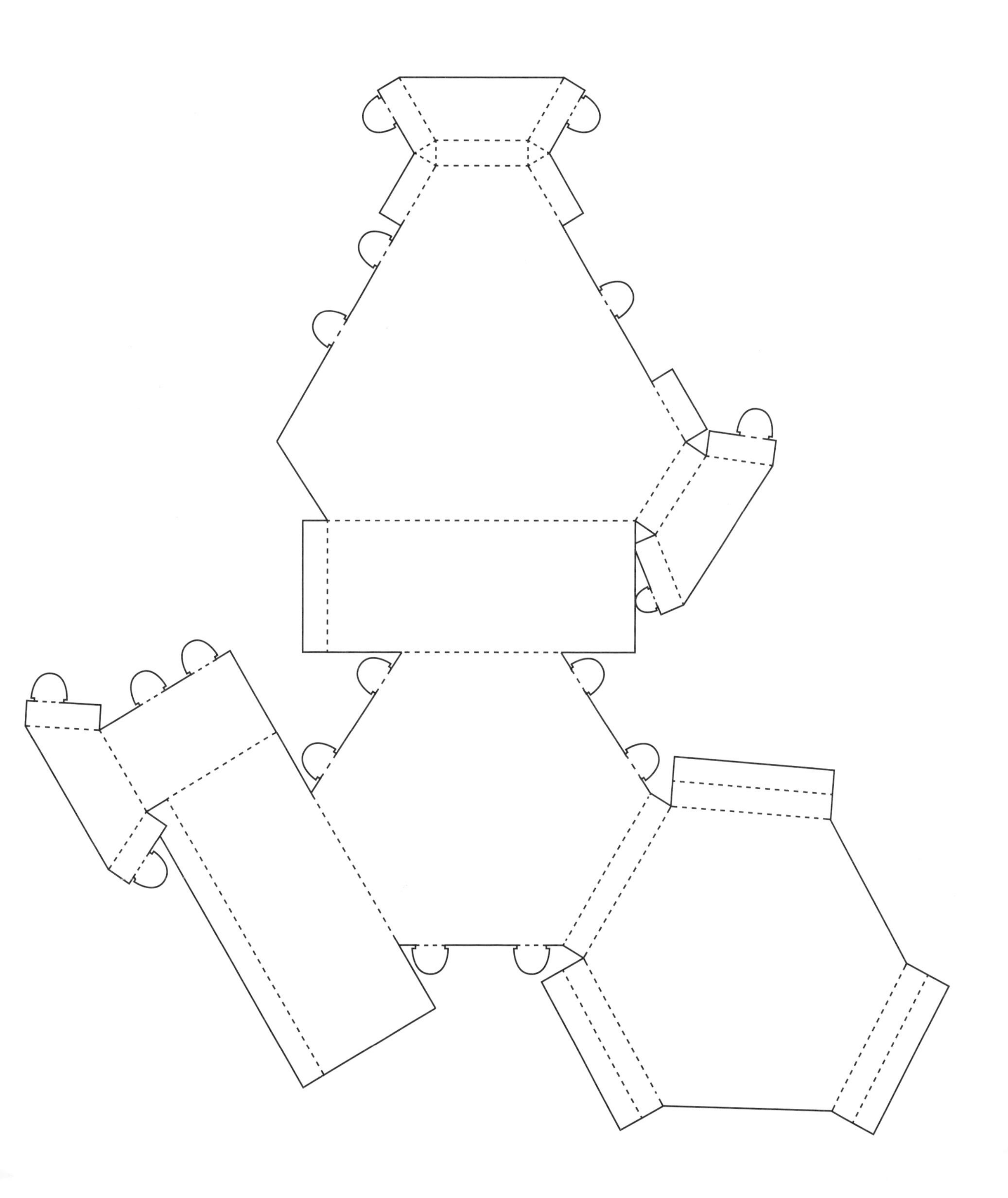

设计师 = XuanYi Hu

涂料产品包装

受著名建筑师 John Pawson 的影响，该概念作品采用了极简主义的设计风格。设计师为这款涂料产品设计了更高档、轻便的包装。新颖的结构反映了John Pawson 对艺术与设计中的基本元素的看法。

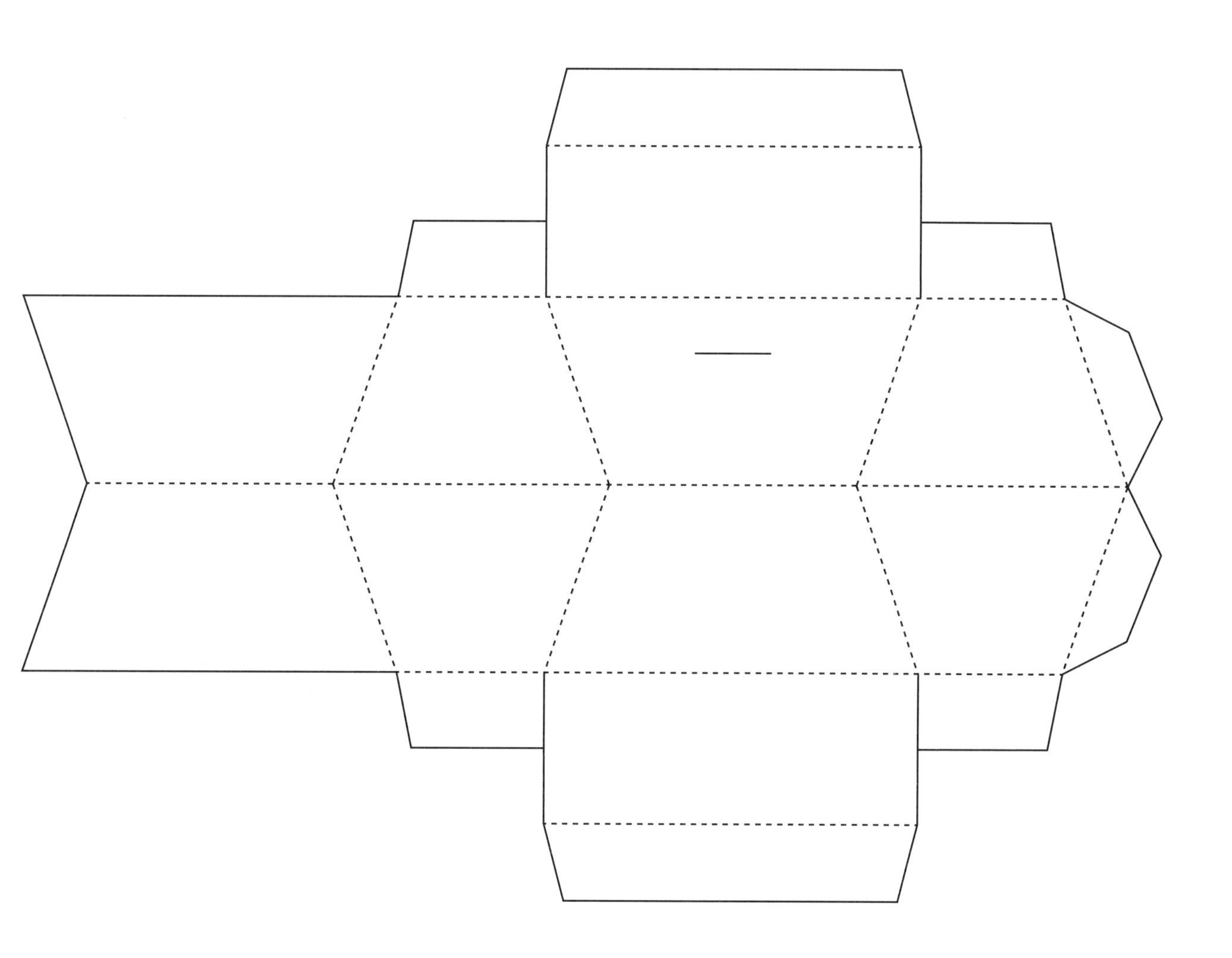

设计师 = Saerona Shin

Ambrosio 糖果包装

这是一款低调而简洁的糖果包装。橄榄球形的糖果通过透明的棱面清晰可见，并与有棱角的包装外壳形成鲜明有趣的对比。包装上的红色圆形贴纸表示包装的开口处。

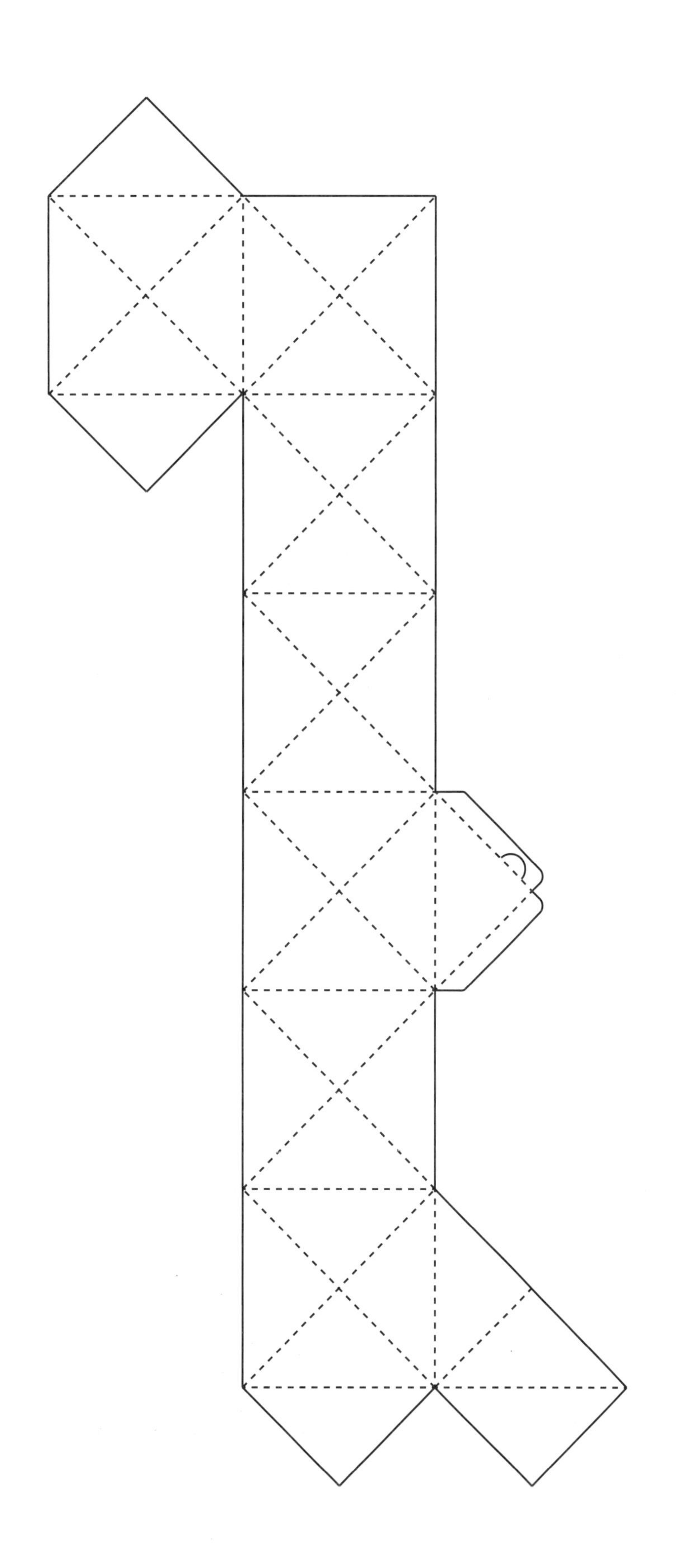

设计师 = Koval Lidiia

COVERT 饰品包装

COVERT 是一个高级时尚品牌。三角形的包装设计源于该品牌的沙漏商标，其独特的形态属性可以让人印象深刻。另外，包装上的标签能够让顾客迫不及待地想知道品牌所传达的“秘密”信息。

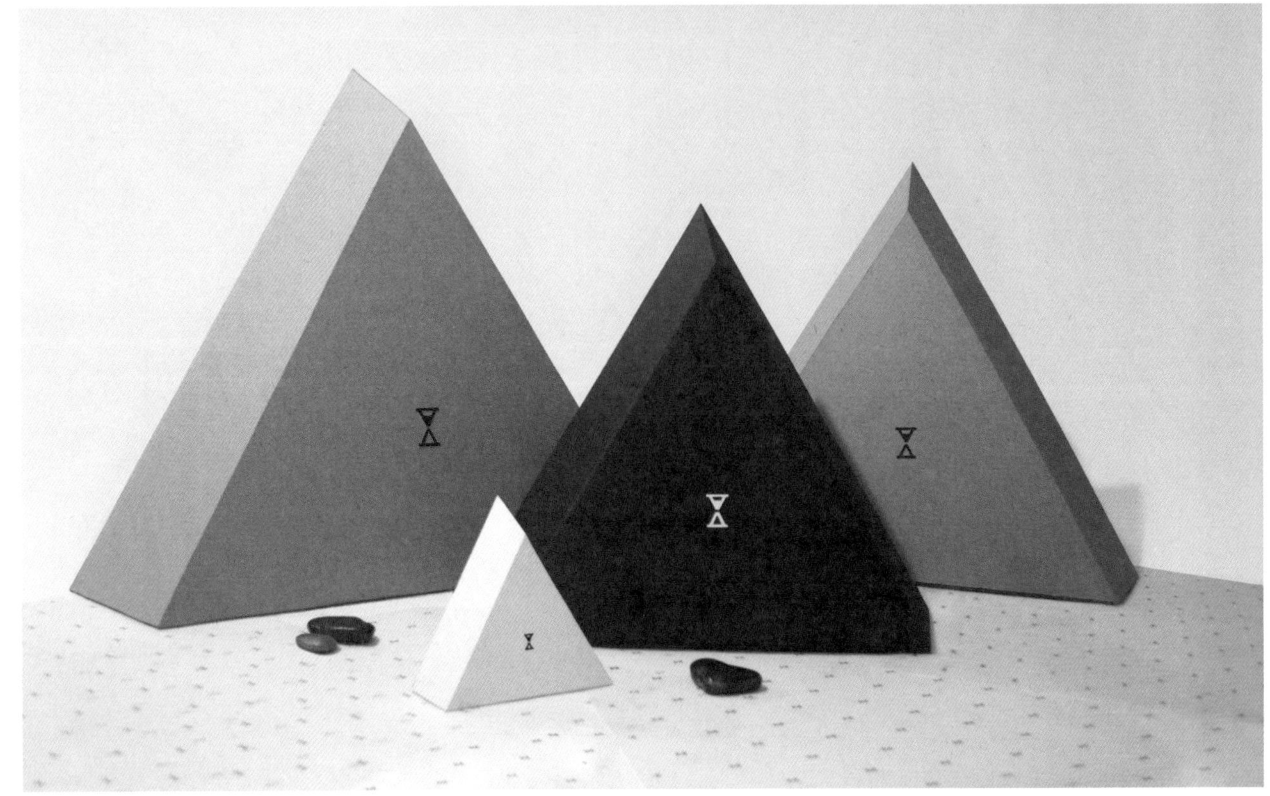

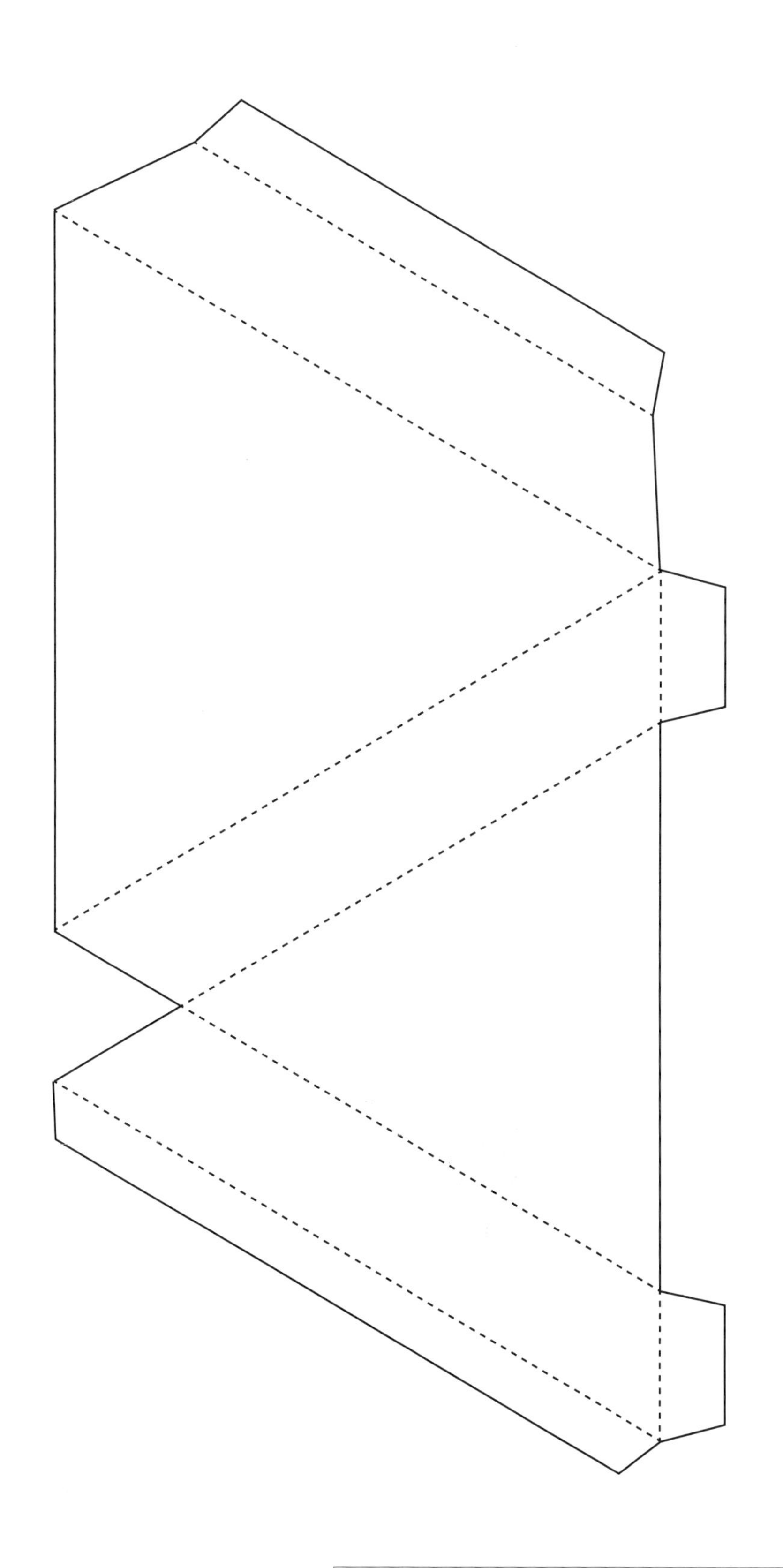

设计师 = Andrea Cortes, Andrea Garza, Karla León, Arturo Soto, Denisse Carrillo

橡皮筋包装

橡皮筋是一元店里常见的物品，该包装旨在为这种平凡无奇的物品赋予新生命。包装盒看起来像是中间被橡皮筋箍着，盒子被箍得越紧表明橡皮筋的韧性越强。

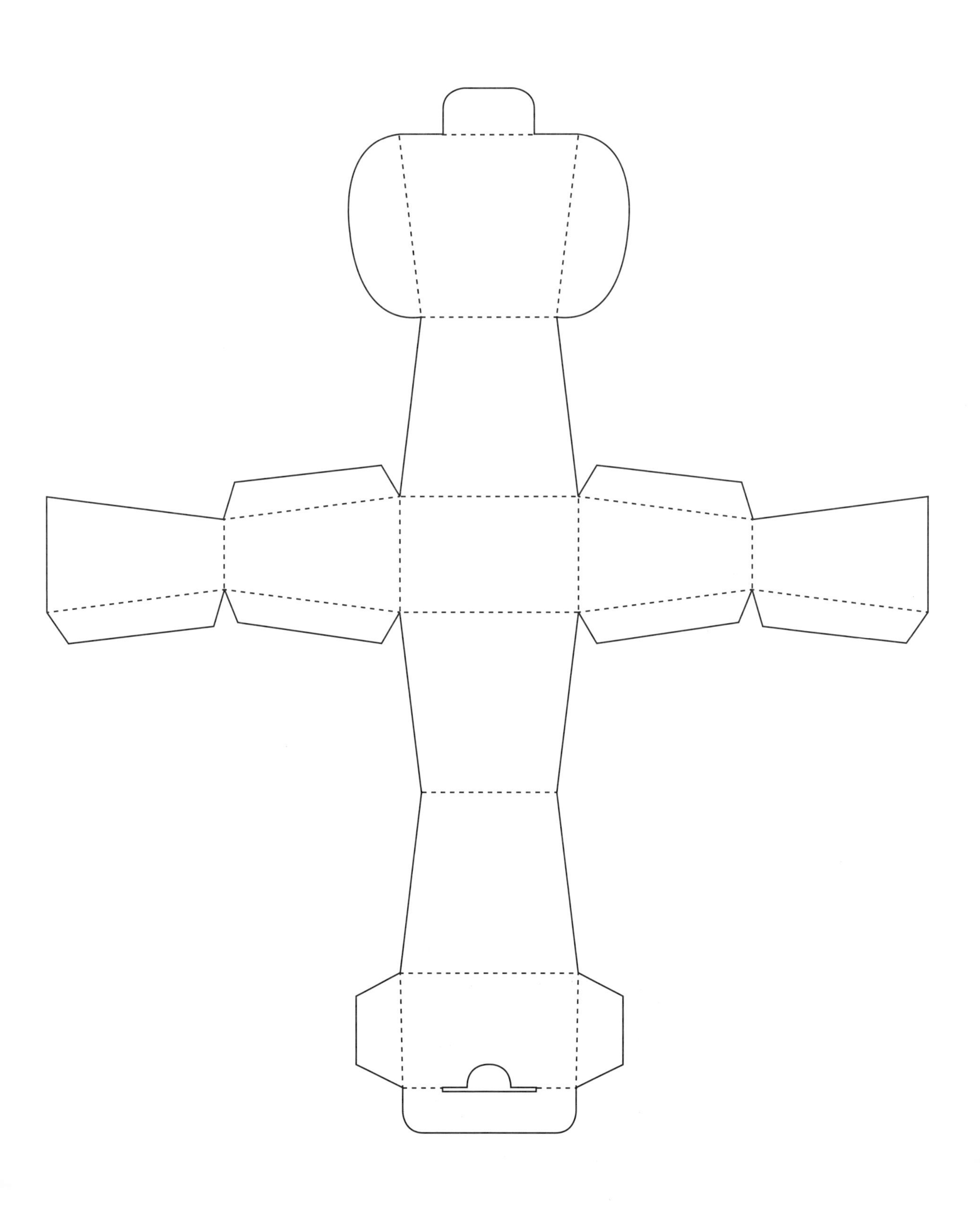

设计师 = Ric Bixter

First Spoon 婴儿餐具包装

First Spoon 是一份为婴儿设计的特别礼物，是适合他们在断奶后第一次使用的餐具。包装可定制，里面放着一个勺子和一个形状像母亲子宫的小碗。

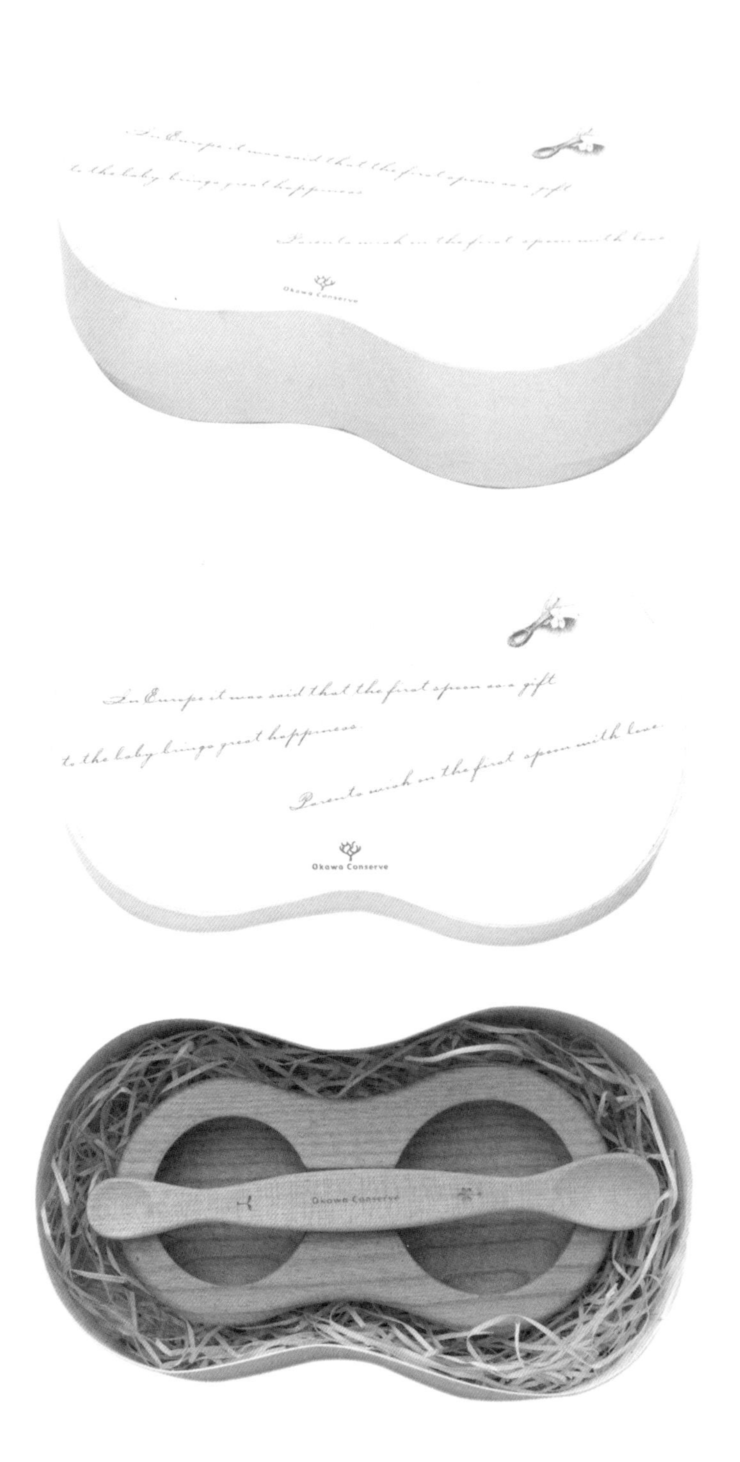

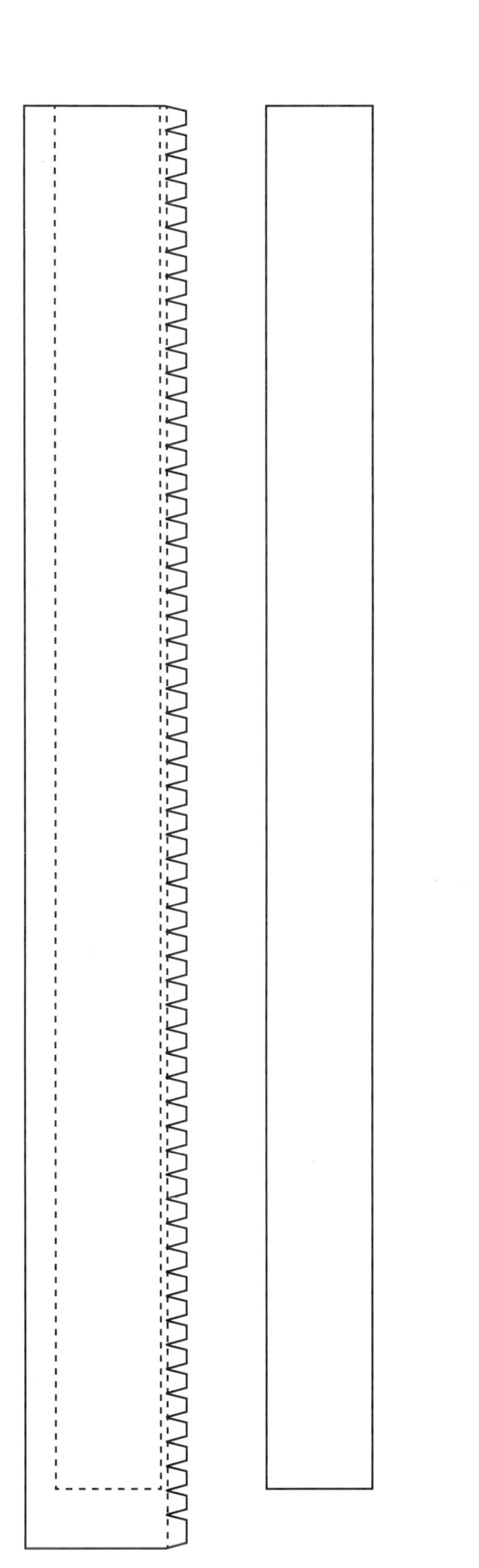

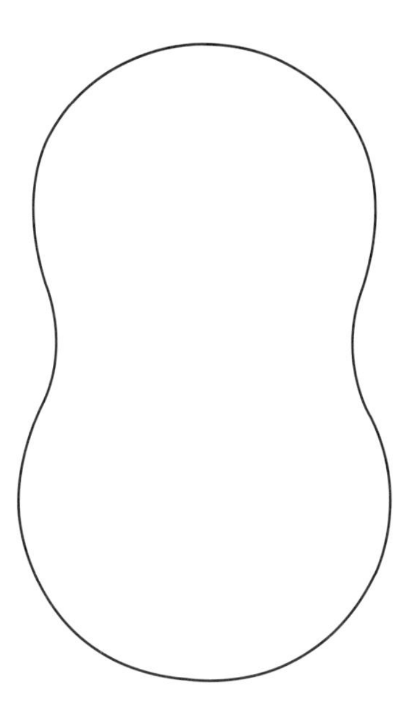

设计师 = Takayuki Senzaki

HANDCRAFT SPOON KIT 木勺包装

这是一款手工制作的木勺包装。采用压凹工艺的特种包装纸和木头材质的勺子突出产品的手工特点。

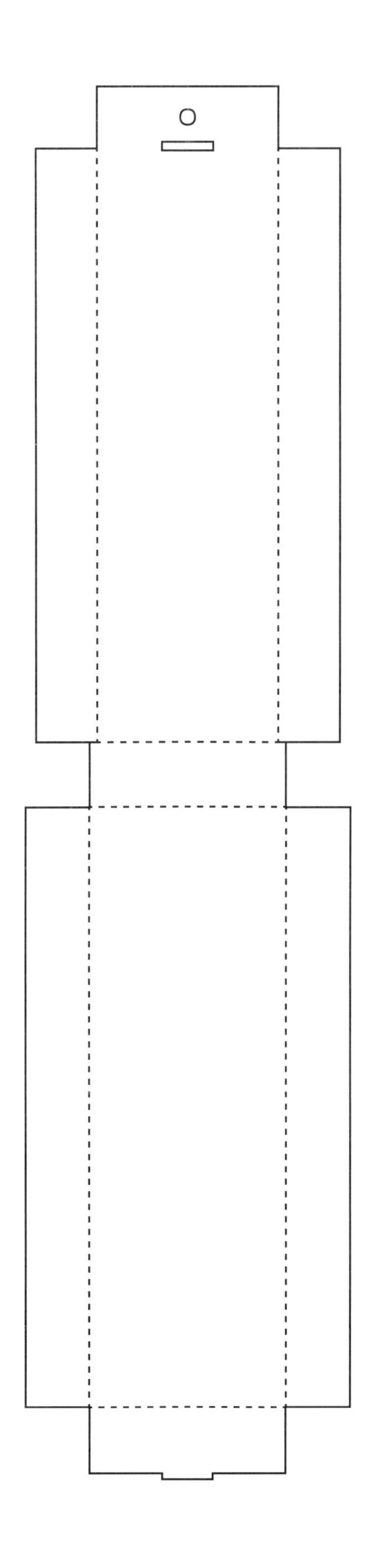

设计师 = Takayuki Senzaki

HELVETICA 字体设计 50 周年限量版包装

这是为 HELVETICA 字体设计的一款限量版包装，旨在庆祝该字体诞生 50 周年。设计灵感源于瑞士十字以及简洁的瑞士风格。

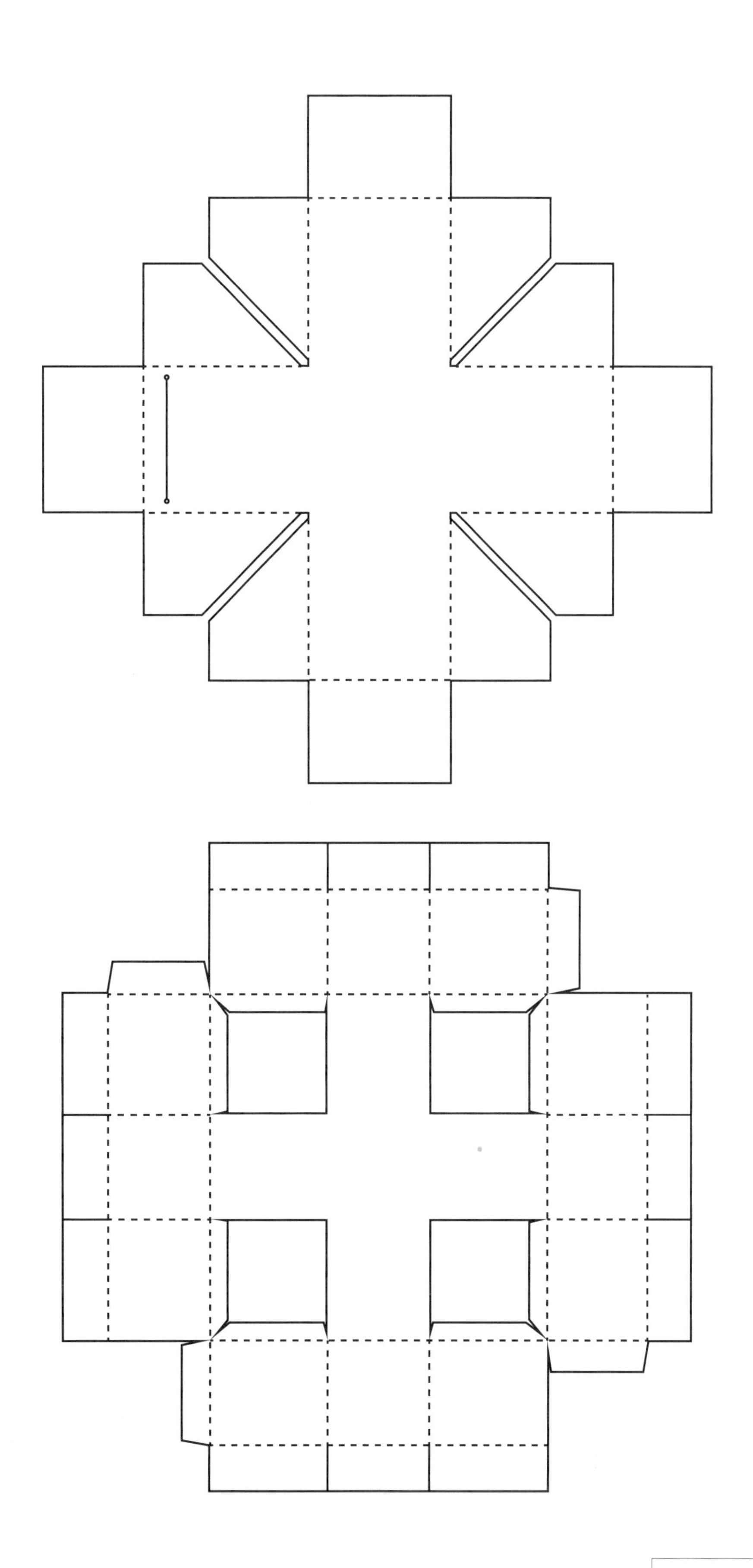

设计师 = Nuno Picolo d'Almeida

GORGET 装饰包装

GORGET 有两种意思，一是“颈甲”，二是“中世纪的妇女头巾”。设计师希望设计一款既像颈甲那样具有保护性又像妇女头巾那样具有装饰性的包装。

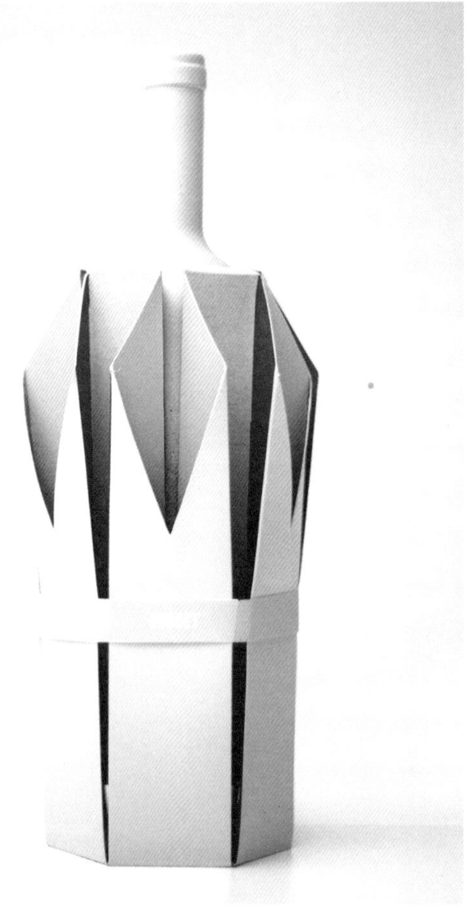

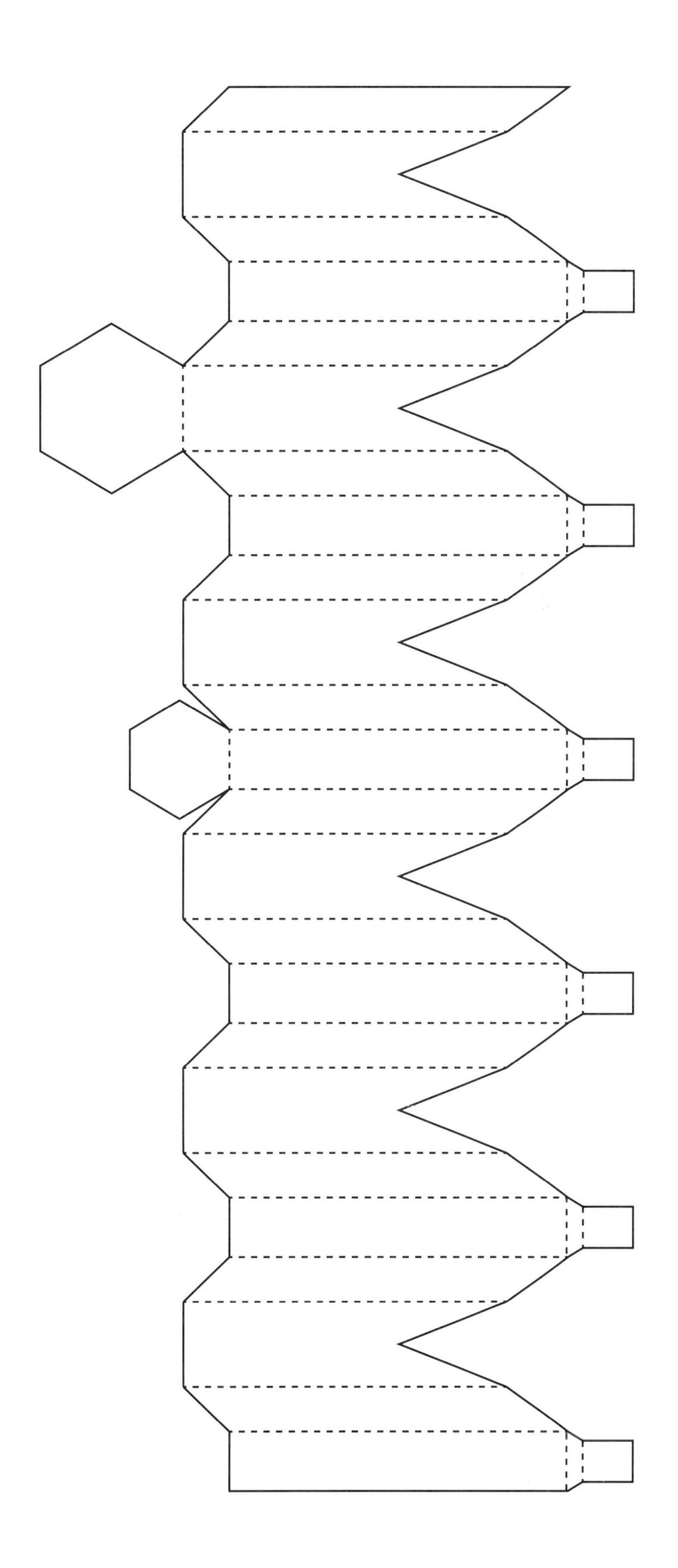

设计师 = Natalia Wysocka

甜点包装

这是为捷克甜点品牌 INDIÁNEK 设计的一款包装。盒子虽由一张可回收纸制成，但结构非常牢固，可以保护里面松软的甜点。

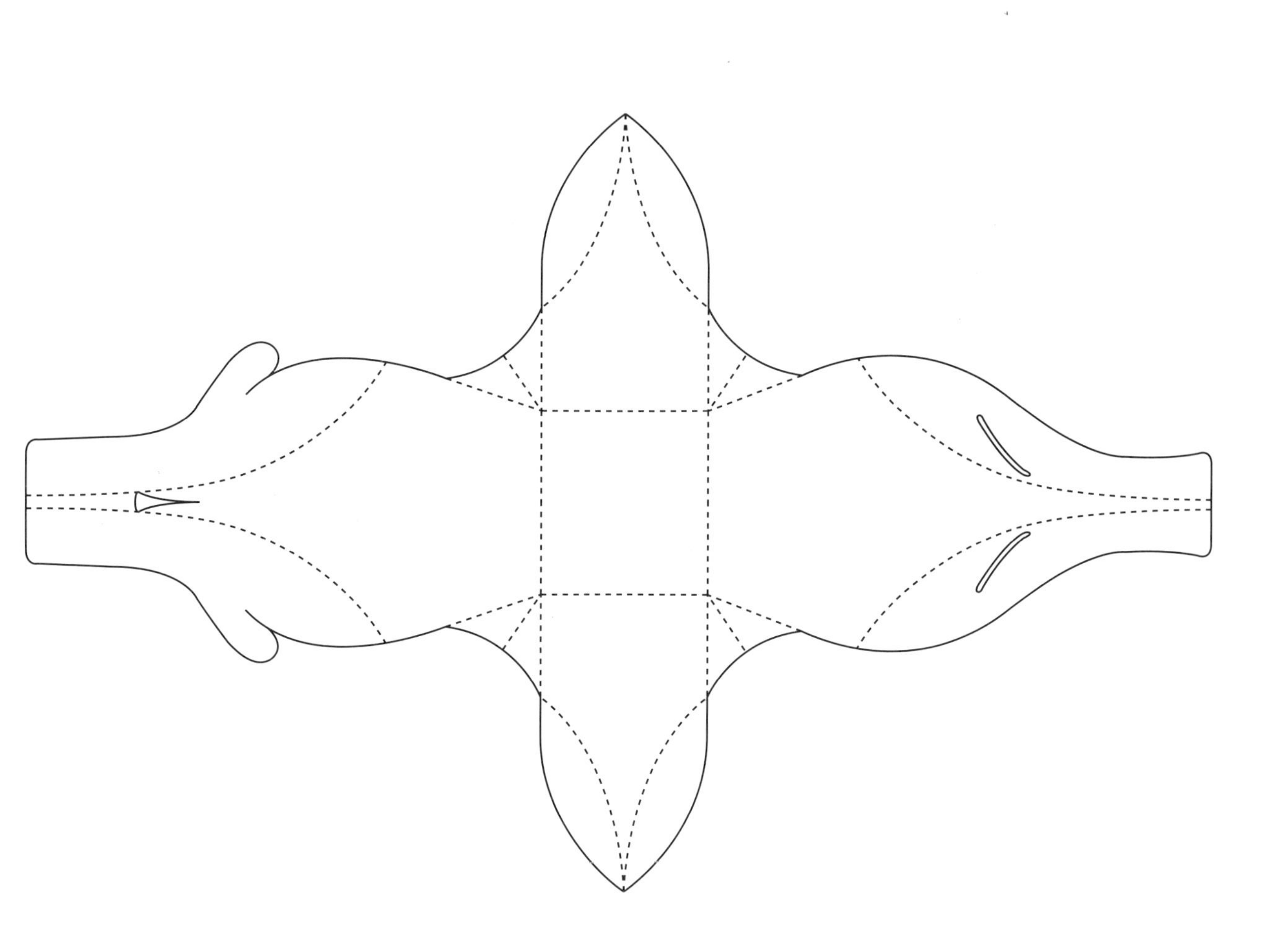

设计师 = Karolína Fardová

Domov 玻璃罐包装

Domov 在斯洛伐克语中意为“家”，这一品牌的名称具有浓厚的传统意义。设计师的初衷是设计一款生日礼物或周年纪念礼物包装。用来装酒的玻璃罐和房子形状的盒子给产品增添了一种家庭自制的格调。

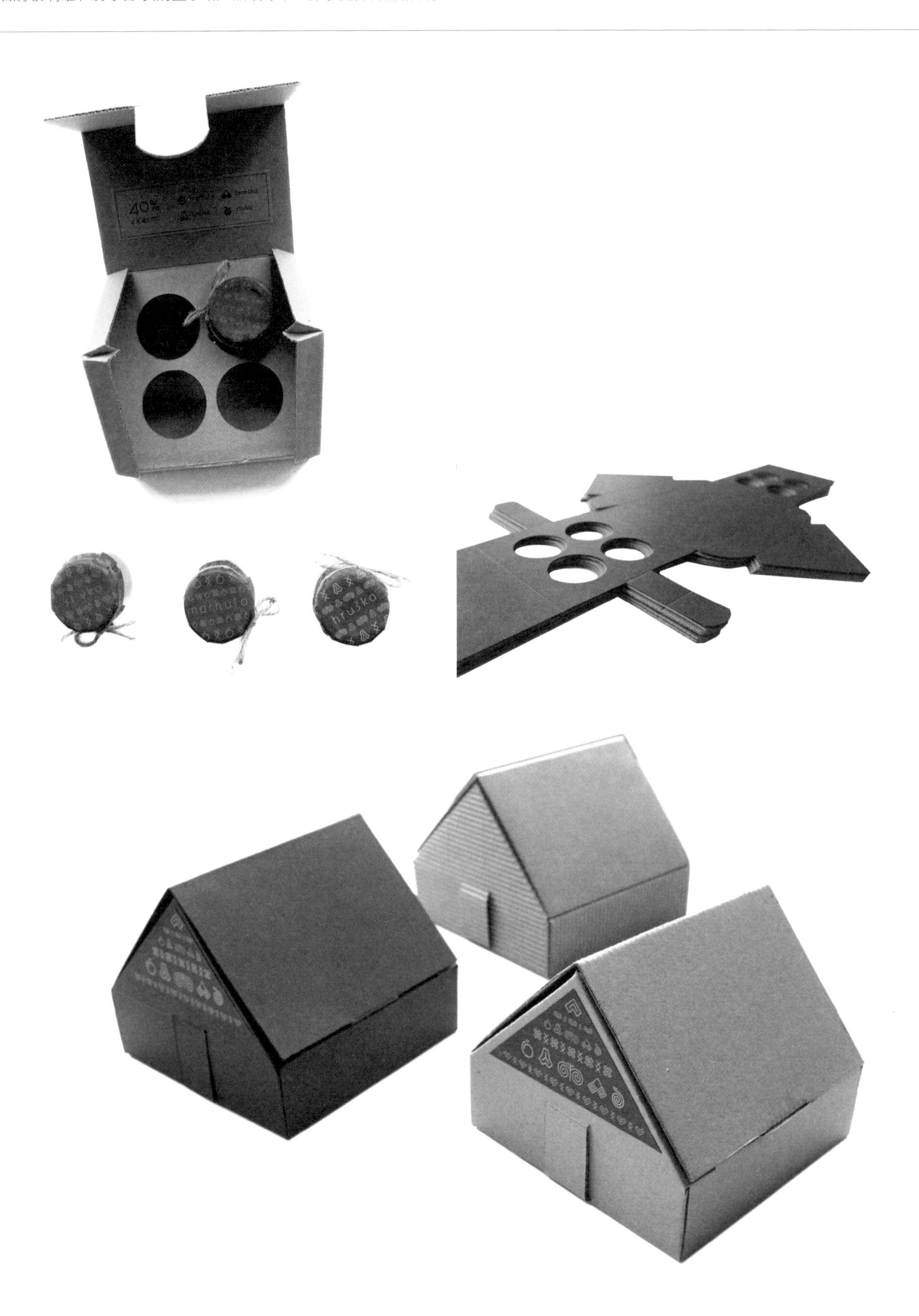

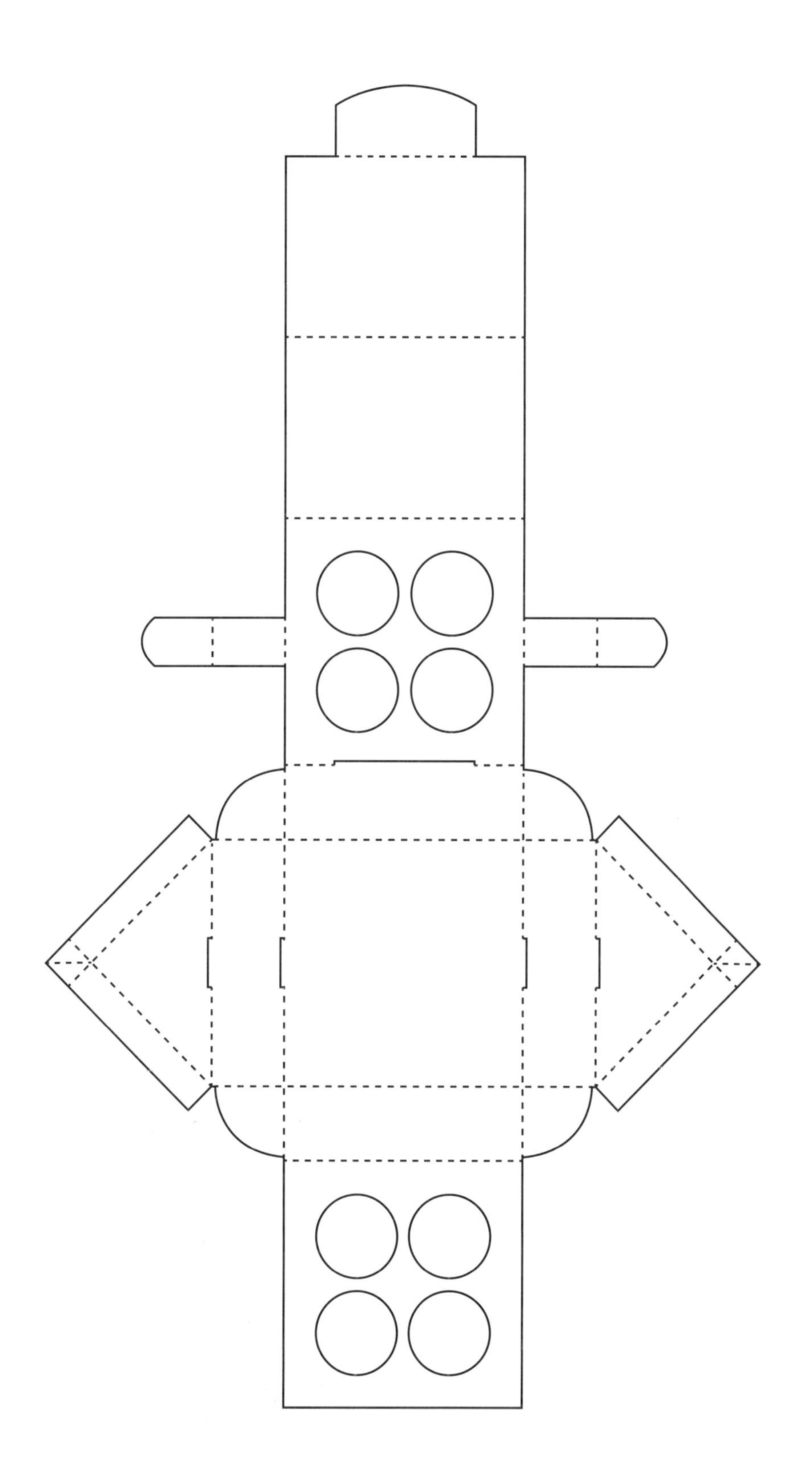

设计师 = Rudolf Vychovalý

嵩降茶包装

结合产品天然种植的特点，该包装设计从禅道中汲取灵感。中国传统山水画的图案以及像荷叶般展开的结构给顾客带来了一种非凡的体验。

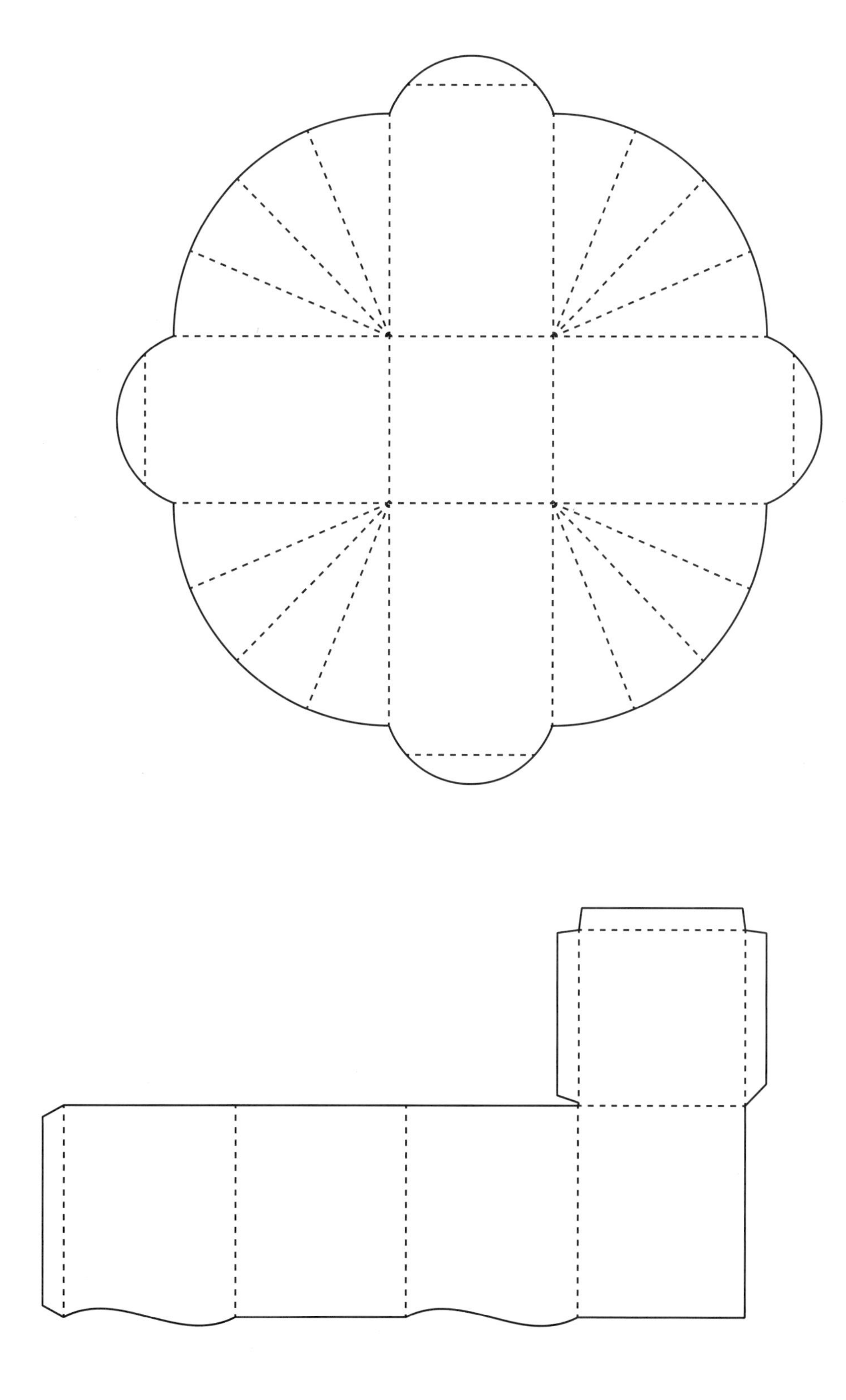

设计师 = Huang, Yao-Tsung

湿纸巾包装

金字塔形的包装由一个外盒和一个内盒组成，内盒里面又有三个空间，分别用来装三种不同的湿纸巾。格子底部的孔方便顾客抽出湿纸巾。

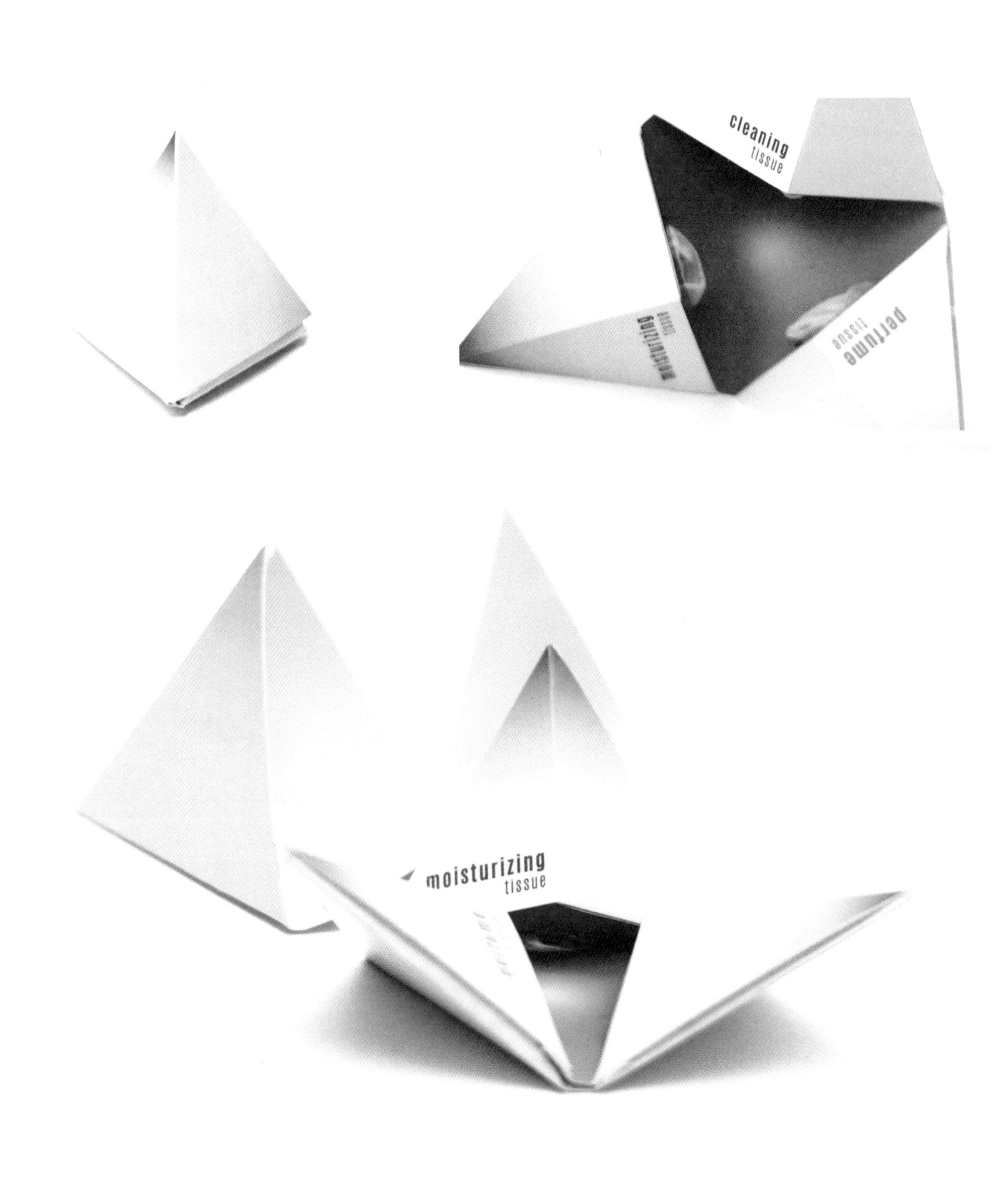

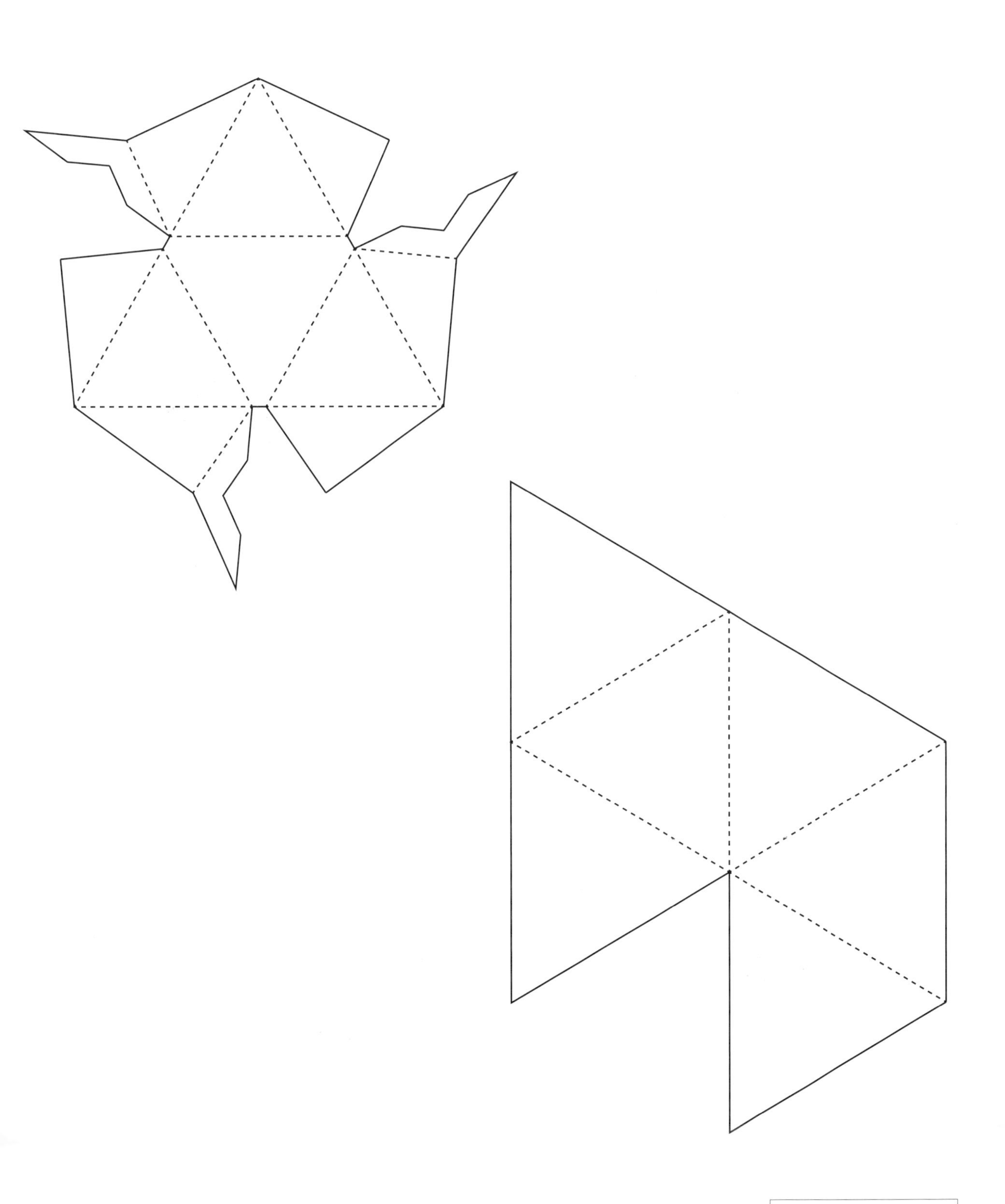

设计师 = Natalia Wysocka

DINNER TIME 食品包装

该包装独树一帜，打破了传统意大利食品包装中的“意大利风格”。在审美上，设计师希望通过多样的设计元素给顾客一种简单干净、家庭自制的感觉。在工艺上，该包装主要采用丝网印刷。

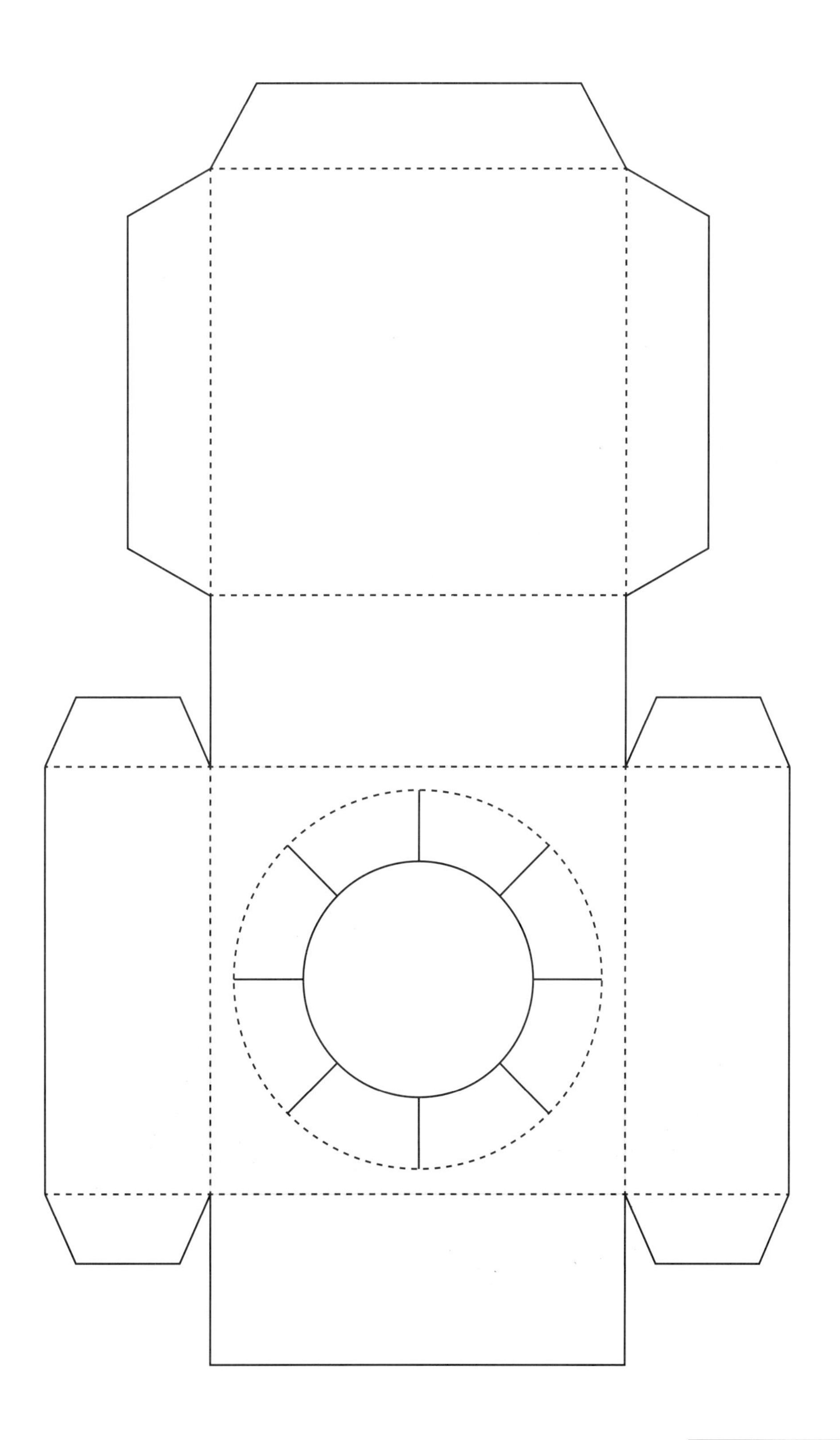

设计师 = Dan Ogren, Kaz Ishii

COW & GOAT 乳制品包装

几何化和简约化是该包装设计的基调。设计师希望设计一款让人一见钟情的包装，既“易于使用”又“易于阅读”。为了突出标志和色调，盒子的外表尽量保持简约干净。

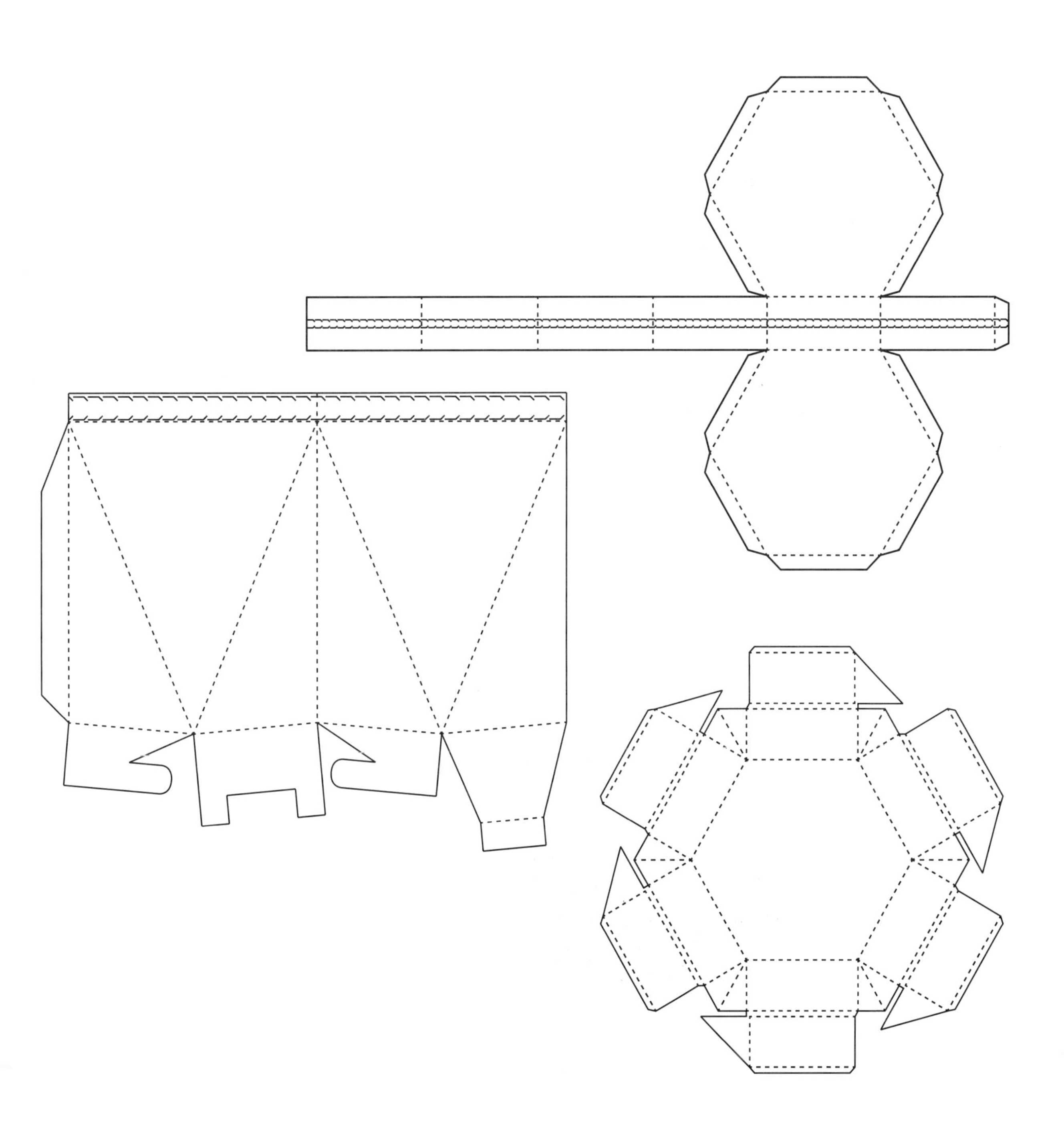

设计师 = Anisja Alurovi

KARBON 香水包装

这款中性香水的设计跨越了性别差异，旨在寻找生命的本质。纸盒的结构简单实用，在减少材料浪费的同时给予产品坚实的保护，同时又不乏吸引力。另外，该设计是一个获奖作品。

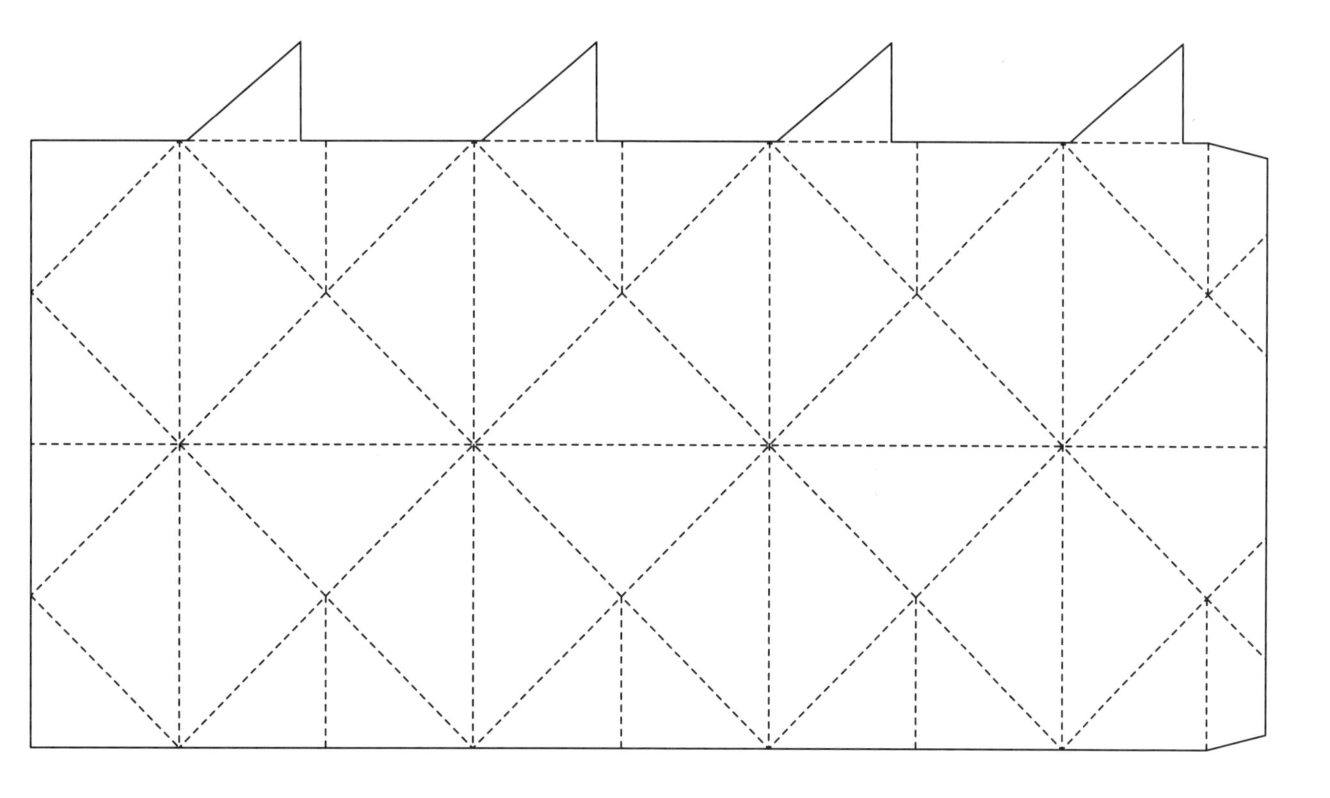

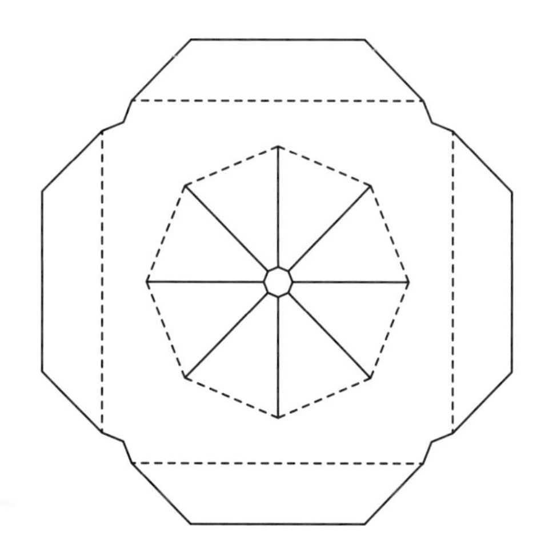

设计师 = Anna Johansson, Nathalia Moggia, Rita Alton, Tove Alton, Linda

No Cocino Más! 马铃薯丸子包装

No Cocino Más! 可以理解为“我不喜欢做饭，不如一起来叫外卖吧！”这是一个外带食品的包装。通过重新设计包装，马铃薯丸子的携带和食用变得更加方便。同时，受 Alfred T. Palmer 于 1942 年所拍摄的系列摄影作品的影响，该包装让人回忆起了那段妇女们走出家门并在社会上开始担任男性角色的历史。而包装盒上展示的几何图案则让我们回想起传统厨房使用的面料。

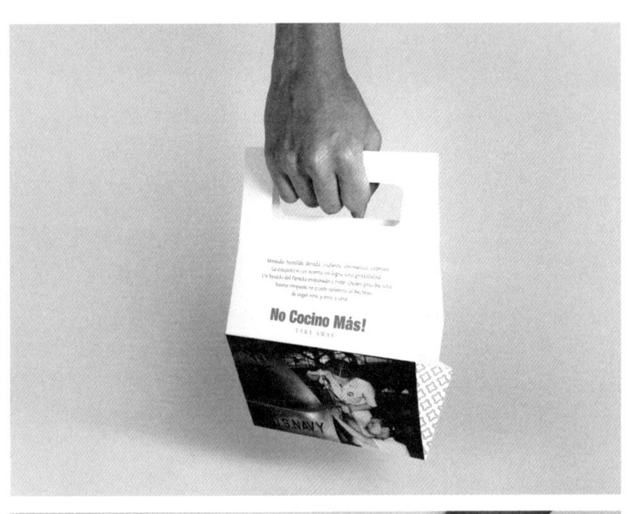

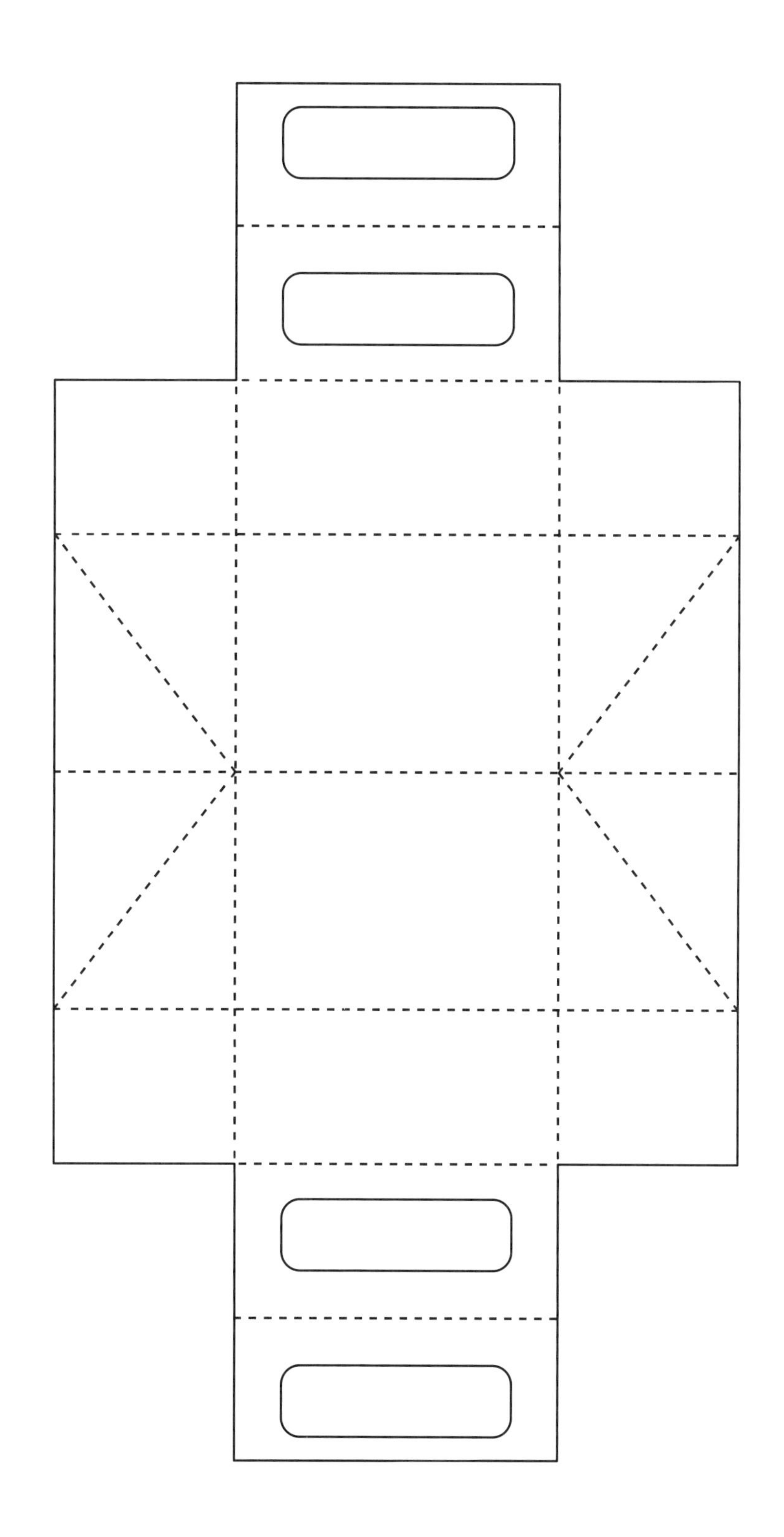

设计师 = Marisol Escorza Hormaz á bal, Carolina Caycedo Villada

编者介绍

善本出版有限公司成立于 2006 年，专注于艺术设计类图书和杂志出版，内容涉及文化艺术、平面设计、服装设计、产品设计、展览设计、室内设计、建筑设计等领域。善本出版有限公司已经出版图书两百多种，并创办了 *BranD* 杂志。善本人以“让生命得到发展”为宗旨，以“团结、有爱、高效、冒险”为口号。作为设计文化的推动者，他们愿意打开一个创意与交流的窗口，向全球设计师传播创意作品，为全球设计师带来无限的灵感和惊喜。让世界充满灵感！

致谢辞

感谢所有为本书供稿的国内外设计师，他们为本书的编写贡献了极为重要的素材与文章。同时感谢所有参与编辑的工作人员，他们的辛勤工作使得本书得以顺利完成，最终与读者见面。

卷尾语

亲爱的读者，我们是善本旗下的壹本工作室。感谢您购买《创意包装 设计 + 结构 + 模板》，如果您对本书的编辑与设计有任何建议，欢迎您提供宝贵的意见。

我们的邮箱：editor03@sendpoints.cn / editor09@sendpoints.cn

更多图书信息，请浏览天猫善本图书专营店。